Ökologieorientierte Profilierung im vertikalen Marketing

Celle, den 6. Juni 2003

Lieber Herr Dr. Kenter,

wünsche Ihnen eine aufschlussreiche Lektüre dieses "Bestsellers"!

Gruß Michael Enz

SCHRIFTEN ZU MARKETING UND MANAGEMENT

Herausgegeben von Prof. Dr. Dr. h.c. Heribert Meffert

Band 32

PETER LANG
Frankfurt am Main · Berlin · Bern · New York · Paris · Wien

Michael H. Ceyp

Ökologieorientierte Profilierung im vertikalen Marketing

dargestellt am Beispiel der Elektrobranche

PETER LANG
Europäischer Verlag der Wissenschaften

Die Deutsche Bibliothek - CIP-Einheitsaufnahme

Ceyp, Michael H.:
Ökologieorientierte Profilierung im vertikalen Marketing dargestellt am Beispiel der Elektrobranche / Michael H. Ceyp. - Frankfurt am Main ; Berlin ; Bern ; New York ; Paris ; Wien : Lang, 1996
  (Schriften zu Marketing und Management ; Bd. 32)
  Zugl.: Münster (Westfalen), Univ., Diss., 1996
  ISBN 3-631-30996-1

NE: GT

D 6
ISSN 0176-2729
ISBN 3-631-30996-1
© Peter Lang GmbH
Europäischer Verlag der Wissenschaften
Frankfurt am Main 1996
Alle Rechte vorbehalten.

Das Werk einschließlich aller seiner Teile ist urheberrechtlich geschützt. Jede Verwertung außerhalb der engen Grenzen des Urheberrechtsgesetzes ist ohne Zustimmung des Verlages unzulässig und strafbar. Das gilt insbesondere für Vervielfältigungen, Übersetzungen, Mikroverfilmungen und die Einspeicherung und Verarbeitung in elektronischen Systemen.

Printed in Germany 1 2 3 4 6 7

Meiner Familie

Vorwort des Herausgebers

Eine Analyse der Absatzprognosen ökologieorientierter Produkte zeigt, daß in den letzten Jahren, einhergehend mit einem steigenden Umweltbewußtsein auf seiten der Konsumenten, die Hersteller ökologieorientierter Produkte die Absatzchancen ihrer Erzeugnisse mit einer wachsenden Euphorie beurteilten. Allerdings entwickelte sich der tatsächliche Absatz ökologieorientierter Produkte oft nicht erwartungsgemäß. Diese Beobachtung wird einerseits auf die Divergenzproblematik auf seiten der Konsumenten zurückgeführt. Nach diesem Erklärungsansatz bekunden die Konsumenten zwar ein hohes Umweltbewußtsein; ihre tatsächlichen Handlungen werden jedoch von anderen Einflußfaktoren determiniert. Andererseits erweist sich der Handel beim Absatz ökologieorientierter Produkte als eine zentrale Barriere, die es bei indirekter Distribution zunächst zu überwinden gilt. So kann festgestellt werden, daß Handelsunternehmen trotz einer ausgeprägten Produkthomogenität vielfach nicht bereit sind, umweltverträglicheren Produkten einen entsprechenden Regalplatz einzuräumen. Demnach kann dem Handel die Rolle eines "ökologischen Gatekeepers" zugesprochen werden, der mit seinen ökologieorientierten Listungsentscheidungen einen maßgeblichen Einfluß auf die Verbreitung ökologieorientierter Produkte ausübt.

Offenkundig ist aus Sicht des Handels das Anreiz-Beitrags-Gleichgewicht beim Verkauf ökologieorientierter Produkte häufig nicht gewahrt. Bei einer Ursachenanalyse für diese Einschätzung stehen ökologieorientierte Konfliktpotentiale zwischen Hersteller und Handel im Vordergrund. So befürchtet der Handel beim Vertrieb ökologieorientierter Produkte u.a. eine steigende Kostenbelastung, geringere Handelsspannen und negative Ausstrahlungseffekte auf sein Geschäftsstättenimage. Weitere ökologieinduzierte Konfliktfelder liegen in einem erwarteten Ansteigen von Handling- und Personalkosten sowie einem erschwerten Informationsaustausch zur weitgehend objektiven Beurteilung der Umweltqualität ökologieorientierter Produkte. Diese die Hersteller-Handel-Beziehung maßgeblich belastenden Konflikte verdeutlichen exemplarisch, daß eine ökologieorientierte Profilierung nicht nur gegenüber den Konsumenten, sondern auch gegenüber dem Handel erforderlich wird.

Während zur fundierten Erarbeitung ökologieorientierter Profilierungskonzepte auf Konsumentenseite bereits eine Vielzahl ökologieorientierter Segmentierungsanalysen vorliegt, wurde diesem Problembereich aus der Sicht des Handels bislang noch wenig Aufmerksamkeit gewidmet. Angesichts dieses Forschungsdefizits verfolgt die vorliegende Arbeit das Ziel, am Beispiel der ökologisch hoch betroffenen Elektrobranche einen eigenständigen, empirisch gestützten Beitrag zur Validierung absatzmarktgerichteter Chancen und Risiken ökologieorientierter Profilierungskonzepte im vertikalen Marketing zu leisten. Dabei versteht der Autor Profilierung als die Planung, Durchsetzung und Kontrolle aller Marketing-Mix-Aktivitäten, die auf die Erreichung einer Präferenz in der Wahrnehmung der Abnehmer gerichtet sind. Die zentralen Aufgaben einer ökologieorientierten Profilierung werden einerseits in einer zuverlässigen Analyse produktbezogener Kundenbedürfnisse und andererseits in der Planung, Umsetzung und Kontrolle präferenzschaffender Marketing-Maßnahmen gesehen.

Der Autor greift für die ökologieorientierte Konsumentensegmentierung auf die von Konsumenten an ein Produkt bzw. eine Einkaufsstätte gestellten ökologieorientierten Idealanforderungen zurück. Dieser Ansatz verbindet den Vorteil einer hohen Prognosevalidität mit einem hohen Marketing-Mix-Bezug. Für die ökologieorientierte Handelstypologie wird ein neuartiger Segmentierungsansatz entwickelt und operationalisiert, mit dessen Hilfe die empirische Identifikation von drei unterschiedlichen ökologieorientierten Handelssegmenten gelingt. Dabei werden die ökologieorientierten Handels- und Konsumentensegmente umfassend charakterisiert. Anschließend systematisiert der Verfasser ökologieorientierte Marktbearbeitungsstrategien aus Herstellersicht und bewertet diese Optionen auf Grundlage der empirischen Ergebnisse der Markterfassungsphase. Darauf aufbauend werden die Möglichkeiten und Grenzen instrumenteller Ausgestaltungsmöglichkeiten einer ökologieorientierten Profilierung in der Elektrobranche aufgezeigt. Aus einer integrierten Sichtweise der Ergebnisse des vorgeschlagenen Profilierungsmodells kommt der Verfasser für die Elektrobranche zu dem Schluß, daß eine dominante ökologieorientierte Profilierung nicht erfolgversprechend ist.

Die Arbeit zeigt auf fundierter empirischer Grundlage die Wirkungen ökologischer Profilierungskonzepte im Spannungsfeld zwischen Konsumenten-, Handels- und Herstellerverhalten auf. Die Arbeit vermittelt - auch für andere Branchen - zahlreiche Anregungen für ein vertikales marktorientiertes Umweltmanagement. Es bleibt daher zu wünschen, daß sie in Wissenschaft und Praxis auf eine breite Resonanz stoßen wird.

Münster, im Juli 1996   Prof. Dr. Dr. h.c. H. Meffert

Vorwort des Verfassers

Die theoretische wie praktische Auseinandersetzung mit ökologieorientierten Problemstellungen hat in der Betriebswirtschaftslehre seit Ende der achtziger Jahre eine zunehmende Verbreitung erfahren. Diese Entwicklung wurde maßgeblich durch ein gestiegenes Umweltbewußtsein der Konsumenten getragen, das in Verbindung mit zahlreichen Umweltgesetzen und -verordnungen über eine hohe ökologische Betroffenheit bei den Unternehmen zu einem ausgeprägten Umsetzungsdruck ökologieorientierter Marketing-Mix-Konzepte geführt hat. Zwischenzeitlich ist der Erfolg ökologieorientierter Marktbearbeitungskonzepte allerdings angesichts einer hohen Zahl sog. "Öko-Flops" kritisch zu hinterfragen. Als maßgebliche Ursachen für ein Scheitern ökologieorientierter Maßnahmenkonzepte wird in der Diskussion vielfach auf eine zu geringe Abnehmerorientierung und ein zögerliches Handelsverhalten verwiesen, ohne daß bisher umfassende theoriegeleitete Untersuchungen zur Tragfähigkeit ökologieorientierter Profilierungskonzepte vorliegen.

Vor diesem Hintergrund wird in der vorliegenden Schrift am Beispiel der Elektrobranche analysiert, inwieweit sich im Rahmen der Markterfassung konkrete ökologieorientierte Konsumenten- und Handelssegmente identifizieren lassen. Auf Grundlage dieser zweistufigen Abnehmersegmentierung wird dann aus Herstellersicht der Stellenwert ökologieorientierter Profilierungsmaßnahmen im vertikalen Marketing ermittelt. Die erforderliche empirische Analyse integriert drei komplementäre Teilbefragungen, die nicht nur in Bezug auf die Konsumentenseite sondern auch bezüglich der Hersteller- und Handelsunternehmen die Gewinnung repräsentativer Aussagen erlauben.

Die Erstellung der Arbeit war nur mit der Unterstützung verschiedener Personen möglich. Mein besonder Dank gilt an dieser Stelle zunächst meinem akademischen Lehrer, Herrn Prof. Dr. Dr. h.c. Heribert Meffert, der die Themenstellung schon früh zu Beginn meiner akademischen Laufbahn anregte, die konzeptionellen Grundüberlegungen begleitete sowie die empirische Untersuchungen und schließlich die Fertigstellung der Arbeit umfassend förderte. Herrn Prof. Dr. Dieter Ahlert sei für die Übernahme des Zweitgutachtens gedankt. Ferner bin ich den zahlreichen Vertretern der Unternehmenspraxis und insbesondere den Repräsentanten der hier namentlich nicht genannten mittelständischen Fachhandelskooperation zu tiefem Dank verpflichtet, da sie das komplexe empirische Erhebungsdesign durch ihre freundliche Unterstützung erst ermöglichten.

Besonderer Dank gilt all denjenigen Kollegen und Freunden, die mich in der Phase der Erstellung auf vielfältige Art unterstützt und entlastet haben. Dieses trifft in vorbildlicher Weise für Herrn Dr. Christoph Burmann zu, der jederzeit mit bewunderswertem Engagement sowie hoher fachlicher Kompetenz zu kritischen Diskussionen bereit war und hierbei äußerst wertvolle Hinweise geleistet hat. Hervorheben möchte ich ferner Herrn Dr. Manfred Kirchgeorg, Herrn Dr. Kai Laakmann und Herrn Dipl.-Kfm. Jesko Perrey. Für die überaus flexible und professionelle redaktionelle Gestaltung der Arbeit sei Frau Silvia Danne, Frau Gabi Höper und Herrn Michael zur Mühlen ausdrücklich gedankt. Nicht zuletzt sind Frau Alexandra Schnepper und Herr Kai Leciejewski zu nennen, die sich bei der Abwicklung vielfältiger technischer Aufgaben verdient gemacht haben.

Ganz besonderen Dank schulde ich meinen Eltern, die mich in allen Phasen in umfassender Weise unterstützt und damit maßgebliche Grundlagen für die erfolgreiche Beendigung dieses Projektes geschaffen haben. Schließlich danke ich ganz persönlich meiner Ehefrau Heike und meinem Sohn Christian. Beide haben während der gesamten Abfassung der Arbeit ein Höchstmaß an Verständnis aufgebracht und mich darüber hinaus in der gesamten Zeit in vielfältiger Hinsicht entlastet.

Münster, im Juli 1996   Michael Ceyp

Inhaltsverzeichnis:

A. **Ökologieorientierte Profilierung als Herausforderung für das vertikale Marketing von Herstellern** 1

1. Profilierung im vertikalen Marketing als Ausgangspunkt 1
2. Besonderheiten einer ökologieorientierten Profilierung 9
3. Ökologische Betroffenheit und Profilierung in der Elektrobranche 24
4. Zielsetzung und Gang der Untersuchung 35

B. **Markterfassung ökologieorientierter Segmente in vertikalen Systemen aus Herstellersicht** 42

1. Ökologieorientierte Konsumentensegmentierung 42

   1.1 Theoretische Grundlagen einer ökologieorientierten Konsumentensegmentierung 42

       1.11 Auswahl geeigneter Segmentierungskriterien 42

       1.12 Meßtheoretische Überlegungen zur Erhebung ökologieorientierter Produkt- und Geschäftsanforderungen 49

       1.13 Ökologieorientierte Segmentierung auf Konsumentenseite 52

           1.131 Identifikation segmentbildender Variablen 52

               1.1311 Ökologieorientierte Produktanforderungen 52

               1.1312 Ökologieorientierte Geschäftsanforderungen 58

           1.132 Zentrale Einflußfaktoren ökologieorientierter Produkt- und Geschäftsanforderungen 63

               1.1321 Generelle Produkt- und Geschäftsanforderungen 63

               1.1322 Ökologieorientiertes Wissen 67

               1.1323 Umweltbewußtes Verhalten 68

               1.1324 Einfluß der Produktkategorie 69

           1.133 Variablen zur Segmentbeschreibung 70

1.2 Empirische Erfassung ökologieorientierter
Konsumentensegmente 72

1.21 Design der Konsumentenbefragung 72

1.22 Bildung ökologieorientierter Konsumentensegmente 73

    1.221 Ökologieorientierte Produktanforderungen 73

    1.222 Ökologieorientierte Geschäftsanforderungen 89

1.23 Ausprägungsformen von Einflußfaktoren auf
ökologieorientierte Produkt- und
Geschäftsanforderungen 104

    1.231 Generelle Produktanforderungen 104

    1.232 Generelle Geschäftsanforderungen 109

    1.233 Ökologieorientiertes Wissen 113

    1.234 Umweltbewußtes Verhalten 114

1.24 Ausprägungsformen segmentbeschreibender
Variablen 116

    1.241 Präferierte Vertriebsform 116

    1.242 Umweltkompetenz der Vertriebsformen 117

    1.243 Soziodemographie ökologieorientierter
           Konsumentensegmente 119

    1.244 Kaufhistorie und Kaufpläne von Elektrogeräten 121

1.3 Würdigung ökologieorientierter Profilierungschancen
auf Konsumentenebene aus Herstellersicht 123

2. Ökologieorientierte Handelssegmentierung 125

   2.1 Theoretische Grundlagen einer ökologieorientierten
       Handelssegmentierung 125

       2.11 Ökologische Gatekeeper-Rolle und Basisstrategie
            des Handels als Ausgangspunkt der Segmentierung 125

       2.12 Ökologieorientiertes Konsumenten- und
            Herstellerverhalten aus Handelssicht 129

2.13 Ansatzpunkte für eine ökologieorientierte
Profilierung des Handels 131

    2.131 Ökologieorientierte Handlungsparameter
    auf der Beschaffungsseite 132

    2.132 Ökologieorientierte Handlungsparameter
    auf der Absatzseite 134

2.14 Organisationsdemographischer Einfluß auf die
ökologieorientierte Basisstrategie im Handel 136

2.2 Empirische Erfassung ökologieorientierter
Handelssegmente 138

    2.21 Design der Handelsbefragung 138

    2.22 Wahrgenommene Erfolgsaussichten einer
    Umweltprofilierung im Handel als Grundlage
    der Segmentbildung 139

    2.23 Einschätzung des ökologieorientierten
    Konsumenten- und Herstellerverhaltens 143

    2.24 Ausprägungsformen ökologieorientierter
    Beschaffungskriterien 147

    2.25 Ökologieorientierte Instrumenteausgestaltung auf der
    Absatzseite 155

    2.26 Einfluß der Unternehmensgröße auf die
    ökologieorientierte Basisstrategie im Handel 159

2.3 Würdigung ökologieorientierter Profilierungschancen
im Handel aus Herstellersicht 160

C. Ökologieorientierte Marktbearbeitung in der Elektrobranche ... 162

1. Grundlegende Bearbeitungsstrategien für ökologieorientierte Konsumenten- und Handelssegmente ... 162

2. Theoriegeleitete Analyse instrumenteller Ausgestaltungsmöglichkeiten einer ökologieorientierten Profilierung in der Elektrobranche ... 168

   2.1 Ökologieorientierte Produktpolitik ... 169

   2.2 Ökologieorientierte Distributionspolitik ... 172

   2.3 Ökologieorientierte Preispolitik ... 174

   2.4 Ökologieorientierte Retrodistribution ... 175

3. Empirische Bestandsaufnahme ökologieorientierter Profilierungsmaßnahmen in der Elektrobranche ... 176

   3.1 Design der Herstellerbefragung ... 176

   3.2 Ökologieorientierte Produktpolitik ... 178

   3.3 Ökologieorientierte Distributionspolitik ... 185

   3.4 Ökologieorientierte Preispolitik ... 191

   3.5 Ökologieorientierte Retrodistribution ... 192

4. Würdigung ökologieorientierter Profilierungschancen im Wettbewerbsumfeld der Elektrobranche ... 195

D. Zusammenfassung und Implikationen **196**

1. Zusammenfassung und Würdigung der Untersuchungsergebnisse 196

2. Implikationen für eine ökologieorientierte Herstellerprofilierung 202

3. Implikationen für die Forschung 205

Abstract **209**

Anhang **211**

Anhang I: Ergänzende Abbildungen 211

Anhang II: Fragebögen der empirischen Untersuchung 231

Literaturverzeichnis **261**

Abbildungsverzeichnis:

Abb. 1: Systematisierung ökologieorientierter Konfliktpotentiale 17

Abb. 2: Systematisierung der Kaufverhaltensrelevanz einer ökologieorientierten Profilierung 21

Abb. 3: Kennzeichnung der allgemeinen Situation in der Elektrobranche 25

Abb. 4: Beispielhafte ökologieorientierte Konflikte im vertikalen Marketing ... 32

Abb. 5: Empirischer Bezugsrahmen zur ökologieorientierten Profilierung in der Elektrobranche 39

Abb. 6: Ökologieorientierte Produktanforderungen bei Elektrogeräten aus Konsumentensicht 54

Abb. 7: Ökologieorientierte Geschäftsanforderungen aus Konsumentensicht 59

Abb. 8: Konsumententypologie nach ökologieorientierten Produkt- und Geschäftsanforderungen 62

Abb. 9: Generelle Produkt- und Geschäftsanforderungen aus Konsumentensicht 64

Abb. 10: Wichtigkeitseinschätzungen ökologieorientierter Produktanforderungen 75

Abb. 11: Bedeutung ökologieorientierter Produktanforderungen differenziert nach der Produktkategorie 78

Abb. 12: Faktoranalytische Verdichtung ökologieorientierter Produktanforderungen 81

Abb. 13: Varianzkriterium zur Bestimmung der Konsumentenclusterzahl auf Grundlage ökologieorientierter Produktanforderungen 83

Abb. 14: Kennzeichnung der Konsumentencluster auf Grundlage ökologieorientierter Produktanforderungen 84

Abb. 15: Diskriminanzanalytisch ermittelte Klassifikationsmatrix zur Überprüfung der Konsumententypenbildung anhand der ökologieorientierten Produktanforderungen 86

Abb. 16: Diskriminatorische Bedeutung der ökologieorientierten Produktanforderungen für die Konsumentencluster 88

Abb. 17: Wichtigkeitseinschätzungen ökologieorientierter Geschäftsanforderungen 90

Abb. 18: Bedeutung ökologieorientierter Geschäftsanforderungen differenziert nach der Produktkategorie 92

Abb. 19: Faktoranalytische Verdichtung der ökologieorientierten Geschäftsanforderungen 94

Abb. 20: Kennzeichnung der Konsumentencluster auf Grundlage ökologieorientierter Geschäftsanforderungen 95

Abb. 21: Diskriminanzanalytisch ermittelte Klassifikationsmatrix zur Überprüfung der Konsumententypenbildung anhand der ökologieorientierten Geschäftsanforderungen 97

Abb. 22: Diskriminatorische Bedeutung der ökologieorientierten Geschäftsanforderungen für die Konsumentencluster 99

Abb. 23: Kreuztabelle der Konsumentencluster nach ökologieorientierten Produkt- und Geschäftsanforderungen 101

Abb. 24: Positionierung der empirischen Konsumentencluster 103

Abb. 25: Wichtigkeit genereller Produktanforderungen im Zeitvergleich 105

Abb. 26: Generelle Produktanforderungen differenziert nach Konsumentenclustern 107

Abb. 27: Generelle Geschäftsanforderungen über alle Befragten 110

Abb. 28: Generelle Geschäftsanforderungen differenziert nach Konsumentenclustern 111

Abb. 29: Umweltwissen differenziert nach Konsumentenclustern 114

Abb. 30: Art der Verpackungsentsorgung differenziert nach Konsumentenclustern 115

Abb. 31: Präferierte Vertriebsform differenziert nach ökologieorientierten Konsumentenclustern 117

Abb. 32: Wahrgenommene Umweltschutzkompetenz differenziert nach Konsumentenclustern 118

Abb. 33: Ausprägung soziodemographischer Merkmale innerhalb der Konsumentencluster 120

Abb. 34: Kaufhistorie differenziert nach Konsumentenclustern 122

Abb. 35: Kaufpläne differenziert nach Konsumentenclustern 123

Abb. 36: Einschätzung des ökologieorientierten
Herstellerverhaltens aus Handelssicht 131

Abb. 37: Erfolgsaussichten einer Umweltprofilierung
differenziert nach ökologieorientierten Handelsclustern 140

Abb. 38: Erwartete umweltinduzierte Kaufverhaltensänderungen
in den Produktbereichen differenziert nach ökologie-
orientierten Handelsclustern 144

Abb. 39: Beurteilung des ökologieorientierten Herstellerverhaltens differenziert nach ökologieorientierten
Handelsclustern 145

Abb. 40: Ökologieorientierte Produktanforderungen
des Handels im Vergleich zur Konsumentensicht 148

Abb. 41: Ökologieorientierte Produktanforderungen
differenziert nach ökologieorientierten Handelsclustern 151

Abb. 42: Ökologieorientierte Produktanforderungen des Handels
differenziert nach der Produktkategorie 152

Abb. 43: Faktoranalytische Verdichtung der ökologieorientierten Produktanforderungen des Handels 153

Abb. 44: Ökologieorientierte Sortimentspolitik differenziert
nach ökologieorientierten Handelsclustern 156

Abb. 45: Ökologieorientiertes Serviceangebot differenziert
nach ökologieorientierten Handelsclustern 157

Abb. 46: Organisationsdemographische Beschreibung
der ökologieorientierten Handelscluster 160

Abb. 47: Systematisierung ökologieorientierter Marktbearbeitungsstrategien von Konsumenten- und Handelssegmenten
im vertikalen Marketing 164

Abb. 48: Heuristisch abgeleitete Empfehlung für eine ökologieorientierte Marktbearbeitungsstrategie im vertikalen
Marketing der Elektrobranche 167

Abb. 49: Maßnahmen der ökologieorientierten Neuprodukt-
entwicklung in der Elektrobranche 179

Abb. 50: Ökologieorientierte Maßnahmen in der Produkt- und
Verpackungspolitik ... 180

Abb. 51: Recyclinganteile bei Elektrogeräten heute und in fünf Jahren ... 182

Abb. 52: Erwartete umweltinduzierte Kaufverhaltensänderung
in den Produktbereichen aus Herstellersicht ... 183

Abb. 53: Vergleich der erwarteten umweltinduzierten Kaufverhaltensänderungen aus Handels- und Herstellersicht ... 184

Abb. 54: Bewertung der ökologieorientierten Vertriebsformenkompetenz aus Herstellersicht ... 186

Abb. 55: Vergleich der Bewertung der ökologieorientierten Vertriebsformenkompetenz aus Hersteller- und Konsumentensicht ... 187

Abb. 56: Ansatzpunkte für eine Umweltprofilierung
im Handel aus Herstellersicht ... 188

Abb. 57: Umweltserviceangebot der Hersteller an den Handel ... 190

Abb. 58: Beurteilung von Logistikkonzepten für Altgeräte
aus Herstellersicht ... 193

Abb. 59: Geplante Organisationsform beim Recycling
von Elektrogeräten ... 194

Abb. 60: Zusammenfassung der Hypothesenbestätigung
und -ablehnung aus der Konsumentenbefragung ... 198

Tabellenverzeichnis:

Tab. 1: Schätzungen des jährlichen Elektroschrottaufkommens 28

Tab. 2: Korrelationen zwischen generellen und ökologieorientierten Produktanforderungen auf Grundlage verdichteter Indices 108

Tab. 3: Korrelationen zwischen generellen und ökologieorientierten Geschäftsanforderungen auf Grundlage verdichteter Indices 112

Tab. 4: Herkunft der ökologieorientierten Konsumentencluster nach alten und neuen Bundesländern 121

Tab. 5: Beschreibung der befragten Handelsunternehmen nach Einzugsgebiet und Standort 139

Tab. 6: Beschreibung der befragten Elektrohersteller 177

Tab. 7: Umweltorientierte Preispotentiale differenziert nach Produktbereichen 191

Abkürzungsverzeichnis:

a.a.O.	am angegebenen Ort
Abb.	Abbildung
Abs.	Absatz
AHP	Analytical Hierarchy Process
ADM	Arbeitskreis deutscher Marktforschungsinstitute e.V.
asn	American Society of Nephrology
asw	absatzwirtschaft
Aufl.	Auflage
BAG	Bundesarbeitsgemeinschaft der Mittel- und Großbetriebe des Einzelhandels e.V.
BddW	Blick durch die Wirtschaft
BDE	Bundesverband der Deutschen Entsorgungswirtschaft e.V.
BGBl.	Bundesgesetzblatt
BFS	Bundesverband der Filialbetriebe und Selbstbedienungswarenhäuser e.V.
BFuP	Betriebswirtschaftliche Forschung und Praxis
BuBE e.V.	Bundesverband des Beleuchtungs- und Elektro-Einzelhandels
BVU	Bundesverband des Unterhaltungs- und Kommunikationselektronik-Einzelhandels e.V.
c.p.	ceteris paribus
DBW	Die Betriebswirtschaft
d.h.	das heißt
Diss.	Dissertation
DM	Deutsche Mark
DVI	Deutsches Video Institut e.V.
e.V.	eingetragener Verein
ehb	Der Einzelhandelsberater
EJoM	European Journal of Marketing
f.	folgende
FAZ	Frankfurter Allgemeine Zeitung
ff.	fortfolgende
GDI	Gottlieb Duttweiler Institut
gfu	Gesellschaft für Unterhaltungs- und Kommunikationselektronik mbH
HB	Handelsblatt
HBR	Harvard Business Review
Hrsg.	Herausgeber
Ill.	Illinois

JdAV	Jahrbuch der Absatz- und Verbrauchsforschung
Jg.	Jahrgang
JoAR	Journal of Advertising Research
JoCR	Journal of Consumer Research
JoM	Journal of Marketing
JOMR	Journal of Marketing Research
KKV	Komparativer Konkurrenz Vorteil
LZ	Lebensmittelzeitung
Mio.	Millionen
MS	Management Science
MSI	Marketing Science Institute
o.J.	ohne Jahr
o.O.	ohne Ort
o.S.	ohne Seite
o.V.	ohne Verfasser
p.a.	per annum
POQ	Public Opinion Quarterly
S.	Seite
SEP	Strategische Erfolgsposition
Tab.	Tabelle
TDM	Tausend Deutsche Mark
t.w.	teilweise
u.a.	unter andere, unter anderem
u.U.	unter Umständen
UWF	Umweltwirtschaftsforum
VDI	Verein Deutscher Ingenieure
VDMA	Verband Deutscher Maschinen- und Anlagenbau e.V.
VfW	Vereinigung für Wertstoffrecycling GmbH
vgl.	vergleiche
Vol.	Volume
W&V	Werben & Verkaufen
WIST	Wirtschaftswissenschaftliches Studium
WISU	Das Wirtschaftsstudium
z.Zt.	zur Zeit
ZAU	Zeitschrift für angewandte Umweltforschung
ZfB	Zeitschrift für Betriebswirtschaft
ZFP	Zeitschrift für Forschung und Praxis
zfbf	Zeitschrift für die betriebswirtschaftliche Forschung
ZVEI	Zentralverband Elektrotechnik- und Elektronikindustrie e.V.

A. Ökologieorientierte Profilierung als Herausforderung für das vertikale Marketing von Herstellern

1. Profilierung im vertikalen Marketing als Ausgangspunkt

Die heutzutage vielfach als „aktuelle" Herausforderungen an die marktorientierte Unternehmensführung und das Marketing bezeichneten **Entwicklungen der Rahmenbedingungen**, wie z.b. der gesellschaftliche Wertewandel, soziodemographische Veränderungen, wirtschaftliche Rezessionen und Sättigungserscheinungen, ökologische Problemstellungen, technologische Weiterentwicklungen und Globalisierungstendenzen, sind in ihrem grundsätzlichen Wesen nicht als neuartig zu charakterisieren.[1] Während es in früheren Jahrzehnten genügte, diese Veränderungen der Rahmenbedingungen isoliert vorherzusagen, ihre Wirkung auf das Verhalten der Marktteilnehmer zu prognostizieren und geeignete Anpassungsmaßnahmen vorzunehmen, sichert ein solches Vorgehen heutzutage die Überlebensfähigkeit von Unternehmen nicht mehr. Vielmehr ist als Phänomen der letzten Jahren zu beobachten, daß aufgrund vielschichtiger Interdependenzen in den Rahmenbedingungen die strukturellen und prozessualen Komplexitätsanforderungen an die marktorientierte Unternehmensführung sprunghaft angestiegen sind.[2] Damit erfordert die auch als „chaotische Turbulenz" bezeichnete Dynamik der Rahmenbedingungen vom Unternehmensmanagement eine simultane Berücksichtigung und Gewichtung einer Vielzahl von Einflußfaktoren, die gleichzeitig auch die Varietät im Verhalten der Marktteilnehmer erhöhen.

So wird auf **Konsumentenseite** einerseits bei Gütern des täglichen Bedarfs ein sinkendes Markenbewußtsein bei gleichzeitig steigender Preisorientierung beobachtet. Andererseits verstärkt sich die Tendenz zu einem individualisierten und emotionalisierten Konsumverhalten nicht nur bei Luxusgütern.[3] Unter **Wettbe-**

---

[1] Vgl. zu den genannten Veränderungen in den Rahmenbedingungen Szallies, R., Zwischen Luxus und kalkulierter Bescheidenheit - Der Abschied von Otto Normalverbraucher, in: Wertewandel und Konsum: Fakten, Perspektiven und Szenarien für Markt und Marketing, Szallies, R., Wiswede, G. (Hrsg.), 2. Auflage, Landsberg/Lech 1991, S. 48 f.; Meffert, H., Kirchgeorg, M., Marktorientiertes Umweltmanagement, 2. Auflage, Stuttgart 1993, S. 3 ff.; Meffert, H., Erfolgreiches Marketing in der Rezession: Strategien und Maßnahmen in engeren Märkten, Wien 1994, S. 17.

[2] Vgl. Bleicher, K., Normatives Management: Politik, Verfassung und Philosophie des Unternehmens, Frankfurt, New York 1994, S. 36 f.

[3] Vgl. Blickhäuser, J., Gries, Th., Individualisierung des Konsums und Polarisierung von Märkten als Herausforderung für das Konsumgüter-Marketing, in: Marketing ZFP, Heft 1, 1989, S. 6.

werbsaspekten kann von einer zunehmend internationalen bzw. globalen Konkurrenz gesprochen werden.[4] Der Einsatz neuer Kommunikations- und Produktionstechnologien führt zu einer verstärkten Auflösung traditioneller Branchengrenzen und somit zu einer weiter steigenden Wettbewerbsintensität. Als Reaktion hierauf bilden sich vielfach zwischen ehemaligen Wettbewerbern strategische Netzwerke bzw. Allianzen.

Die auf **Handelsseite** sich in jüngster Zeit weiterhin verstärkenden Konzentrationstendenzen bewirken eine Verschiebung der Machtverhältnisse in Absatzsystemen und induzieren eine höhere Intensität des vertikalen Wettbewerbs zwischen Hersteller und Handel.[5] Gestützt auf seine gestiegene Einkaufsmacht verfolgt der Handel zunehmend eigenständige Marketingkonzepte, die inzwischen bis zur erfolgreichen Etablierung umfangreicher Handelsmarkensortimente im gehobenen Preissegment reichen.[6] Als Folge dieser Entwicklungen treten die Konfliktpotentiale im vertikalen System in den Vordergrund der Betrachtung. Sie resultieren im wesentlichen aus divergierenden Zielsetzungen zwischen Herstellern und Handelsunternehmen.[7] Dabei erstrecken sich die Divergenzen sowohl auf den Zielinhalt und das Ausmaß der Zielerreichung als auch auf den Zeit- sowie den Segmentbezug.[8] Während Hersteller beispielsweise bemüht sind, über ein profilierendes Markenimage langfristig Marktanteile auszubauen bzw. zu halten, ist es eine zentrale Zielsetzung von Handelsunternehmen, sich gegenüber

---

[4] Vgl. Meffert, H., Bolz, J., Internationales Marketing-Management, 2. Auflage, Stuttgart u.a. 1994, S. 15.

[5] Vgl. LZ, M+M Eurodata (Hrsg.), Die Top 50 des deutschen Lebensmittelhandels 93, Frankfurt am Main 1994. Absatzsysteme liegen vor, wenn im Rahmen der Distributionspolitik rechtlich und wirtschaftlich selbständige Absatzmittler eingesetzt werden. Vgl. Rogers, D.S., Grassi, M.M.T., Retailing: New Perspectives, Chicago u.a. 1988, S. 19. Zum Begriff "Absatzmittler" vgl. Ahlert, D., Distributionspolitik: Das Management des Absatzkanals, 2. Aufl., Stuttgart, Jena 1991, S. 47. Synonym zum Begriff "Absatzsystem" soll die Bezeichnung "vertikales System" verwendet werden. Ferner werden die Begriffe "Absatzmittler", "Handelsunternehmen" und "Handelsbetrieb" im folgenden synonym verwandt.

[6] Vgl. LZ (Hrsg.), Duell der Marken, Frankfurt 1993, S 4.

[7] Vgl. Ahlert, D., Flexibilitätsorientiertes Positionierungsmanagement im Einzelhandel - Herausforderungen an freie, kooperierende und integrierte Handelssysteme, in: Marktorientierte Unternehmensführung im Umbruch: Effizienz und Flexibilität als Herausforderungen des Marketing, Bruhn, M., Meffert, H., Wehrle, F. (Hrsg.), Stuttgart 1994, S. 292.

[8] Vgl. Steffenhagen, H., Konflikt und Kooperation in Absatzkanälen: Ein Beitrag zur verhaltensorientierten Marketingtheorie, in: Schriftenreihe Unternehmensführung und Marketing, Band 5, Meffert, H. (Hrsg.), Wiesbaden 1975, S. 73 f.

aktuellen und potentiellen Kunden als attraktive Einkäufsstätte darzustellen.[9] Diese als "systemimmanent" und damit „permanent" zu kennzeichnenden Zielinkompatibilitäten führen regelmäßig zu Konflikten auch beim Einsatz der Marketinginstrumente.[10]

Die dysfunktionalen Wirkungen vertikaler Konflikte verstärken eine weitreichende Effizienzkrise beim Einsatz der Marketinginstrumente, die sich einerseits in einer zu geringen externen Wirkungseffizienz und andererseits zu niedrigen internen Planungs- und Umsetzungseffizienz dokumentiert.[11] Zur Bewältigung dieser Effizienzkrise wird vorgeschlagen, eine prägnante **Profilierung** des eigenen Unternehmens sowie seines Leistungsangebotes beim Handel und bei den Konsumenten aufzubauen und langfristig abzusichern. Allerdings zeigt eine systematische Bestandsaufnahme ausgewählter Profilierungstermini[12], daß der Begriff „Profilierung" in der Betriebswirtschaftslehre nicht einheitlich verwendet wird.[13] Zu deutlich sind die Unterschiede nicht nur beim Objektbezug, sondern auch bei der Integration strategischer und operativer Komponenten sowie der Einbeziehung von Führungs- bzw. Managementaspekten. Trotz der dargestellten Unterschiede ergeben sich nahezu bei allen Autoren anzutreffende Gemeinsamkeiten. So besteht weitgehend Einigkeit darüber, daß Profilierung:

---

[9] Vgl. Meffert, H., Vertikales Marketing und Marketingtheorie, in: Steffenhagen, H., Konflikt und Kooperation in Absatzkanälen, a.a.O., S. 18.

[10] Vgl. Irrgang, W., Strategien im vertikalen Marketing, München 1989, S. 7. Offenkundig wird dieser Konflikt z.B. bei Sonderpreisaktionen des Handels zu Lasten hochpreisiger Markenartikel mit einem hohen Bekanntheitsgrad. Grundsätzlich sind auch komplementäre und neutrale Beziehungen zwischen den Marketinginstrumenten der Hersteller und des Handels denkbar. Vgl. Ahlert, D., Backhaus, K., Meffert, H. (Hrsg.), Automobilmarketing aus Hersteller-, Handels- und Zulieferperspektive: Dokumentation des Hauptseminars zum Marketing und Distribution & Handel vom 17./18. Dezember 1992, Münster 1993, S. 74.

[11] Vgl. Meffert, H., Markenführung in der Bewährungsprobe, in: Markenartikel, Heft 10, 1994, S. 479; Gerken, G., Abschied vom Marketing, Düsseldorf, Wien, New York, 1990, S. 121.

[12] Heinemann sieht den Ursprung der betriebswirtschaftlichen Profilierungsdiskussion in der seit den 50er Jahren verfolgten, konkurrenzorientierten Differenzierungsforschung. Vgl. Heinemann, G., Betriebstypenprofilierung und Erlebnishandel, Wiesbaden 1989, S. 7. Die Auswahl der analysierten Begriffe orientiert sich an ihrer theoretischen und praktischen Bedeutung. Hierin liegt auch der Grund, warum folgende Beiträge zur Handelsprofilierung nicht aufgenommen wurden: Berg, H., Profilierung durch Differenzierung, Strategische Maximen für das Autohaus im Wettbewerb der 90er Jahre, in: Dortmunder Diskussionsbeiträge zur Wirtschaftspolitik, Nr. 47, Berg, H., Teichmann, U. (Hrsg.), Dortmund 1990; Dustmann, H.-H., Profilierungsinstrument Ladengestaltung, in: Thexis, Heft 4, 1993, S. 25 ff.; Hänsel, H.-G., POS- und Verkaufsstellen-Profilierung durch aktive Leitbildkommunikation, in: Thexis, Heft 4, 1993, S. 20 ff.; Mauch, W., Profilieren oder verlieren - das ist die Alternative, in: BAG-Nachrichten, Heft 12, 1986, S. 20 ff.

[13] Zu einer Synopse betriebswirtschaftlicher Profilierungsbegriffe vgl. Abbildung A1 im Anhang.

- in einem engen Zusammenhang zur Positionierung zu sehen ist,
- Prozeßcharakter besitzt,
- auf die Wahrnehmung aktueller sowie potentieller Abnehmer gerichtet ist,
- die Berücksichtigung von Wettbewerbsaspekten erfordert und
- lediglich unter Einbeziehung situativer Faktoren beurteilt werden kann.

Diese Elemente sollen daher ohne Ausnahme für das Profilierungsverständnis der vorliegenden Arbeit übernommen werden. **Profilierung** ist somit die:

> **Planung, Durchsetzung und Kontrolle aller Marketing-Mix-Aktivitäten, die auf die Erreichung einer Präferenz in der Wahrnehmung der Abnehmer gerichtet sind.**

Präferenz ist dabei als die Vorziehenswürdigkeit eines Beurteilungsobjektes gegenüber anderen von potentiellen und aktuellen Abnehmern ebenfalls in die Kaufentscheidung einbezogenen Objekten zu verstehen.[14] Damit verdeutlicht die gewählte Begriffsdefinition[15], daß Profilierungskonzepte sowohl eine explizite Abnehmer- als auch eine ausdrückliche Konkurrenzorientierung beinhalteten. Ferner wird Profilierung als **Managementprozeß** mit den drei Phasen Planung, Durchsetzung und Kontrolle aufgefaßt. Durch den Prozeßcharakter unterscheidet sich die Profilierung von den verwandten Begriffen „Wettbewerbsvorteil", „strategische Erfolgsposition" und „akquisitorisches Potential", die ebenfalls einen hohen Marketing-Mix-Bezug aufweisen, jedoch als anzustrebende Zielzustände aufgefaßt werden können.[16]

---

[14] Vgl. Böcker, F., Präferenzforschung als Mittel marktorientierter Unternehmensführung, in: zfbf, Heft 7/8, 1986, S. 556. Domizlaff spricht anschaulich von einer "Monopolstellung in der Psyche der Verbraucher". Vgl. Domizlaff, H., Die Gewinnung öffentlichen Vertrauens: Ein Lehrbuch der Markentechnik, 2. Aufl., Hamburg 1951, S. 67. Wissenschaftstheoretisch ist die Präferenzforschung ein Teilgebiet der Markenwahlforschung. Als Beurteilungsobjekte kommen auch Dienstleistungen in Betracht.

[15] Schanz betont, daß Definitionen nicht mit Blick auf ihren Wahrheitsgehalt zu beurteilen sind, sondern lediglich hinsichtlich ihrer Zweckmäßigkeit. Vgl. Schanz, G., Methodologie für Betriebswirte, 2. Aufl., Stuttgart 1988, S. 18.

[16] Vgl. zum Begriff "Wettbewerbsvorteil" Porter, M.E., Wettbewerbsvorteile: Spitzenleistungen erreichen und behaupten, Frankfurt 1989, S. 21; Meffert, H., Die Wertkette als Instrument einer integrierten Unternehmensplanung, in: Der Integrationsgedanke in der Betriebswirtschaftslehre, Delfmann, W. (Hrsg.), Wiesbaden 1989, S. 256 ff.; Simon, H., Management strategischer

Aufgrund der Marketing-Mix-Ausrichtung kann die Planungsphase einer Profilierung der **operativen Marketingplanung** zugerechnet werden.[17] Diese erhält ihre Vorgaben aus der strategischen Marketingplanung, die sich überwiegend auf das Planungsobjekt „Geschäftsfeld"[18] bezieht. Heinemann faßt den Profilierungsbegriff weiter und bezeichnet die strategische Unternehmensplanung[19] und die strategische Marketingplanung als „Inside-Out Profilierung". Unter einer „Inside-Out Profilierung" versteht er den integrativen Prozeß der Geschäftsfeldabgrenzung, Geschäftsfeldwahl und der Geschäftsfelddifferenzierung.[20] Damit besitzt seine „Inside-Out Profilierung" zunächst internen Planungscharakter und ist separat gesehen für eine Präferenzbildung bei den Abnehmern nicht hinreichend. Statt dessen ist zur Fundierung von Profilierungskonzepten im Rahmen der Markterfassung die explizite Betrachtung kaufverhaltensspezifischer Aspekte auf Seiten der Abnehmer erforderlich.[21] Für eine erfolgreiche Profilierung

---

Wettbewerbsvorteile, in: ZfB, Heft 4, 1988, S. 461 ff; Simon, H., Schaffung und Verteidigung von Wettbewerbsvorteilen, in: Wettbewerbsvorteile und Wettbewerbsfähigkeit, Simon, H. (Hrsg.), Stuttgart 1988, S. 4. Ähnlich ist das Konzept des komparativen Konkurrenzvorteils. Vgl. Backhaus, K., Investitionsgütermarketing, 3. Aufl., München 1992, S. 7 f. Vgl. zum Begriff der Strategischen Erfolgsposition Pümpin, C., Management strategischer Erfolgspositionen: Das SEP-Konzept als Grundlage wirkungsvoller Unternehmungsführung, Bern, Stuttgart 1982, S. 34. Der Begriff des akquisitorischen Potentials stammt von Gutenberg. Vgl. Gutenberg, E., Grundlagen der Betriebswirtschaftslehre, Zweiter Band: Absatzlehre, 17. Aufl., Berlin u.a. 1984, S. 243 ff. Als weiterer im Text nicht genannter Begriff wäre an die Unique Selling Proposition (USP) zu denken, die im Werbebereich entwickelt wurde. Vgl. Reeves, R., Werbung ohne Mythos, München 1963, S. 57 f.

[17] Vgl. Meffert, H., Marketing-Management: Analyse - Strategie - Implementierung, Wiesbaden 1994, S. 25; Szeliga, M., Push und Pull in der Markenpolitik, Ein Beitrag zur modellgestützten Marketingplanung am Beispiel des Reifenmarktes, Diss., Münster 1995, S. 11. Unter dem Terminus "Marketing-Mix" wird im folgenden die Gesamtheit aller Aktivitäten verstanden, die sich auf eine zielgerichtete Beeinflussung der Marktteilnehmer beziehen. Vgl. Meffert, H., Marketing, 7. Aufl., Wiesbaden 1986, S. 114.

[18] (Strategische) Geschäftsfelder definieren die Tätigkeitsbereiche eines Unternehmens und zeichnen sich durch eine eigenständige Marktaufgabe und einen separaten Erfolgsbeitrag aus. Vgl. Meffert, H., Marketing-Management, a.a.O., S. 41. Zur Geschäftsfeldabgrenzung hat sich der dreidimensionale Ansatz von Abell durchgesetzt. Vgl. Abell, D.F., Defining the business, Englewood Cliffs 1980, S. 17. Unter der Bezeichnung „Strategie" soll im folgenden ein bedingter, langfristiger, globaler Verhaltensplan zur Erreichung der Unternehmens- und Marketingziele verstanden werden. Vgl. Meffert, H., Strategische Planung in gesättigten, rezessiven Märkten, in: asw, Nr. 6, 1980, S. 89.

[19] Unter Unternehmensplanung kann die kollektive Vorbereitung einer Entscheidung und Auswahl einer Entscheidungsalternative in Organisationen verstanden werden. Vgl. Kreikebaum, H., Strategische Unternehmensplanung, 3. Aufl., Stuttgart, Berlin, Köln 1989 S. 23.

[20] Vgl. Heinemann, G., Betriebstypenprofilierung und Erlebnishandel, a.a.O., S. 30.

[21] Vgl. Heinemann, G., Betriebstypenprofilierung und Erlebnishandel, a.a.O., S. 27. Hierauf wies schon sehr früh Levitt hin. Vgl. Levitt, Th., Marketing Myopia, in: HBR, July-August 1960, S. 53. Somit kann im folgenden die Inside-Out Profilierung weitgehend unberücksichtigt bleiben.

sind dabei aus Herstellersicht im Falle einer indirekten Distribution die zwei Profilierungsebenen „Konsumenten" und „Handel" zu unterscheiden.

Auf der Profilierungsebene **„Konsumenten"** hat zunächst eine Untersuchung der produktbezogenen Kundenbedürfnisse und Mechanismen der Präferenzbildung zu erfolgen. Danach schließt sich die Ableitung von intern homogenen und extern heterogenen Marktsegmenten an. In diesem Zusammenhang zeigt sich das enge, komplementäre Verhältnis der Profilierung zum Planungsinstrument der Positionierung. **Positionierung** kann zunächst als Darstellung einer aus Abnehmersicht wünschenswerten Produktvorstellung („Idealposition") in einem mehrdimensionalen Eigenschaftsraum verstanden werden, der letztlich ein Abbild des Wahrnehmungsraumes des Konsumenten darstellt.[22] Regelmäßig unterscheiden sich die Idealpositionen der Konsumenten, so daß segmentspezifische Positionierungsanalysen erforderlich sind. Neben Idealpositionen fließen zusätzlich auch Realpositionen bzw. geplante Produktpositionen („Sollpositionen") in Positionierungsräume ein. Von entscheidender Bedeutung für die Präferenzbildung ist dabei der Gedanke der Differenzierung. Dieser besagt, daß ein Hersteller mit der Position seines Produktes einerseits der Idealvorstellung der Konsumenten möglichst nahekommen und andererseits einen großen Wahrnehmungsabstand im Vergleich zu den Konkurrenzpositionen aufbauen sollte. So verstanden ist die Positionierung im Prozeß der operativen Marketingplanung einer Profilierung vorgelagert. Dabei fällt der Profilierung im Rahmen der Marktbearbeitung die Aufgabe zu, die angestrebte Produktpositionierung in der Wahrnehmung der relevanten Zielsegmente mittels sämtlicher Marketinginstrumente entsprechend durchzusetzen.[23]

---

[22] Vgl. Mayer, R.U., Produktpositionierung, Köln 1984, S. 27. Einen aktuellen Überblick zur Positionierung gibt Kollenbach, S., Positionierungsmanagement in Vertragshändlersystemen: Konzeptionelle Grundlagen und empirische Befunde am Beispiel der Automobilbranche, Frankfurt am Main u.a. 1995, S. 17 f. Auf hier nicht betrachteten Aggregationsebenen lassen sich Personen, Geschäftsfelder, Verkaufsstätten, Unternehmen und Länder positionieren. Daneben findet sich auch der Begriff Werbepositionierung. Vgl. Ries, A., Trout, J., Positioning: Die neue Werbestrategie, Hamburg u.a. 1986; Freter, H.W., Markenpositionierung: Ein Beitrag zur Fundierung markenpolitischer Entscheidungen auf Grundlage psychologischer und ökonomischer Modelle, Habilitationsschrift, Münster 1977; Theis, H.-J., Einkaufsstättenpositionierung: Grundlage der strategischen Marketingplanung, Wiesbaden 1992; Hooley, G.J., Saunders, J., Competitive Positioning: The Key to Market Success, New York u.a. 1993.

[23] Vgl. allgemein Rudolph, T.C., Positionierungs- und Profilierungsstrategien im europäischen Einzelhandel, St. Gallen 1993, S. 153. Rehorn hierzu wörtlich: „Bei der Positionierung geht es darum ..., festzulegen, wo man sich im Markt ansiedeln will. Aufgabe der Kreativität ist es dann, den Weg zu finden, wie dies geschehen kann." Rehorn, J., Positionierung zwischen flop und flight, in: asw, Heft 9, 1976, S. 74.

Auf der Profilierungsebene „**Handel**" stehen aus Herstellersicht einerseits die Analyse der Konfliktpotentiale in vertikalen Systemen und andererseits die Regalplatzsicherung[24] im Vordergrund. Dabei empfiehlt sich auch hier die Bildung von Segmenten.[25] Auf Grundlage der verhaltenswissenschaftlichen Organisationstheorie haben sich mit den Konflikten und der Regalplatzsicherung inzwischen zahlreiche Untersuchungen auseinandergesetzt.[26] Die in den Arbeiten gemachten Maßnahmenvorschläge können unter der Bezeichnung "vertikales Marketing" zusammengefaßt werden.

Vertikales Marketing wird als die koordinierte Steuerung und Regelung marktgerichteter Unternehmensaktivitäten über alle Distributionsstufen hinweg verstanden.[27] Im Rahmen vertikal integrierter Marketingkonzepte versuchen Hersteller- bzw. Handelsunternehmen, sich die Marketingführerschaft[28] zu sichern. Dabei kommt aus Herstellersicht den Strategien zur Selektion, Akquisition und Koordination geeigneter Distributionspartner eine besondere Bedeutung zu.[29] Darüber hin-

---

[24] Die Sicherung des Regalplatzes weist räumliche, zeitliche, quantitative und qualitative Komponenten auf und dient vorrangig zur Umsatzerzielung bei potentiellen Verbrauchern. Vgl. Ahlert, D., Distributionspolitik: Das Management des Absatzkanals, a.a.O., S. 140 ff.

[25] Vgl. Ahlert, D., Probleme der Abnehmerselektion und der differenzierten Absatzpolitik auf der Grundlage der segmentierenden Markterfassung, in: Der Markt, Heft 2, 1973, S. 106.

[26] Als frühe Arbeiten sind zu nennen: Meffert, H., Verhaltenswissenschaftliche Aspekte vertraglicher Vertriebssysteme, in: Vertragliche Vertriebssysteme zwischen Industrie und Handel, Ahlert, D. (Hrsg.), Wiesbaden 1981, S. 100 f.; Steffenhagen, H., Konflikt und Kooperation in Absatzkanälen, a.a.O.; Kunkel, R., Vertikales Marketing im Herstellerbereich, München 1977. Zu den neueren Arbeiten zählen: Irrgang, W., Strategien im vertikalen Marketing, München 1989; Florenz, P.J., Konzept des vertikalen Marketing: Entwicklung und Darstellung am Beispiel der deutschen Automobilwirtschaft, Bergisch Gladbach, Köln 1992; Westphal, J., Vertikale Wettbewerbsstrategien in der Konsumgüterindustrie, Wiesbaden 1991.

[27] Vgl. Meffert, H., Vertikales Marketing und Marketingtheorie, a.a.O., S. 15. Domizlaff weist früh auf Problembereiche einer herstellergerichteten Steuerung hin. Vgl. Domizlaff, H., Die Gewinnung öffentlichen Vertrauens, a.a.O., S. 114.

[28] Vgl. hierzu Kümpers, U.A., Marketingführerschaft - Eine verhaltenswissenschaftliche Analyse des vertikalen Marketing, Diss., Münster 1976, S. 15 ff. Zu den ersten Arbeiten, die sich mit der Beeinflussung des Handels auseinandersetzen, zählen: Dingeldey, K., Herstellermarketing im Wettbewerb um den Handel, Berlin 1975; Hansen, P., Die handelsgerichtete Absatzpolitik der Hersteller im Wettbewerb um den Regalplatz, Berlin 1972. Angesichts der starken Handelskonzentration, des Informationsvorsprungs durch neue Technologien (z.B. Scannerkassen) und Organisationskonzepte, wie z.B. dem Category Management, mehren sich Stimmen, die dem Handel die Marketingführerschaft zusprechen. Vgl. Hallier, B., Der Handel auf dem Weg zur Marketingführerschaft, in: asw, Heft 3, 1995, S. 105.

[29] Vgl. Ahlert, D., Distributionspolitik: Das Management des Absatzkanals, a.a.O., S. 189; Irrgang spricht von Selektions-, Stimulierungs- und Kontraktstrategien im vertikalen Marketing. Vgl. Irrgang, W., Strategien im vertikalen Marketing, a.a.O., S. 66 ff.; Florenz nennt zusätzlich noch Machtstrategien. Vgl. Florenz, P.J., Konzept des vertikalen Marketing, a.a.O., S. 264 ff.

aus sind die Marketinginstrumente der Hersteller nicht nur auf den Endkunden, sondern auch den Handel besonders abzustimmen, um beim Handel angesichts einer hohen Wettbewerbsintensität zwischen den Herstellern in die Position eines dauerhaft bevorzugten Lieferanten zu gelangen.[30]

Integrierten vertikalen Marketingkonzepten wird vielfach gegenüber einseitigen Push- bzw. Pull-Konzepten[31] eine höhere ökonomische Effizienz zugeschrieben. Demnach ist bei einer vertikal abgestimmten Marktbearbeitung von Hersteller und Absatzmittler aufgrund von Synergiewirkungen insgesamt das Erreichen eines gemeinsamen Kooperationserfolges möglich, der zu einer verbesserten Zielerreichung beider Partner führen kann.[32] Wie eine aktuelle Untersuchung belegt, lassen sich hierdurch auch die Konfliktpotentiale in vertikalen Systemen reduzieren.[33]

---

[30] Derartige Ansätze werden seit Mitte der 80er Jahre unter der Bezeichnung "Trade Marketing" diskutiert. Vgl. Diller, H., Kusterer, M., Key Account Management in der Konsumgüterindustrie, Arbeitsbericht Nr. 11 des Instituts für Marketing an der Universität der Bundeswehr Hamburg, Hamburg 1985, S. 18; Zentes, J., Trade-Marketing, in: Marketing ZFP, Heft 4, 1989, S. 227; Böhlke, E., Trade Marketing: Neuorientierung der Hersteller-Handels-Beziehungen, in: Strategische Partnerschaften im Handel, Zentes, J. (Hrsg.), Stuttgart 1992, S. 192 ff. Zu den Entwicklungsstufen des Marketing vgl. Meffert, H., Entwicklungslinien des Marketing: Akzente der marktorientierten Führung in den 90er Jahren, in: Jahrbuch des Marketing, Schöttle, K.M. (Hrsg.), 5. Aufl., Essen 1990, S. 12 ff.

[31] Push-Konzepte legen einen Schwerpunkt auf handelsgerichtete Aktivitäten, während bei einer konsumentengerichteten Strategie von einem Pull-Konzept gesprochen wird. Vgl. zu einer umfassenden Begriffsexplikation Szeliga, M., Push und Pull in der Markenpolitik. a.a.O.

[32] Vgl. Ahlert, D., Vertikale Kooperationsstrategien im Vertrieb, in: ZfB, Heft 1, 1982, S. 80; Steffenhagen, Konflikt und Kooperation in Absatzkanälen, a.a.O., S. 63; Thies, G., Vertikales Marketing, marktstrategische Partnerschaft zwischen Industrie und Handel, Berlin, New York 1976, S. 59. Jüngere Arbeiten bestätigen diese These. Vgl. Coca-Cola Retailing Research Group (Hrsg.), Kooperation zwischen Industrie und Handel im Supply Chain Management: Projekt V, o.O., 1994, S. 18; Buzzell, R.D., Ortmeyer, G., Channel Partnerships: A New Approach to Streamlining Distribution, Commentary Report No. 94-104, MSI (Hrsg.), Cambridge (Mass.) 1994, S. 15 ff. Für die Elektrobranche hat Engelhardt anhand des Telefunken-Partner-Systems und der Rowenta-Gemeinschafts-Initiative deutliche Effizienzvorteile nachgewiesen. Vgl. Engelhardt, T.-M., Partnerschafts-Systeme mit dem Fachhandel als Konzept des vertikalen Marketing: Dargestellt am Beispiel der Unterhaltungselektronik-Branche in der Bundesrepublik Deutschland, Diss., St. Gallen 1990, S. 315 ff. und 356 ff. Partnerschafts-Systeme werden dabei als Leistungssysteme verstanden. Vgl. hierzu Belz, Ch., Leistungssysteme zur Profilierung auswechselbarer Produkte im Wettbewerb, in: Der Markt Nr. 105, 1988, S. 61 ff.; Belz, Ch., Konstruktives Marketing, Savosa, St. Gallen 1988, S. 251 ff.

[33] Vgl. Zentes, J., Anderer, M., Handels-Monitoring 1/94: Mit Customer Service aus der Krise, in: GDI-Handels-Trendletter 1/94, GDI (Hrsg.), Rüschlikon/Zürich 1994, S. 19. In der Studie beurteilen 59 % der befragten Handelsmanager das Verhältnis ihrer Industrie als kooperativ-partnerschaftlich und nur 8 % als konfliktär. Zu den neueren Konzepten, die zu einer Effizienzsteigerung vertikaler Systeme führen sollen, sind das Category Management, der elektronische Datenaustausch (EDI) und Logistikkooperationen zu zählen. Vgl. Behrends, C., Von der Vision zur Praxis: Die Steuerung von Sortiment und Warenwirtschaft im Handel, in: LZ vom 3.6. 1994,

2. Besonderheiten einer ökologieorientierten Profilierung

Wie vielfältige Beispiele belegen, wird die Lösung ökologischer Probleme[34] auf globaler, regionaler und lokaler Ebene zu einem dringenden gesellschaftlichen Anliegen, dem sich auch Unternehmen immer weniger entziehen können.[35] Dabei kann die Erfüllung eines über rechtliche Vorgaben hinausgehenden gesellschaftlichen Umweltanspruchs durch Unternehmen einerseits aus umweltethischer Verantwortung begründet werden.[36]

Umweltethischer Ansätze fordern aus verantwortungsethischer Sicht trotz eines Marktversagens beim knappen Gut „natürliche Umwelt" die Integration extern anfallender Umweltkosten. Andererseits können für eine Berücksichtigung ökologischer Gesichtspunkte bei Entscheidungsprozessen in Unternehmen absatzbezogene Ursachen angeführt werden. Hierbei sind ökologische Problemlösungen entweder aufgrund eines hohen Wettbewerbsdrucks erforderlich oder für eine darüber hinausgehende ökologieorientierte Profilierung im Wettbewerbsumfeld geeignet. Diese maktbezogenen Ansätze vertreten die These einer auch heutzutage schon vorhandenen Komplementarität von ökonomischer

---

S. 58 ff.; Nielsen Marketing Research (Hrsg.), Category Management - Positioning your organisation to win, Lincolnwood (Chicago), Ill. 1994; Daering, B., The Strategic Benefits of EDI, in: Journal of Business Strategy, January/February 1990, S. 4 f.; Müller-Berg, M., Electronic Data Interchange, in: zfo, Heft 3, 1992, S. 181; Böhlke, E., Trade Marketing: Neuorientierung der Hersteller-Handels-Beziehungen, a.a.O., S. 195 f.

[34] Ökologische Problemstellungen, z.B. das Ozonloch, die Luftbelastung oder Bodenverschmutzungen, ergeben sich aus den wechselseitigen Beziehungen zwischen der Natur und den in der Natur lebenden Organismen. Der Begriff "Ökologie" geht auf Ernst Haeckel zurück: "Unter Oecologie verstehen wir die gesammte Wissenschaft von den Beziehungen des Organismus zur umgebenden Aussenwelt." Haeckel, E., Generelle Morphologie der Organismen: Allgemeine Grundzüge der organischen Formen-Wissenschaft, Zweiter Band: Allgemeine Entwicklungsgeschichte der Organismen, Berlin 1866, S. 286.

[35] Einen Überblick über ökologische Probleme gibt Katalyse - Institut für angewandte Umweltforschung (Hrsg.), Das Umweltlexikon, Köln 1993. Lösungskonzepte der Umweltproblematik werden vielfach unter dem Leitbild des Sustainable Development diskutiert. Vgl. hierzu Pearce, D., Barbier, E., Markandya, A., Sustainable Development - Economics and Environment in the Third World, Worcester 1990; Meffert, H., Kirchgeorg, M., Das neue Leitbild Sustainable Development - der Weg ist das Ziel, in: Harvard Business Manager, Heft 2, 1993, S. 34 ff.; Brenck, A., Moderne umweltpolitische Konzepte: Sustainable Development und ökologisch-soziale Marktwirtschaft, Diskussionspapier Nr. 3 des Instituts für Verkehrswissenschaft an der Universität Münster, Münster 1991.

[36] Vgl. Hansen, U., Die ökologische Herausforderung als Prüfstein ethisch verantwortlichen Unternehmerhandelns, in: Ökonomische Risiken und Umweltschutz, Wagner, G.R. (Hrsg.), München 1992, S. 114 ff.; Nußbaum, R., Umweltbewußtes Management und Unternehmensethik: umweltbewußtes Management als Ausdruck erfolgsstrategischer und ethischer Rationalität, Bern u.a. 1995.

und ökologischer Rationalität, die im folgenden hinsichtlich ihrer Gültigkeit bei Ausklammerung unternehmensethischer Überlegungen analysiert wird.[37]

Eine **ökologieorientierte Profilierung** zeichnet sich durch die ökologieorientierte Gestaltung des gesamten Marketing-Mix zur Erreichung einer Präferenz bei den Abnehmern aus. Als interdependente und damit im Rahmen der Marktbearbeitung simultan zu planende Aktionsparameter stehen im ökologieorientierten Marketing die Produkt-, Kommunikations-, Preis-, Distributions- und Retrodistributionspolitik zur Verfügung.[38] Die Objekte einer ökologieorientierten Profilierung können sich aus Herstellersicht von einzelnen Produkten über Marken oder Markenfamilien bis hin zu Geschäftsfeldern und Unternehmen erstrecken. Auf Handelsseite lassen sich Sortimentsbereiche, Sortimente, Standorte oder ganze Filialsysteme ökologieorientiert profilieren. Angesichts der Heterogenität von Bezugsobjekten bietet sich bei einer marktbezogenen Betrachtung aus Herstellersicht die Beschränkung auf einen produktbezogenen Profilierungsansatz an. Diese Sichtweise erscheint zweckmäßig, da auf der Produktebene die höchste ökologische Betroffenheit zu verzeichnen ist.[39]

---

[37] Die Ausklammerung ethischer Aspekte wird z.B. in Kapitel B deutlich. Dort wird ökologieorientierte Profilierung aus dem Blickwinkel der Bedürfnisbefriedigung heraus diskutiert. Dabei ist zu beachten, daß menschliche Bedürfnisse häufig unbeschränkt sind, so daß aus umweltethischer Sicht die Notwendigkeit besteht, Verzicht zu üben. Vgl. Held, M., Auf dem Weg zu einer ökologischen Produktpolitik, in: Produkt und Umwelt: Anforderungen, Instrumente und Ziele einer ökologischen Produktpolitik, Hellenbrandt, S., Rubik, F. (Hrsg.), Marburg 1994, S. 299.

[38] Vgl. Meffert, H., Kirchgeorg, M., Marktorientiertes Umweltmanagement, a.a.O., S. 209 ff.; Meffert, H. u.a., Marketing und Ökologie: Chancen und Risiken umweltorientierter Absatzstrategien der Unternehmungen, in: DBW, Heft 2, 1986, S. 149 ff., Wehrli, H.P., Marketing und Ökologie, in: JdAV, Heft 4, 1990, S. 351 ff.; Meffert, H., Kirchgeorg, M., Ökologisches Marketing, in: UWF, Heft 1, 1995, S. 22 f.; Bruhn, M., Integration des Umweltschutzes in den Funktionsbereich Marketing, in: Handbuch des Umweltmanagements, Steger, U. (Hrsg.), München 1992, S. 545 ff.

[39] Der Begriff „Produkt" darf nicht nur auf das physische Kernprodukt beschränkt bleiben. Anderenfalls könnte keinerlei Profilierung mit Dienstleistungen erfolgen. Vgl. Laakmann, K., Value-Added Services als Profilierungsinstrument im Wettbewerb: Analyse, Generierung und Bewertung, Diss., Münster 1995, S. 3. Der hier verwendete Produktbegriff im erweiterten Sinne schließt sämtliche marktbezogenen Leistungen ein. Kotler/Bliemel sprechen in diesem Zusammenhang von einem "augmentierten Produkt". Vgl. Kotler, P., Bliemel, F., Marketing-Management: Analyse, Planung, Umsetzung und Steuerung, 8. Aufl., Stuttgart 1995, S. 660. In diesem Zusammenhang wäre beispielsweise an einen energiesparenden Kühlschrank mit langjähriger Ersatzteilliefergarantie und kostenlosem Entsorgungsservice zu denken. Als weitere Konzeptionsebene führen Kotler/Bliemel das potentielle Produkt an, welches zusätzlich den zukünftig zu erwartenden Zusatznutzen und alle denkbaren Umgestaltungsmöglichkeiten umfaßt. Vgl. dieselben, S. 660. Dieser Erweiterung soll hier nicht gefolgt werden, da Profilierung auf die Wahrnehmung der Abnehmer ausgerichtet ist und von daher im Gegensatz zu geplanten tatsächliche Angebote für die Ausschöpfung aktueller Marktpotentiale ausschlaggebend sind.

Abgesehen von der Nichtberücksichtigung ökologischer Aspekte kommen als **ökologieorientierte Produktpositionierungen** eine flankierende, eine gleichberechtigte und eine dominante Option in Frage.[40] Bei einer flankierenden Einbeziehung werden bestehende Produkteigenschaften auch hinsichtlich ihrer ökologischen Positionierungsfähigkeit analysiert; der grundsätzliche Positionierungsraum bleibt jedoch unverändert. Demgegenüber führt eine gleichberechtigte Positionierung zur Erweiterung des bisherigen Positionierungsraumes um die zusätzlich betrachtete und aus Abnehmersicht zu konkretisierende Dimension Umweltverträglichkeit. Bei einer dominanten Positionierung schließlich bildet die Umweltverträglichkeit eines Produktes die zentrale Positionierungsdimension.

Gleichberechtigte und dominante ökologieorientierte Produktpositionierungen sowie entsprechende ökologieorientierte Profilierungsmaßnahmen sind aus Herstellersicht lediglich dann sinnvoll, wenn hiermit ein dauerhafter Beitrag zur ökonomischen Zielerreichung geleistet werden kann. Hierzu müssen zentrale externe wie auch interne Voraussetzungen erfüllt sein. Zu den externen Voraussetzungen ist die Existenz eines hinreichend großen ökologieorientierten Absatzpotentials zu zählen, welches im direkten Wettbewerb mit den ökologieorientierten Profilierungsbestrebungen der Konkurrenz erfolgversprechend ausgeschöpft werden kann. Zu den internen Voraussetzungen ist ein geeignetes Ressourcenpotential des Herstellers zu rechnen. Dieses bezieht sich insbesondere auf sein ökologisches Know-how. Anschließend ist zu prüfen, inwieweit die geplanten ökologieorientierten Profilierungsmaßnahmen tatsächlich zu einer Präferenz- und Absatzsteigerung bei den Abnehmern führen und ob hierdurch die notwendigen Umweltinvestitionen und ökologieinduzierten Kosten getragen werden können.

Im Rahmen der inhaltlichen Ausgestaltung sind folgende **Besonderheiten einer ökologieorientierten Profilierung** aus Herstellersicht zu berücksichtigen:[41]

- die Sicherstellung einer hohen Glaubwürdigkeit durch die Einbeziehung ökologischer Ziele,

- die Gewährleistung einer funktions- und unternehmensübergreifenden Maßnahmenintegration,

---

[40] Vgl. Meffert, H., Kirchgeorg, M., Marktorientiertes Umweltmanagement, a.a.O., S. 205 f.
[41] Vgl. Meffert, H., Kirchgeorg, M., Marktorientiertes Umweltmanagement, a.a.O., S. 16 ff.

- die Beachtung ökologieinduzierter Konfliktpotentiale im Verhältnis zum Handel und

- die Relevanz ökologischer Produktmerkmale für das Kaufverhalten.

Eine hohe **Glaubwürdigkeit** bei Marktteilnehmern und gesellschaftlichen Anspruchsgruppen läßt sich lediglich über die Berücksichtigung ökologischer Zieldimensionen erreichen.[42] Dabei besteht das ökologieorientierte Oberziel darin, die ökologische Effizienz des Unternehmens und seiner Produkte zu verbessern. Sie kann als Verhältnis von produzierten Gütern bzw. Nutzenstiftung eines Produktes zur verursachten ökologischen Schadensschöpfung interpretiert werden.[43] Ökologieorientierte Profilierungskonzepte können nur dann längerfristig zum ökonomischen Erfolg eines Unternehmens beitragen, wenn ihnen tatsächliche ökologische Leistungsverbesserungen zugrunde liegen. Ist dieses nicht der Fall, so kann von einem "pseudo-ökologischen Marketing" oder "verkürzten ökologischen Marketing" gesprochen werden.[44] Die Nichtberücksichtigung ökologischer Zielgrößen kann angesichts aktiver ökologischer Anspruchsgruppen beträchtliche Gefahren für die Legitimität[45] eines Unternehmens nach sich ziehen.[46] Dies hat

---

[42] Grundlegende Optionen zur Integration des Umweltschutzes in Zielsysteme von Unternehmen diskutiert Kudert, S., Der Stellenwert des Umweltschutzes im Zielsystem der Betriebswirtschaft, in: WISU, Heft 10, 1990, S. 569 ff.

[43] Neben den in einem Unternehmen produzierten Gütern gehen positive externe Effekte in die Berechnung der ökologischen Effizienz ein. So Schaltegger, St. C., Sturm, A.J., Ökologische Rationalität: Ansatzpunkte zur Ausgestaltung von ökologieorientierten Managementinstrumenten, in: Die Unternehmung, 44. Jg., 1990, S. 281. Vgl. auch Bonus, H., Warnung vor falschen Hebeln, in: Ökologie und Unternehmensführung - Dokumentation des 9. Münsteraner Führungsgesprächs, Arbeitspapier Nr. 26 der Wissenschaftlichen Gesellschaft für Marketing und Unternehmensführung e.V., Meffert, H., Wagner, H. (Hrsg.), Münster 1985, S. 30; Schmidheiny, S., Kurswechsel: Globale unternehmerische Perspektiven für Entwicklung und Umwelt, München 1992, S. 38. Unter "externen Effekten" ist die unmittelbare Beeinflussung eines Nutzens außerhalb des Marktmechanismus zu verstehen. Vgl. Endres, A., Umweltökonomie: Eine Einführung, Darmstadt 1994, S. 14.

[44] Vgl. Schoenheit, I., Öko-Marketing aus Verbrauchersicht, in: Ökologie im vertikalen Marketing, GDI (Hrsg.), Rüschlikon 1990, S. 201 ff. Die Ursachen eines pseudo-ökologischen Marketing bzw. verkürzten ökologischen Marketing sind darin zu suchen, daß ökologische und ökonomische Zielgrößen kurzfristig häufig konfliktär zueinander stehen.

[45] Unter Legitimität ist hier die Kongruenz der im Unternehmen herrschenden Werte mit denen der Gesellschaft zu verstehen. Vgl. Miles, R.E., Snow, C.C., Organisational strategy, structure and process, New York u.a. 1978, S. 22; Pfeffer, J., Organizational design, Arlington, Ill. 1978, S. 159.

[46] Einen Überblick zu umweltbezogenen Anspruchsgruppen geben Wiedmann, K.-P., Strategisches Ökologiemarketing umwelt- und verbraucherpolitischer Organisationen, Arbeitspapier Nr. 64 des Instituts für Marketing der Universität Mannheim, Mannheim 1988, S. 9 ff. Stähler, Chr., Strategisches Ökologiemanagement, München 1991, S. 114 ff. Zur Analyse umweltbezogener Anspruchsgruppen eignet sich das "Stakeholder-Konzept". Vgl. Freemann, R.E., Strategic

mitunter erhebliche ökonomische Einbußen zur Folge.[47] Der Einfluß ökologischer Anspruchsgruppen reicht mitunter sogar soweit, daß sich für die ökologieorientierte Profilierung ganzer Branchen, wie z.b. der Kerntechnologie oder der Automobilbranche, unmittelbare Konsequenzen ergeben und damit die Profilierung einzelner Hersteller wesentlich erschwert wird.[48]

Eine hohe Glaubwürdigkeit ökologieorientierter Profilierungskonzepte erfordert vom Hersteller nicht nur die Berücksichtigung ökologischer Ziele, sondern auch eine funktions- und unternehmensübergreifende **Integration ökologieorientierter Maßnahmen**. Ökologieorientierte Profilierungsansätze sollten sich nicht nur auf die Vorkauf- bzw. Kaufphase beschränken, sondern im Sinne eines ganzheitlichen Konzeptes ebenfalls die Nachkauf-, Gebrauchs- und Entsorgungsphase mitumfassen. Hierdurch können für das Gesamtsystem ökonomisch wie ökologisch inferiore Insellösungen vermieden werden. Dabei sind aus Herstellersicht bei der Planung ökologieorientierter Maßnahmen sowohl beschaffungs- als auch absatzmarktseitige Kooperationspartner miteinzubeziehen. Dieses gilt z.B. für Zulieferer, den Handel und Recyclingbetriebe. Allerdings erschweren Informationsbeschaffungsprobleme, zeitliche Koordinationsschwierigkeiten, Technologieinkompatibilitäten und mangelnde Kooperationsbereitschaft die Gestaltung unternehmensübergreifender Kooperationen im Umweltschutz.

Besonders hemmend auf die Integration ökologieorientierter Maßnahmen wirken sich **ökologieinduzierte Konfliktpotentiale** zwischen Handel und Hersteller aus. Diese entstehen z.b. bei der Aufteilung von Handlingkosten, die im Handel bei der Altgeräterücknahme und -weiterleitung an die Hersteller anfallen, und haben zu einer spürbaren zusätzlichen Belastung der Beziehung zwischen Hersteller

---

Management: A Stakeholder Approach, in: Adoanas in Strategic Management, Lamb, R. (Ed.), Greenwich, 1983, S. 33. Ökologische Forderungen an Unternehmen finden sich bereits bei Packhard, V., The Waste Makers, New York 1960. Als aktuelles Beispiel für die Einflußnahme von Anspruchsgruppen mag der Boykottaufruf der E-Klasse von Mercedes aufgrund "völlig unzureichender ökologischer Ausrichtung" dienen. Vgl. o.V., E-Klasse soll boykottiert werden, in: FAZ vom 23.6. 1995, S. 25.

[47] Vielfach ergibt sich aus der Nichtbeachtung ökologischer Forderungen eine Verringerung der Absatzmengen und Umsätze aufgrund negativer Imageeffekte. Vgl. Meffert, H., Kirchgeorg, M., Shell - Irrtum eines Weltkonzerns, in: Berliner Morgenpost vom 15. Juli 1995, S. 3. Die Mechanismen konkreter Einflußnahme von Anspruchsgruppen auf unternehmerisches Handeln verdeutlicht Bode, T., Zur Strategie von Umweltinitiativen - das Beispiel Greenpeace, in: Handbuch des Umweltmanagements, Steger, U. (Hrsg.), München 1992, S. 208 ff.

[48] Vgl. Weinzierl, H., Ökologische Offensive: Umweltpolitik in den 90er Jahren, München 1991, S. 157.

und Handel beigetragen.[49] Dabei stehen gerade diese beiden Akteure nach der Ansicht des Gesetzgebers, gesellschaftlicher Anspruchsgruppen und der Konsumenten gemeinsam in der Verantwortung, die Umwelt zu entlasten.[50] Obwohl festzustellen ist, daß die Bedeutung ökologieorientierter Kooperationen von Hersteller- und Handelsseite gleichermaßen erkannt wurde, überwiegen zur Zeit die ökologieinduzierten Konflikte in vertikalen Systemen.[51]

Bei der Untersuchung ökologieorientierter Problemstellungen als Kooperationsfeld, aber auch mögliche Konfliktursache zwischen Hersteller und Handel offenbart sich im Gegensatz zur allgemeinen Konflikt- und Kooperationsforschung in vertikalen Absatzsystemen ein deutliches Forschungsdefizit.[52] Diese Feststellung gilt branchenübergreifend und überrascht zunächst angesichts der deutlich angestiegenen ökologischen Betroffenheit von Hersteller- und Handelsunternehmen.[53] Berücksichtigt man allerdings, daß umweltbezogene Fragestellungen

---

[49] Vgl. Meffert, H., Ökologische Herausforderungen in der Hersteller-Handels-Beziehung, in: Marktforschung & Management, Heft 4, 1993, S. 153. Das Inkrafttreten der Verpackungs-Verordnung hat dieses anschaulich verdeutlicht.

[50] Vgl. Meffert, H., Bruhn, M., Das Umweltbewußtsein von Konsumenten, - Ergebnisse einer empirischen Untersuchung in Deutschland im Längsschnittvergleich, Arbeitspapier Nr. 99 der Wissenschaftlichen Gesellschaft für Marketing und Unternehmensführung e.V., Meffert, H., Wagner, H., Backhaus, K., (Hrsg.), Münster 1996, S. 19 f.; Meffert, H., Burmann, Chr., Umweltschutzstrategien im Spannungsfeld zwischen Hersteller und Handel: Ein Beitrag zum vertikalen Umweltmarketing, Arbeitspapier Nr. 66 der Wissenschaftlichen Gesellschaft für Marketing und Unternehmensführung e.V., Meffert, H., Wagner, H., Backhaus, K. (Hrsg.), Münster 1991, S. 3. Langzeituntersuchungen zeigen, daß die umweltbezogenen Leistungen des Hersteller und des Handels von Konsumenten als gering angesehen werden. Vgl. ipos (Hrsg.), Einstellungen zu Fragen des Umweltschutzes 1994: Ergebnisse jeweils einer repräsentativen Bevölkerungsumfrage in den alten und neuen Bundesländern, Mannheim o.J., S. 18 f.

[51] Vgl. LZ (Hrsg.), Neue Formen der Cooperation, Frankfurt am Main 1991, S. 8 und S. 39. Vgl. auch A.C. Nielsen GmbH, Institut für Marketing (Hrsg.), Umweltschutzstrategien im Spannungsfeld zwischen Handel und Hersteller, Frankfurt, Münster 1992, S. 47.

[52] Der These, daß die Bedeutung des Handels im Rahmen des ökologisch orientierten Marketing unterschätzt wird, ist auch heute noch zuzustimmen. Vgl. Hansen, U., Die Rolle des Handels als Gatekeeper in der Diffusion ökologisch orientierter Marketingkonzepte, in: Ökologie im vertikalen Marketing, GDI (Hrsg.), Rüschlikon 1990, S. 167. Vgl. auch die ökologieorientierte Bestandsaufnahme von Kolvenbach, D., Umweltschutz im Warenhaus: Thesen und Realität, Köln 1990, S. 142. Zur geringen Verbreitung des Umweltmanagement in Werken des Handelsmarketing vgl. Barekoven, L., Erfolgreiches Einzelhandelsmarketing: Grundlagen und Entscheidungshilfen, 2. Aufl., München 1995; Müller-Hagedorn, L., Handelsmarketing, 2. Aufl., Stuttgart u.a. 1993. Beachtenswerte Ausnahmen bilden Schenk, H.-O., Marktwirtschaftslehre des Handels, Wiesbaden 1991, S. 557 ff., Hansen, U., Absatz- und Beschaffungsmarketing des Einzelhandels, 2. Auflage, Göttingen 1990, S. 64 ff.

[53] Vgl. Kirchgeorg, M., Ökologieorientiertes Unternehmensverhalten, a.a.O., S. 87; Sieler, C., Sekul, S., Ökologische Betroffenheit als Auslösefaktor einer umweltorientierten Unternehmenspolitik im Handel, in: Marketing ZFP, Heft, 3, 1995, S. 178 ff.; Costa, C., Franke, A., Handelsunternehmen im Spannungsfeld umweltpolitischer Anforderungen, in: Ifo Schnelldienst, Nr. 26, 1995, S. 13 ff. Als Beispiel für die gestiegene ökologische Betroffenheit des Handels durch um-

im Handelsmarketing bis Anfang der 90er Jahre weitgehend vernachlässigt wurden[54], so erklärt sich die noch geringere Beachtung ökologieorientierter Profilierungsmaßnahmen im Rahmen des vertikalen Herstellermarketing.

Die bisher vorgelegten Forschungsarbeiten zum ökologieorientierten Marketing im vertikalen Wettbewerb betonen ohne Ausnahme die Schlüsselrolle des Handels, der mit der Listung ökologieorientierter Produkte deren Verbreitung beschleunigen oder aber auch verlangsamen kann.[55] Dabei wird dem Handel die Rolle eines ökologieorientierten Diffusionsagenten zugewiesen. In dieser Auffassung ist der Handel als Subsystem zu verstehen, das die Adoptionsentscheidung von ökologieorientierten Produkten bei den Konsumenten in zielgerichteter Weise beeinflussen kann.[56]

---

weltpolitische Maßnahmen mag die 1993 in Kraft getretene Gefahrstoffverordnung dienen, nach der nur noch geprüfte Sachverständige Giftstoffe (Kraftstoffe, Nagellack etc.) verkaufen dürfen. Vgl. o.V., Prüfer auf Kontrollgang: Umgang mit Giftstoffen, in: ehb, Heft 1, 1995, S. 6 f. Zur ökologischen Betroffenheit des Handels tragen ökologieorientierte Einkaufsführer bei. Vgl. Kursawa-Stucke, H.-J., Lübke, V., Der Supermarktführer: Umweltfreundlich einkaufen von allkauf bis Tengelmann, München 1991.

[54] Als theoretische Arbeiten zum Umweltmanagement im Handel sind zu nennen: Mattmüller, R., Trautmann, M., Zur Ökologisierung des Handels-Marketing: Der Handel zwischen Ökovision und Ökorealität, in: JdAV, Heft 2, 1992, S. 129 - 155; Möhlenbruch, D., Die Bedeutung der Verpackungsverordnung für eine ökologieorientierte Sortimentspolitik im Einzelhandel, in: Marketing ZFP, Heft 3, 1992, S. 208 ff., Hopfenbeck, W., Teitscheid, P., Öko-Strategien im Handel, Landsberg/Lech 1994; Tomczak, T., Lindner, U., Konfligierende und komplementäre Zielsetzungen von DPR-Konzept und Öko-Marketing im Handel, in: JdAV, Heft 4, 1992, S. 342 ff.; Beuermann, G., Sekul, S., Sieler, C., Informationsgrundlagen einer ökologischen Sortimentspolitik im Einzelhandel, in: UWF, Heft 1, 1995, S. 44 ff. Darüber hinaus finden sich verschiedene Darstellungen von Umweltfallstudien. Vgl. z.B.: Brokatzky, W., Umweltmanagement in der Migros: Von konkreten Vorgaben und Zielen zu Resultaten, in: Ökologische Lernprozesse in Unternehmungen, Dyllick, Th. (Hrsg.), S. 71 - 93; Kölner Handelsforum (Hrsg.), Öko-Marketing: Der glaubwürdige Weg zum Kunden, Dokumentation des 9. Kölner Handelsforum 1992, o.O., o.J.; Bremme, H. Chr., Praktiziertes Umweltmanagement im Handel, in: Handbuch des Umweltmanagements, Steger, U. (Hrsg.), München 1992, S. 757 - 762; Wilmsen, K., Umweltschutz aus Sicht der Warenhäuser, in: Dokumentationspapier Nr. 67 der Wissenschaftlichen Gesellschaft für Marketing und Unternehmensführung e.V., Meffert, H., Wagner, H., Backhaus, K. (Hrsg.), Münster 1991, S. 33 - 40; Hommerich, B., Maus, M., Umweltpolitik im Handel, illustriert am Beispiel OBI, in: Vertikales Marketing im Wandel, Irrgang, W. (Hrsg.), München 1993, S. 95 ff.

[55] Vgl. stellvertretend hierzu Hansen, U., Ökologieorientierung im vertikalen Marketing aus Handelssicht, in: Dokumentationspapier Nr. 67 der Wissenschaftlichen Gesellschaft für Marketing und Unternehmensführung e.V., Meffert, H., Wagner, H., Backhaus, K. (Hrsg.), Münster 1991, S. 8. Tietz differenziert bei der Untersuchung ökologischer Problemstellungen im Handel noch einmal nach Einzel- und Großhandelsstufe. Vgl. Tietz, B., Großhandelsperspektiven für die Bundesrepublik Deutschland bis zum Jahr 2010, Frankfurt am Main 1993, S. 113. Die Analysen der vorliegenden Arbeit beziehen sich zum größten Teil auf die Einzelhandelsstufe.

[56] Vgl. Kull, S., Der Handel als Diffusionsagent ökologischer Innovationen: Ergebnisse einer empirischen Untersuchung bei den Top-50-Unternehmen des Lebensmitteleinzelhandels, Lehr-

Versucht man, die ökologieorientierten Forschungsarbeiten im vertikalen Marketing zu systematisieren, so lassen sich diese in theoretisch-konzeptionelle sowie empirische Arbeiten einteilen.[57] Primäres Ziel beider Forschungsrichtungen ist die Analyse ökologieinduzierter Konfliktpotentiale im vertikalen Marketing. Als wesentliche Bestimmungsgröße ökologieinduzierter Konfliktpotentiale lassen sich die auf Hersteller- und Handelsseite verfolgten **Basisstrategien**[58] **im Umweltschutz** identifizieren. Hierzu erfolgt ein Rückgriff auf die im Rahmen des Umweltmanagement[59] von Herstellern entwickelte Unterscheidung offensiver und defensiver Umweltstrategien.[60] Überträgt man diese Klassifikation in gleicher Weise auch auf den Handel und betrachtet die offensive sowie die defensive Basisstrategie als Endpunkte eines Kontinuums, so lassen sich die ökologieorientierten Konfliktpotentiale im vertikalen Marketing wie in Abbildung 1 dargestellt systematisieren.

Vergleichsweise geringe Konfliktpotentiale entwickeln sich demnach in der Zusammenarbeit zwischen Hersteller und Handel, wenn beide Partner hinsichtlich ihrer verfolgten ökologieorientierten Basisstrategie übereinstimmen. Vor dem Hintergrund einseitig offensiver Grundhaltungen bei passiven Grundhaltungen des Partners im vertikalen System ist gegenüber gleichgerichteten umweltbezogenen Basisstrategien von deutlich erhöhten Konfliktpotentialen auszugehen. Dabei steht einem offensiven Handelsunternehmen die Auslistung von Herstellern als Handlungsoption zur Verfügung, während ein umweltoffensiver Hersteller versuchen wird, passive Handelsunternehmen zu umgehen, was aufgrund der ge

---

und Forschungsbericht Nr. 33 des Lehrstuhls Markt und Konsum der Universität Hannover, Hannover 1995, S. 4.

[57] Abbildung A2 im Anhang gibt einen Überblick über die wichtigsten Arbeiten.

[58] Der Begriff "Basisstrategie im Umweltschutz" kennzeichnet, inwieweit Unternehmen Umweltschutz bei ihrer Ziel- und Strategieplanung berücksichtigen und proaktiv ökologische Fragestellungen zu lösen versuchen. Der Begriff "Grundhaltung im Umweltschutz" wird synonym hierzu verwendet.

[59] Umweltmanagement ist ein systematischer, an Umweltschutzzielen orientierter Managementprozeß der Planung, Durchsetzung und Kontrolle, der zur langfristigen Sicherung der Unternehmensziele dient. Vgl. Meffert, H., Kirchgeorg, M., Marktorientiertes Umweltmanagement, 2. Auflage, Stuttgart 1993, S. 20.

[60] Einen umfassenden Überblick zu den vielfältig entwickelten Basisstrategien im Umweltschutz geben Meffert, H., Kirchgeorg, M., Marktorientiertes Umweltmanagement, a.a.O., S. 146 ff.

stiegenen Handelsmacht aber zunehmend erschwert wird.[61] Daher spricht Hansen auch vom Handel als einem "**ökologischen Gatekeeper**".[62]

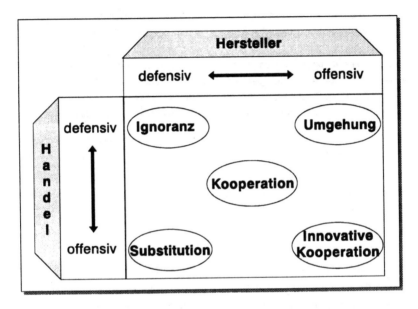

Abb. 1: **Systematisierung ökologieorientierter Konfliktpotentiale (angelehnt an: Meffert, H., Burmann, C., Umweltschutzstrategien im Spannungsfeld zwischen Hersteller und Handel, a.a.O., S. 21)**

Für umweltaktive Hersteller ist es demnach zur Senkung der ökologieinduzierten Konfliktpotentiale und aus Effizienzgründen entscheidend, aktuelle wie potentielle Absatzmittler nach ökologieorientierten Gesichtspunkten zu segmentieren, um geeignete Kooperationspartner im vertikalen Marketing zu identifizieren und so den Absatz eigener Umweltprodukte langfristig zu sichern. Obwohl der Aussagewert einer derartigen Handelstypologie unumstritten ist[63], muß festgestellt werden, daß

---

[61] Vgl. Costa, C., Franke, A., Handelsunternehmen im Spannungsfeld umweltpolitischer Anforderungen, a.a.O., S. 134.

[62] Vgl. Hansen, U., Die Rolle des Handels als Gatekeeper in der Diffusion ökologisch orientierter Marketingkonzepte, a.a.O., S. 150. Der Begriff "Gatekeeper" geht auf Lewin zurück. Vgl. Lewin, K., Feldtheorien in Sozialwissenschaften: Ausgewählte theoretische Schriften, Bern, Stuttgart 1963, S. 206 ff.

[63] Vgl. Meffert, H., Kirchgeorg, M., Marktorientiertes Umweltmanagement, a.a.O., S. 101.

die Identifikation ökologieorientierter Handelssegmente weitgehend unterblieben ist. Bislang existieren auf Handelsebene lediglich drei Arbeiten.

Die erste Studie ist eine induktiv gebildete, nicht empirisch belegte Segmentierung, während die zweite Typologie branchenübergreifend aus empirisch erhobenen Zielstrukturen abgeleitet wird.[64] Beide Handelstypologien beziehen sich nicht auf eine konkrete Branchensituation und legen lediglich in geringem Maße Ansatzpunkte für eine ökologieorientierte Profilierung im vertikalen Marketing offen.[65] Die dritte Typologie verknüpft als segmentbildende Variablen ökologieorientierte Handlungs- und Wertdimensionen im Lebensmitteleinzelhandel.[66]

Als abschließende Besonderheit ist bei der inhaltlichen Ausgestaltung einer ökologieorientierten Profilierung die Relevanz ökologischer Produktmerkmale für das Kaufverhalten der Konsumenten zu analysieren. Eine **Kaufverhaltensrelevanz ökologieorientierter Produktmerkmale** ist gegeben, wenn es dem Unternehmen gelingt, aus einer objektiven umweltinnovativen Führerschaft im Sinne einer Unique Environmental Proposition (UEP) eine dauerhafte ökologieorientierte Präferenz in der Wahrnehmung der Konsumenten in Form einer Unique Marketing Proposition (UMP) zu erreichen.[67] Hierzu ist es notwendig, daß die ökologieorientierten Leistungsmerkmale vom Kunden wahrgenommen werden und diese für ihn zugleich eine hinreichend hohe Wichtigkeit als Kaufentscheidungskriterien besitzen. Von diesen zwei zentralen Anforderungen ist insbesondere der Stellenwert ökologieorientierter Kriterien im realen Kaufentscheidungsprozeß der

---

[64] Zur induktiven Segmentierung vgl. Hansen, U., Ökologisches Marketing im Handel, a.a.O., S. 343. Zur Zielsegmentierung vgl. A.C. Nielsen GmbH, Institut für Marketing (Hrsg.), Umweltschutzstrategien im Spannungsfeld zwischen Handel und Hersteller, Frankfurt, Münster 1992, S. 107.

[65] Die Bedeutung eines handelssegmentspezifischen Vorgehens bei ökologieorientierten Profilierungskonzepten zeigt sich auch daran, daß unter Zugrundelegung von Instrumentestrategien im Radio- und Fernseheinzelhandel drei Strategietypen herausgebildet werden konnten. Vgl. Wahle, P., Erfolgsdeterminanten im Einzelhandel: Eine theoriegestützte, empirische Analyse strategischer Erfolgsdeterminanten unter besonderer Berücksichtigung des Radio- und Fernseheinzelhandels, Frankfurt am Main u.a. 1991, S. 121. Wahle zieht zur Typenbildung die Sortiments-, Service-, Preis-, Personal- und Geschäftslagenstrategie heran.

[66] Vgl. Kull, S., Der Handel als Diffusionsagent ökologischer Innovationen, a.a.O., S. 25. Zu einer näheren Beschreibung dieser Studie vgl. Abbildung A2 im Anhang.

[67] Vgl. Meffert, H., Kirchgeorg, M., Marktorientiertes Umweltmanagement, a.a.O., S. 22. Zur Bedeutung ökologieorientierter Produktinnovationen vgl. Ostmeier, H., Ökologieorientierte Produktinnovationen, Eine empirische Analyse unter besonderer Berücksichtigung ihrer Erfolgseinschätzung, Frankfurt am Main u.a. 1990, S. 11.

Konsumenten zweifelhaft. Trotz außerordentlich erfolgreicher Umweltprodukte mit einer zeitweise sogar dominanten Umweltpositionierung, wie z.B. den „Frosch"-Reinigungsmitteln, deutet die ungleich höhere Zahl sog. „Öko-Flops" auf die Gefahr einer „ökologischen Innovationsfalle" hin, die bei Vernachlässigung der Kaufverhaltensrelevanz evident wird.[68] Dabei sind nicht nur Hersteller von der Unsicherheit über die Kaufverhaltensrelevanz ökologieorientierter Produktmerkmale betroffen, sondern auch der Handel, obwohl ihm aufgrund seiner Verbrauchernähe vielfach gute Kenntnisse bezüglich der Kaufentscheidungskriterien der Konsumenten zugeschrieben werden. Angesichts aktueller Forschungsergebnisse scheint dieses beim Kauf ökologieorientierter Produkte nicht der Fall zu sein.[69]

Problematisch bei der Bestimmung der Kaufverhaltensrelevanz ist, daß beim Vergleich von Marktforschungsstudien mit den Abverkaufszahlen ökologieorientierter Produkte regelmäßig eine Divergenz zwischen dem bekundeten Umweltbewußtsein einerseits und dem tatsächlichen Verhalten andererseits auftritt.[70] Zur Erklärung derartiger Divergenzen auf Konsumentenseite lassen sich zahlreiche Ursachen anführen.[71] Neben den bei Umweltthemen befragungsimmanenten Ergebnisverzerrungen aufgrund sozialer Erwünschtheit[72] kommt der individuellen

---

[68] Vgl. Bergmann, G., Umweltgerechtes Produkt-Design: Management und Marketing zwischen Ökonomie und Ökologie, Neuwied 1994, S. 84.

[69] So konnte 1991 lediglich eine Minderheit der befragten Handelsmanager konkrete Angaben zu ökologierelevanten Kaufkriterien der Konsumenten machen. Vgl. Umweltbundesamt (Hrsg.), Berichte 11/91: Umweltorientierte Unternehmensführung - Möglichkeiten zur Kostensenkung und Erlössteigerung - Modellvorhaben und Kongress, Berlin; 1991, S. 626.

[70] Vgl. Stender-Monhemius, K. Ch., Divergenzen zwischen Umweltbewußtsein und Kaufverhalten, in: UWF, Heft 1, 1995, S. 35. Nach einer Studie des Emnid-Instituts glauben mehr als 66 % der Befragten, daß die Bevölkerung Umweltbewußtsein befürwortet, das eigene Verhalten aber nicht danach ausrichtet. Vgl. Emnid (Hrsg.), Umweltbewußtsein von Konsumenten, Bielefeld 1994, S. 23. Vgl. auch Meffert, H., Bruhn, M., Das Umweltbewußtsein von Konsumenten - Ergebnisse einer empirischen Untersuchung in Deutschland im Längsschnittvergleich, Arbeitspapier Nr. 99 der Wissenschaftlichen Gesellschaft für Marketing und Unternehmensführung e.V., Meffert, H., Wagner, H., Backhaus, K., (Hrsg.), Münster 1996, S. 18.

[71] Vgl. zu den Ursachen und Vorschlägen zu ihrer Überwindung Umweltbundesamt (Hrsg.), Das Umweltverhalten der Verbraucher - Daten und Tendenzen: Empirische Grundlagen zur Konzipierung von "Sustainable Consumption Patterns": Elemente einer "Ökobilanz Haushalte", Texte 75/94, Berlin 1994, S. 51 ff.; Bänsch, A., Marketingfolgerungen aus den Gründen für den Nichtkauf umweltfreundlicher Konsumgüter, in: JdAV, Heft 4, 1990, S. 363 ff.

[72] Sozial erwünschtes Antwortverhalten beschreibt bei Befragungen die Tendenz, daß die Befragten ihre Antwort verzerren, um befürchtete gesellschaftliche Sanktionierungen zu vermeiden. Vgl. Holm, K., Die Frage, in: Die Befragung 1, Holm, K. (Hrsg.), München 1975, S. 83.

Nutzenbeurteilung ökologieorientierter Produkte und Produktmerkmale zentrale Bedeutung zu.

Nutzen kann als der subjektiv erlebte Grad der Bedürfnisbefriedigung verstanden werden.[73] Dabei sind die beiden Kategorien Individual- und Sozialnutzen zu unterscheiden. Der Individualnutzen besteht aus dem für den Käufer unmittelbar wahrnehmbaren Grundnutzen aufgrund objektiver technisch-funktioneller Gebrauchseigenschaften sowie dem als Prestige oder Erlebnis verspürten Zusatznutzen. Diesen individuellen Bedürfnisbefriedigungen steht der Sozialnutzen gegenüber, d.h. diejenige Nutzenkomponente, welche der Gesellschaft als Ganzes zugute kommt.

Beim Kauf von Umweltprodukten stehen erwarteter Individual- und Sozialnutzen häufig in einem direkten Konfliktverhältnis zueinander.[74] Die sich aus diesem Konfliktverhältnis ergebenden Implikationen für die Kaufverhaltensrelevanz einer ökologieorientierten Profilierung können idealtypisch in einem Vier-Felder-Schema mit den Dimensionen „Nutzen" und „Kosten" verdeutlicht werden (vgl. Abbildung 2). Von einer hohen Kaufverhaltensrelevanz ist auszugehen, wenn ökologieorientierte Produktmerkmale den Individualnutzen steigern, ohne zu einer Kostenerhöhung[75] beim Konsumenten zu führen. Häufiger ist allerdings die Konstellation anzutreffen, daß die individuelle Nutzensteigerung beim Kauf eines Umweltproduktes mit einer Kostenerhöhung einher geht, wie z.B. bei natürlich angebauten Lebensmitteln. Dennoch liegt in diesem Fall eine mittlere Kaufverhaltensrelevanz vor, wenn es gelingt, die Preisbarriere anhand der Herausstellung des zusätzlichen Nutzens eines ökologieorientierten Produktes für den Käufer zu überwinden.[76]

---

[73] Vgl. Vershofen, W., Die Marktentnahme als Kernstück der Wirtschaftsforschung, Berlin 1959, S. 81 ff.; Trommsdorff, V., Bleicker, U., Hildebrandt, L., Nutzen und Einstellung, in: WiSt, Heft 6, 1980, S. 270.

[74] Vgl. hierzu auch Herker, A., Eine Erklärung des umweltbewußten Konsumentenverhaltens, in: Marketing ZFP, Heft 3, 1995, S. 150.

[75] Kosten werden hier als Anschaffungspreis zuzüglich Opportunitäts- bzw. Transaktionskosten, z.B. Kosten der Informationsbeschaffung, aufgefaßt. Vgl. Kaas, K. P., Marketing für umweltfreundliche Produkte: Ein Ausweg aus den Dilemmata der Umweltpolitik, in: DBW, Heft 4, 1992, S. 474.

[76] Vgl. Bänsch, A., Marketingfolgerungen aus den Gründen für den Nichtkauf umweltfreundlicher Konsumgüter, a.a.O., S. 377; Kaas, K. P., Marketing für umweltfreundliche Produkte, a.a.O., S. 474; Bänsch, A., Marketing für umweltfreundliche(re) Konsumgüter: Prinzipielle Möglichkeiten und Grenzen, in: UWF, Heft 2, 1993, S. 13.

Nutzenwirkung ökologieorientierter Produktmerkmale / Kosten	Individualnutzen	Sozialnutzen
Preis, bzw. Opportunitätskosten geringer bzw. gleich hoch wie bei traditionellen Substitutionsprodukten	hohe Kaufverhaltensrelevanz	mittlere Kaufverhaltensrelevanz
Preis, bzw. Opportunitätskosten höher als bei traditionellen Substitutionsprodukten	mittlere Kaufverhaltensrelevanz	geringe Kaufverhaltensrelevanz

Abb. 2: Systematisierung der Kaufverhaltensrelevanz einer ökologieorientierten Profilierung (angelehnt an: Meffert, H., Kirchgeorg, M., Ökologisches Marketing: Erfolgsvoraussetzungen und Gestaltungsoptionen, in: UWF, Heft 1, 1995, S. 20)

Eine ebenfalls mittlere Kaufverhaltensrelevanz ist anzunehmen, wenn bei gleichbleibendem Preis ein zusätzlicher ökologischer Sozialnutzen im Produkt verankert werden kann, der dann zumindest bei einigen Konsumenten kaufentscheidende Bedeutung erhält. Sieht man von einem altruistischen Kaufverhalten ab, so hat eine ökologieorientierte Profilierung dort keinerlei Kaufverhaltensrelevanz, wo ein höherer Preis für ein Produkt zu entrichten ist, welches dann lediglich einen sozialen Umweltnutzen stiftet.[77] Bei einer solchen Konstellation ist es meist erforderlich, die gesetzlichen Rahmenbedingungen zu verändern, um eine Kaufverhaltensrelevanz zu erzeugen.

In der Literatur zum ökologieorientierten Kaufverhalten wird produktübergreifend bestätigt, daß Konsumenten ihre Präferenz- und Kaufentscheidungen primär am Individualnutzen orientieren[78], sollte es nicht gelingen, den besonderen ökologieorientierten Sozialnutzen z.B. über einen hohen Prestigewert in einen we-

---

[77] Vgl. Meffert, H., Umweltbewußtes Konsumentenverhalten: Ökologieorientiertes Marketing im Spannungsfeld zwischen Individual- und Sozialnutzen, in: Marketing ZFP, Heft 1, 1993, S. 52.

[78] Vgl. Bänsch, A., Marketing für umweltfreundliche(re) Konsumgüter, a.a.O., S. 17; Meffert, H., Umweltbewußtes Konsumentenverhalten, a.a.O., S. 51 f.; Raffée, H., Wiedmann, K.-P., Die künftige Bedeutung der Produktqualität unter Einschluß ökologischer Gesichtspunkte, in: Lisson, A. (Hrsg.), Qualität - Die Herausforderung, Berlin, Heidelberg 1987, S. 363.

sentlichen Individualnutzen zu transformieren.[79] Erschwerend für die Kaufverhaltensrelevanz ökologieorientierter Produktmerkmale kommt hinzu, daß Konsumenten häufig die tatsächliche ökologische Qualität eines Produktes bezweifeln und daher vom Kauf Abstand nehmen.[80]

Vor diesem Hintergrund kann über die Ableitung ökologieorientierter Marktsegmente versucht werden, Konsumentengruppen zu identifizieren, die ökologieorientierten Produktmerkmalen bei ihrer Kaufentscheidung einen überdurchschnittlichen Stellenwert einräumen.[81] Für den Bereich ökologieorientierter Zielgruppensegmentierungen liegt zwischenzeitlich eine Vielzahl von Segmentierungsanalysen vor, die sich hinsichtlich Objekt-, Raum-, Zeit- und Methodenbezug z.T. erheblich voneinander unterscheiden.[82] Die überwiegende Zahl der ökologie-

---

[79] Ansatzpunkte hierfür können z.b. darin bestehen, den Prestigewert ökologieorientierter Elektroprodukte über besondere Designkomponenten zu erhöhen. Vgl. hierzu auch Meffert, H., Umweltbewußtes Konsumentenverhalten, a.a.O., S. 52.

[80] Vgl. Bänsch, A., Marketing für umweltfreundliche(re) Konsumgüter, a.a.O., S. 14 ff.; van Raaij, W.F., Das Interesse für ökologische Probleme und Konsumverhalten, in: Konsumverhalten und Information, Meffert, H., Steffenhagen, H., Freter, H. (Hrsg.), Wiesbaden 1979, S. 360. Die Glaubwürdigkeitszweifel können aus enttäuschenden Erfahrungen mit vermeintlichen Umweltprodukten resultieren oder aus pauschalen Vorurteilen gegenüber der Glaubwürdigkeit eines ökologischen Unternehmensverhalten stammen.

[81] Vgl. Freter, H., Marktsegmentierung, Stuttgart u.a. 1983, S. 15. Die Marktsegmentierung ist im Marketing weit verbreitet. Vgl. Meffert, H., Kirchgeorg, M., Marketing - Quo Vadis ? Herausforderungen und Entwicklungsperspektiven des Marketing aus Unternehmenssicht, Arbeitspapier Nr. 89 der Wissenschaftlichen Gesellschaft für Marketing und Unternehmensführung e.V., Meffert, H., Wagner, H., Backhaus, K. (Hrsg.), Münster 1994, S. 28. Zur Anwendung bei Konsumgütern vgl. Weinstein, A., Market Segmentation: Using Niche Marketing to Exploit New Markets, Chicago 1987; Crone, B., Marktsegmentierung: Eine Analyse zur Zielgruppendefinition unter besonderer Berücksichtigung soziologischer und psychologischer Kriterien, Frankfurt am Main 1977. Die Methode der Marktsegmentierung hat sich auch im Investitionsgüter- und Dienstleistungsmarketing bewährt. Vgl. Gröne, A., Marktsegmentierung bei Investitionsgütern, Wiesbaden 1977; Kols, P., Bedarfsorientierte Marktsegmentierung auf Produktivgütermärkten, Frankfurt am Main 1986; Horst, B., Ein mehrdimensionaler Ansatz zur Segmentierung von Investitionsgütermärkten, Diss., Köln 1988; Bauche, K., Segmentierung von Kundendienstleistungen auf investiven Märkten, Frankfurt am Main 1993. Meffert betont ferner die Vorteile der Marktsegmentierung im internationalen Marketing. Vgl. Meffert, H., Marktsegmentierung und Marktwahl im internationalen Marketing, in: DBW, Heft 3, 1977, S. 434 ff.

[82] Vgl. zur Vielzahl der Studien kritisch Femers, S., Umweltbewußtsein und Umweltverhalten im Spiegel empirischer Studien: Schizophrenes Spiel, in: asw, Heft 9, 1995, S. 117 ff. Eine vollständige Auflistung oder gar ein umfassender Vergleich der Studien kann in dieser Arbeit aus Umfangsgründen nicht erfolgen. Daher seien exemplarisch folgende ökologieorientierte Segmentierungen erwähnt: Monhemius, K. Ch., Umweltbewußtes Kaufverhalten von Konsumenten, Frankfurt am Main u.a. 1993, S. 175 ff.; Gruner + Jahr AG & Co (Hrsg.), Dialoge 4 Gesellschaft - Wirtschaft - Konsumenten: Zukunftsgerichtete Unternehmensführung durch wertorientiertes Marketing, Hamburg 1995, S. 24 f.; Schwartz, J., Miller, T., Green Consumers, in: asn, January 1992, S. 47 ff.; Wimmer, F., Der Einsatz von Paneldaten zur Analyse des umweltorientierten Kaufverhaltens von Konsumenten, in: UWF, Heft 1, 1995, S. 31.

orientierten Segmentierungsansätze bezieht sich auf die Messung eines produktunspezifischen Umweltbewußtseins, so daß ihre Aussagekraft für das reale Kaufverhalten eher gering ist.[83]

Wird eine ökologieorientierte Profilierung nicht als Selbstzweck verstanden, sondern basierend auf der These der Komplementarität ökonomischer und ökologischer Rationalität verfolgt, so zeigt der bisherige Stand der Analyse, daß eine unmittelbare Bestätigung der ökonomischen Vorteilhaftigkeit ökologieorientierter Profilierungskonzepte nicht möglich ist. Zwar sind durchaus präferenzsteigernde und damit auch absatzsteigernde Wirkungen denkbar. Dennoch bestehen partielle Zielkonflikte, insbesondere wenn für Umweltprodukte höhere Produktionskosten anfallen oder das ökologieorientierte Konfliktniveau mit dem Handel ansteigt.

Sowohl die ökologieorientierten Konflikte zwischen Hersteller und Handel sowie sie verstärkende Informationsprobleme als auch die Kaufverhaltensrelevanz ökologieorientierter Produktmerkmale weisen eine hohe branchenspezifische Heterogenität auf. Daher ist in der vorliegenden Arbeit zur exemplarischen Verdeutlichung der Chancen und Risiken einer ökologieorientierten Profilierung die Fokussierung auf eine ökologisch betroffene Untersuchungsbranche erforderlich. Dabei rechtfertigen die dargestellten Besonderheiten einer ökologieorientierten Profilierung eine Beschränkung der weiteren Ausführungen im wesentlichen auf die Planungsphase.[84]

---

[83] Unter Umweltbewußtsein kann "das Wissen eines Konsumenten über die ökologischen Konsequenzen des individuellen Kauf- und Konsumverhaltens verstanden werden". Monhemius, K. Ch., Umweltbewußtes Kaufverhalten von Konsumenten, a.a.O., S. 20. Umweltbewußtes Kaufverhalten sind die vom Umweltbewußtsein beeinflußten, der kognitiven Kontrolle unterliegenden Kaufentscheidungen. Vgl. dieselbe, S. 23.

[84] Vgl. auch Arbeitskreis "Integrierte Unternehmensplanung" der Schmalenbach-Gesellschaft - Deutsche Gesellschaft für Betriebswirtschaft e.V. (Hrsg.), Grenzen der Planung - Herausforderungen an das Management, in: zfbf, Heft 9, 1991, S. 820.

3. Ökologische Betroffenheit und Profilierung in der Elektrobranche

Die generelle Situation in der Elektrobranche mit ihren Kernbereichen Haushaltsgeräte und Geräte der Unterhaltungselektronik[85] ist seit längerem durch deutliche Stagnationstendenzen[86], einen intensiven Preiswettbewerb und eine hohe Sättigung verbunden mit einem bei einigen Produktkategorien ausgeprägten Mehrfachbesitz in den Konsumentenhaushalten gekennzeichnet (vgl. Abbildung 3).[87] Zahlreiche Hersteller mußten in letzter Zeit Umsatzrückgänge und/oder Verluste hinnehmen.[88] Diese situativen Rahmenbedingungen veranlaßten viele Anbieter in der Vergangenheit, Produktionskapazitäten abzubauen oder Produktionsstätten zu schließen. Des weiteren sind in der Elektrobranche deutliche Konzentrationstendenzen zu beobachten.[89]

Als wichtigster Distributionskanal in der Elektrobranche ist trotz eines preisaggressiven Vertriebsformenwettbewerbs nach wie vor der Fachhandel einzuschätzen. Darüber hinaus kann vermutet werden, daß der Fachhandel aufgrund seiner überwiegend mittelständischen Struktur die besten Voraussetzungen besitzt, eine ökologieorientierte Pionierrolle zu übernehmen.[90]

---

[85] Geräte der Unterhaltungselektronik werden auch als "braune Ware" und Haushaltsgeräte häufig als "weiße Ware" bezeichnet. In einer weiteren Begriffsauslegung werden die stark wachsenden Bereiche Homecomputer und private Telekommunikationseinrichtungen mit der Unterhaltungselektronik zusammengerechnet und dann als Markt für Consumer Electronics bezeichnet. Eine detaillierte Aufgliederung der Produktkategorien gibt Abb. A3 im Anhang.

[86] Vgl. zur Marktsättigung im Bereich der Haushaltsgeräte bereits Ohlsen, G., Marketing-Strategien in stagnierenden Märkten: Eine empirische Untersuchung des Verhaltens von Unternehmen im deutschen Markt für elektrische Haushaltsgeräte, Diss., Münster 1985, S. 25 ff.

[87] Vgl. o.V., Bügeleisen ist Wachstumsrenner, in: LZ vom 21.1. 1994, S. 84; Axel Springer Verlag AG (Hrsg.), Elektro-Haushaltsgeräte, Hamburg 1993; derselbe, Audio/Video, Hamburg 1993; Berger, M., Branchenreport: Elektrische Haushaltsgeräte, in: ifo Schnelldienst, Nr. 15/95, S. 13 ff.; ZVEI (Hrsg.), Zahlenspiegel der deutschen Hausgeräteindustrie 1994, Frankfurt 1995; gfu mbh (Hrsg.), Pressenotiz vom 23. August 1995, Berlin 1995; BBE (Hrsg.), Branchenreport Unterhaltungselektronik, Köln 1991.

[88] Vgl. o.V., Die Japaner wollen noch mehr im Ausland fertigen, in: HB vom 4./5.6. 1993, S. 12; o.V., Minus im Auslandsgeschäft drückte den Umsatz, in: HB vom 19.5. 1994, S. 20; Gillmann, W., Marktführer will Preisverfall stoppen, in: HB vom 24.8. 1995, S. 15.

[89] Vgl. Gillmann, W., Wir brauchen globale Strukturen, in: HB vom 20.2. 1995, S. 13; o.V., Konsumgüternachfrage ist schwach, in: HB vom 28.9. 1995, S. 12.

[90] Aus diesen Gründen wird die Handelsbefragung lediglich beim Fachhandel durchgeführt. Für eine auf den Elektrofachhandel konzentrierte Analyse spricht ferner, daß die Geschäfte überwiegend eigentümergeführt sind und daher gute Ansatzpunkte zur flexiblen Umsetzung privaten Umweltengagements auf geschäftlicher Basis bieten. Im folgenden werden die Begriffe "Geschäft", "Geschäftsstätte" und "Einkaufsstätte" gleichgesetzt.

Betrachtungs-ebene	Unterhaltungselektronik ("braune Ware")	Haushaltsgeräte ("weiße Ware")
Hersteller-perspektive	• Umsatz 1995 19,7 Mrd DM* (-4% gegenüber 1994) • starke Konzentrationstendenzen • Preisverfall (1985 - 1992) TV - 11,3% Videorecorder - 39,7% Camcorder - 49,0% CD-Spieler - 62,4% • Ertragsverfall	• Umsatz 1995 21,8 Mrd DM* • starke Konzentrationstendenzen • moderate Preissteigerungen unterhalb der allgemeinen Inflationsrate • Ertragsverfall
Handels-perspektive	• Distributionsstruktur (nach Umsatzanteil 1992) - Elektrohandel 75,8% - Verbrauchermärkte, Cash&Carry-Betriebe 10,1% - Kauf- und Warenhäuser, Versandhandel 14,1%	• Distributionsstruktur (nach Umsatzanteil, Großgeräte 1990; in Klammern Kleingeräte) - Elektrofachhandel 64% (47%) - Versender 16% (12%) - SB-Warenhäuser / Verbrauchermärkte 7% (17%) - Warenhäuser 3% (10%) - Cash&Carry Märkte 10% (14%)
Konsu-menten-perspektive	• Austattungsgrad 12/94** - Fernsehgerät 96,4% - Hifi-Anlage 78,5% - Videorecorder 64,5% - CD-Spieler 55,0% - Kabel TV 46,7% - Satteliten Receiver 23,7% - Camcorder 16,4%	• Austattungsgrad 12/93** - Staubsauger 98% - Bügeleisen 97% - Kühlschrank 96% - Waschmaschine 93% - Toaster 93% - Kaffeemaschine 93% - Haartrockner 84% - Elektroherd 81% - Gefriergerät 63%
Legende	* Schätzung ** in Prozent aller westdeutschen Haushalte; geordnet nach Höhe der Sättigung	

Abb. 3: Kennzeichnung der allgemeinen Situation in der Elektrobranche

Die Elektrobranche ist trotz schneller Modellwechsel[91] und einer Vielzahl verschiedener Herstellermarken[92] von einer hohen technischen Produkthomogenität geprägt. In diesem Umfeld sieht der Handel häufig nur ein geringes warenbezogenes Differenzierungspotential.[93] Daher sind heutzutage nahezu alle Elektrohersteller bemüht, sich im horizontalen wie auch im vertikalen Wettbewerb mit neuartigen Leistungsmerkmalen zu profilieren.[94] Als solche sind u.a. technologische Aspekte, wie z.B. eine Multimedia-Ausstattung im Fernseherbereich, spezielle Designkomponenten aber auch ökologische Merkmale anzusehen, die vor dem Hintergrund einer hohen ökologischen Betroffenheit der Elektrobranche in jüngster Zeit verstärkt in Profilierungskonzepte integriert werden.

Bei der Durchführung einer ökologischen Betroffenheitsanalyse empfiehlt sich die Betrachtung des gesamten **Produktlebenszyklusses** der Elektrogeräte; d.h. es sind die Phasen der Produktion, der Verwendung und der Entsorgung eingehend hinsichtlich ökologischer Problemstellungen zu untersuchen.[95]

---

[91] Technische Homogenitäten und rasche Modellwechsel bei Elektroprodukten werden regelmäßig bei Warentestergebnissen offenkundig. Vgl. hierzu beispielhaft den aktuellen CD-Player Test der Stiftung Warentest, Viel Silber fürs Geld, Heft 8, 1995, S. 34 ff.

[92] Vgl. Esch, F.-R., Levermann, T., Handelsunternehmen als Marken: Messung, Aufbau und Stärkung des Markenwertes - ein verhaltenswissenschaftlicher Ansatz, in: Handelsforschung 1993/94: Systeme im Handel, Trommsdorff, V. (Hrsg.), Wiesbaden 1993, S. 79. Allein bei Elektroherden existieren z.Z. 46 Marken und über 1100 Produktvarianten. Vgl. o.V., Grüne Werbung für weiße Ware, in: W&V, Heft 16, 1995, S. 72. Bei Farbfernsehgeräten gab es 1991 2014 Gerätetypen. Vgl. Motor Presse (Hrsg.), Der Markt für Unterhaltungselektronik 1992, Stuttgart 1992, S. 167.

[93] Diese Einschätzung wird durch zahlreiche Expertengespräche mit Repräsentanten des Handels gestützt. Vgl. auch Engelhardt, T.-M., Partnerschafts-Systeme mit dem Fachhandel als Konzept des vertikalen Marketing, a.a.O., S. 81 ff.

[94] Vgl. Engelhardt, T.-M., Partnerschafts-Systeme mit dem Fachhandel als Konzept des vertikalen Marketing, a.a.O., S. 83.

[95] Vgl. Türck, R., Das ökologische Produkt: Eigenschaften, Erfassung, und wettbewerbsstrategische Umsetzung ökologischer Produkte, Ludwigsburg 1990, S. 35. Henion weist mit Recht darauf hin, daß es per se kein umweltfreundliches Produkt geben kann, sondern lediglich Produkte, die im relativen Vergleich zu anderen umweltfreundlicher bzw. -schädlicher sind. Vgl. Henion, K.E., Ecological Marketing, Columbus/Ohio 1976, S. 12.

Der Produktionsphase von Elektrogeräten ist die Diskussion über FCKW-Ersatzstoffe oder den Ressourcen- und Energieaufwand bei der Herstellung[96] zuzurechnen. Allerdings betrifft die Diskussion ökologischer Fragestellungen in der Elektrobranche z.Zt. in erster Linie die Nutzungs- und Entsorgungsphase. So ergeben sich zum einen spürbare Umweltwirkungen während der Nutzungsphase, wie z.B. ein hoher Energieverbrauch oder Gesundheitsgefährdungen bei der Nutzung[97], und zum anderen besondere Umweltprobleme bei der Entsorgung gebrauchter Elektrogeräte. Im folgenden soll auf die Entsorgung gebrauchter Elektrogeräte näher eingegangen werden, um hieran die hohe Relevanz ökologischer Fragestellungen in der Elektrobranche zu verdeutlichen.

In quantitativer Hinsicht schätzen verläßliche Quellen das jährliche **Elektronik-Schrottaufkommen** alleine in den alten Bundesländern auf 1,5 Millionen Tonnen - mit steigender Tendenz.[98] Eine Aufgliederung des Elektroschrottaufkommens innerhalb ausgewählter Produktbereiche ist in Tabelle 1 zu finden.

Schränkt man die weitere Betrachtung auf Elektrogeräte für private Verwendungszwecke ein, läßt sich feststellen, daß der Großteil dieser Altgeräte bisher über den Sperrmüll entsorgt wird.[99] Dieser (meist kommunale) Entsorgungsweg

---

[96] Vgl. zur FCKW-Problematik o.V., Neue Kühlschränke ohne FCKW vorgestellt, in: FAZ vom 6.2. 1993, S. 16; Vorholz, F., Eiskalt abgeblockt: Ein Öko-Kühlschrank aus Ostdeutschland setzt die westdeutsche Konkurrenz unter Druck, in: Die Zeit, Nummer 32 vom 31.7. 1992, S. 19. Zur Energiebilanz bei der Herstellung von Computern vgl. Grote, A., Kupfer aus Chile, Titan aus Norwegen, in: Frankfurter Rundschau vom 5.9. 1995, S. 6.

[97] Der Stand-by-Betrieb bei Geräten der Unterhaltungselektronik in Deutschland verbraucht pro Jahr 5 Milliarden Kilowattstunden Strom. Vgl. Umweltbundesamt (Hrsg.), Stand-by-Schaltungen verbrauchen soviel Strom wie eine Großstadt, Pressenotiz 33/1995, Berlin 1995. Vgl. ferner Rosette, C., Gefährdung durch Elektrosmog?, in: Elektronik, Heft 11, 1993, S. 32; o.V., Hausgeräte-Hersteller fühlen sich von der Politik mißbraucht, in: FAZ vom 13.2. 1996, S. 13; o.V., Computer-Test: Urteil ungenügend, in: Umweltmagazin, Heft 10/1995, S. 10. Zur ökologischen Kritik an Haushaltsgeräten vgl. Werner, K., Haushaltsgeräte zwischen Gebrauchstauglichkeit und Umweltverträglichkeit, in: Ökologisches Marketing, Brandt, A. u.a. (Hrsg.), S. 314 ff.

[98] In Europa fallen jährlich 8 bis 10 Millionen Tonnen Elektroschrott an. Vgl. Riecke, T., Viele Elektrogeräte landen auf "wilden" Müllkippen, in: HB vom 12.12. 1994, S. 16. Diese Altgerätemengen verdeutlichen bereits die besondere Relevanz von Ansatzpunkten zur Verlängerung der Produktlebens- und Nutzungsdauer bei Elektrogeräten. Vgl. zur Planung der Lebensdauer aus Herstellersicht Bänsch, A., Die Planung der Lebensdauer von Konsumgütern im Hinblick auf ökonomische und ökologische Ziele, in: JdAV, Heft 3, 1994, S. 232 - 256.

[99] Vgl. Fläschner, H.-J., Mitzlaff, A., Entsorgung von Elektro- und Elektronikgeräten aus Haushaltungen, in: EP, Heft 6, 1992, S. 404; Eickler, R., "Der ZVEI versteht die Philosophie der Produktverantwortung noch immer nicht", in: HB vom 5.4. 1994, S. 31. Trotz der Einengung auf

Produktbereich	Elektroschrottaufkommen (in Tonnen pro Jahr)
Unterhaltungselektronik	
• Fernseher	150.000
• andere Unterhaltungselektronik	100.000
Elektrische Haushaltsgeräte	
• Haushaltsgroßgeräte	560.000
• Kleingeräte	72.500
Elektrowerkzeuge	10.000
Batterien	207.000
Informationstechnik	150.000
Medizintechnik	35.000
Elektrische Lampen	31.570
Schalt-, Meß- und Steuergeräte	165.000

Tab. 1: Schätzungen des jährlichen Elektroschrottaufkommens (Quelle: ZVEI (Hrsg.), Memorandum zum Entwurf einer "Elektronik-Schrott-Verordnung", Frankfurt 1993, S. A-17 bis A-25)

mit Deponierung oder Hausmüllverbrennung ist mit erheblichen ökologischen Problemen behaftet. So besteht beispielsweise die Gefahr der Emission von Schwermetallen wie Blei, Kadmium und Barium.[2] Ferner verhindert eine Verbrennung eine ressourcenschonende Zweitnutzung von Altgeräten oder einzelner Bauteile. Dabei scheint die Wiederverwendung bzw. stoffliche Verwertung weniger auf technologische oder kapazitätsbezogene als vielmehr auf wirtschaftliche Umsetzungsbarrieren zu stoßen.[3]

---

privat genutzte Elektrogeräte scheint es tendenziell möglich, die Erkenntnisse aus Kapitel B und C auch auf gewerbliche und industrielle Käuferpotentiale zu übertragen.

[2] Vgl. o.V., Zertrümmert und wiederverwertet, in: ENTSORGA-Magazin, Heft 3, 1992, S. 22f.; Rohr, M., Wiederverwertung von Kunststoffen aus gebrauchten elektrischen und elektronischen Geräten, in: UWF, Heft 1, 1992, S. 33 f.

[3] Vgl. Oberholz, A., Kapazitäten zur Elektronikschrott-Entsorgung werden nicht ausgelastet, in: BddW vom 8.9. 1995, S. 7. Zur Wiederverwendung von elektronischen Bauteilen vgl. Miller, F., Ein zweites Leben für Elektronikbauteile, in: HB vom 30.8. 1995, S. 23. Eine ausführliche Kostenschätzung am Beispiel einer Bildröhre gibt Maier, S., Bildröhren-Recycling-Technologie und Betriebserfahrungen, in: UWF, Heft 1, 1992, S. 50 f. Zu Verwertungstechnologien von Elektroaltgeräten vgl. Miller, F., Dem Recycling von Elektronikschrott sind technisch keine Grenzen gesetzt, in: Computer Zeitung, Nr. 45 vom 11.11. 1993, S. 16; Greiner, A., Rother, F., Eiskalt pulverisiert, in: Wirtschaftswoche Nr. 29 vom 13.7. 1995, S. 75 f.; Angerer, G., Bätcher, K., Bars, P., Verwertung von Elektronikschrott: Stand der Technik, Forschungs- und Technologiebedarf, Berlin 1993.

Angesichts der erheblichen Mengeneffekte und der ökologischen Gefährdungspotentiale hat der zuständige Bundesminister auf Grundlage von § 14 des AbfG[102] einen Entwurf zu einer **Elektronik-Schrott-Verordnung** entwickelt, der im Juli 1991 als Referentenentwurf über die Vermeidung, Verringerung und Verwertung von Abfällen gebrauchter elektrischer und elektronischer Geräte (kurz Elektronik-Schrott-Verordnung) der Öffentlichkeit vorgelegt wurde.[103] Vorrangiges Ziel der Verordnung ist die Vermeidung und Verringerung der Abfälle von gebrauchten elektrischen und elektronischen Geräten. Zur Erreichung dieses Ziels sollen folgende Maßnahmen ergriffen werden:

- Substitution umweltgefährdender Stoffe und Materialien durch verwertungsfreundliche Stoffe,

- Erhöhung der Reparaturfreundlichkeit und der Lebensdauer der Geräte,

- leichte Demontagemöglichkeit der Geräte,

- Erfassung der gebrauchten Geräte durch verbrauchernahe Sammelsysteme ohne Rücknahmegebühr,

- Wiederverwendung oder stoffliche Verwertung der gebrauchten Geräte und

- Aufnahme der Kosten für die Entsorgung der alten Geräte in den Neugerätepreis.

---

[102] Paragraph 14 Abs. 2 Nr. 3 sieht den Erlaß einer Rechtsverordnung vor, falls freiwillige Maßnahmen der Wirtschaft zur Abfallentsorgung und -vermeidung gescheitert sind. Vgl. Abfallgesetz vom 27. August 1986 BGBl. I S. 1410, ber. BGBl I S. 1501. Auf Grundlage des Abfallgesetzes sind bisher die Altölverordnung, die Verordnung über die Entsorgung halogenierter Lösemittel und die Verpackungsverordnung in Kraft gesetzt worden. Vgl. Umweltbundesamt (Hrsg.), Jahresbericht 1992, Berlin o.J., S. 282. Zu den jüngsten Entwicklungen im deutschen Umweltrecht vgl. Umweltbundesamt (Hrsg.), Jahresbericht 1994, Berlin o.J., S. 61 ff.

[103] Vgl. Bundesminister für Umwelt, Naturschutz und Reaktorsicherheit (Hrsg.), Entwurf der Verordnung über die Vermeidung, Verringerung und Verwertung von Abfällen gebrauchter elektrischer und elektronischer Geräte vom 11. Juli 1991. Daneben ist die Elektrobranche von der Batterieverordnung betroffen. Vgl. derselbe (Hrsg.), Entwurf der Verordnung zur Verwertung und Entsorgung gebrauchter Batterien und Akkumulatoren vom 10. Juni 1992. Die Batterieverordnung ist eine Reaktion auf die geringen Mengen von ca. 25-50 % aller Batterien, die bisher im Rahmen eines freiwilligen Branchenabkommens recycelt werden konnten. Vgl. Lemme, H., Rücklaufquote von unter 50 Prozent bleibt unter allen Erwartungen, in: HB vom 30.8. 1995, S. 24. Zur Kritik an den Verordnungen vgl. Michaelis, P., Ökonomische Aspekte der Abfallgesetzgebung, Tübingen 1993, S. 102.

Eine Pflicht zur kostenlosen Rücknahme ist auch für den Fall vorgesehen, daß kein Neugerät erworben wird (§ 4 Abs. 2). Nach erfolgter Rücknahme besteht für den Hersteller eine Verwertungspflicht.

Der erste Entwurf zur Elektronik-Schrott-Verordnung hat innerhalb der Elektrobranche zu einer intensiveren Beschäftigung mit ökologischen Fragestellungen geführt und gab zu erheblichen Kontroversen Anlaß.[104] Nach einer Anhörung interessierter Kreise wurde der Entwurf überarbeitet und liegt seit Ende 1992 geändert als sog. "Arbeitspapier" vor.[105] Obwohl deutliche Modifikationen im Vergleich zum ersten Entwurf zu verzeichnen sind[106], ist der neue Entwurf trotzdem nicht ohne Kritik geblieben.[107] Nach der inzwischen erfolgten Verabschiedung des Kreislaufwirtschaftsgesetzes[108] wird allgemein damit gerechnet, daß die

---

[104] Umstritten ist einerseits die grundrechtliche Zulässigkeit. Vgl. Papier, H.-J., Rücknahmepflichten nach einer Elektronik-Schrott-Verordnung, in: UWF, Heft 1, 1992, S. 30 ff. Andererseits werden der räumliche und sachliche Geltungsbereich und finanzielle Aspekte kritisiert. Vgl. BAG e.V. (Hrsg.), Stellungnahme zum Entwurf der Elektronik-Schrott-Verordnung, August 1991, o.O.; o.V., Elektronikschrott wird teuer, in: LZ vom 3.4. 1992, S. 10; Nacken, G., Entsorgung auf Um- und Abwegen, in: BAG-Nachrichten, Heft 12, 1991, S. 30; Riecke, T., ZVEI: Es droht ein neues Duales System, in: HB vom 29./30. 4. 1994, S. 19. Darüber hinaus werden Wettbewerbsverzerrungen auf Handelsseite befürchtet. Vgl. Wenzel, H., Der Fachhandel ist wieder der Dumme, in: ehb, Heft 11, 1991, S. 1024. Auch andere Entwürfe von Rücknahmeverordnungen werden vielfach kritisiert. Vgl. z.B. o.V., Hersteller lehnen Batterie-Richtlinie ab, in: FAZ vom 12.2. 1993, S. 18; BVU (Hrsg.), Geschäftsbericht 1994/95, Köln, o.J., S. 39; o.V., Starke Kritik an den Batterieherstellern geübt, in: LZ vom 5.3. 1993, S. 28.

[105] Vgl. Bundesminister für Umwelt, Naturschutz und Reaktorsicherheit (Hrsg.) Arbeitspapier der Verordnung über die Vermeidung, Verringerung und Verwertung von Abfällen gebrauchter elektrischer und elektronischer Geräte, o.O., o.J. Inzwischen sind auf europäischer Ebene Aktivitäten für eine europaweite Regelung der Elektroschrottentsorgung in Gang gekommen. Vgl. o.V., Entsorgungskosten in die Neugeräte einrechnen, in: LZ vom 28.5. 1993, S. 29.

[106] So kann nun für vor dem Inkrafttreten der Verordnung verkaufte Elektrogeräte ein Rücknahmeentgelt verlangt werden. Darüber hinaus wurde klargestellt, daß der Handel lediglich gebrauchte Geräte von Herstellern zurücknehmen muß, die in seinem Sortiment vertreten sind. Für Kleinbetriebe mit weniger als 100 m² Verkaufsfläche ist eine Schutzklausel vorhanden, die eine Rücknahme nur bei einem gleichzeitigen Neukauf vorschreibt.

[107] Im Fokus der Kritik steht neben terminlichen und standortbezogenen Bedenken vor allem die Verpflichtung zur Rücknahme von Altgeräten. Vgl. ZVEI (Hrsg.), Stellungnahme des ZVEI zum Entwurf der Elektronik-Schrott-Verordnung, in: ZVEI-Mitteilungen 1/1993 vom 15.1. 1993 und ausführlich ZVEI (Hrsg.), Stellungnahme des ZVEI zum Entwurf der Elektronik-Schrott-Verordnung anläßlich des Fachgesprächs am 7. Dezember 1992 in Bonn, Frankfurt am Main 1992; Der Handel kritisiert darüber hinaus eventuelle Kostenbelastungen. Vgl. BVU (Hrsg.), Geschäftsbericht 1994/95, Köln o.J., S. 38; BFS e.V. (Hrsg.), Die Entwicklung der Filialbetriebe und Selbstbedienungswarenhäuser im Jahre 1994: Tendenzen 1995, Bonn 1995, S. 14 f.

[108] Das Kreislaufwirtschaftsgesetz sieht eine umfassende Produktverantwortung für Lieferanten, Hersteller und Vertreiber vor und tritt voraussichtlich am 7. Oktober 1996 in Kraft. Vgl. Bundesminister für Umwelt, Naturschutz und Reaktorsicherheit (Hrsg.), Gesetz zur Förderung der Kreislaufwirtschaft und Sicherung der umweltverträglichen Beseitigung von Abfällen, Bonn 1994. Vgl. zu den betriebswirtschaftlichen Konsequenzen des Kreislaufwirtschaftsgesetzes Kirchgeorg, M., Kreislaufwirtschaft - neue Herausforderungen an das Marketing, Arbeitspapier

Elektronik-Schrott-Verordnung als eine der ersten produktspezifischen Rücknahmeverordnungen vom Verordnungsgeber umgesetzt wird.[109]

Aufgrund der öffentlichen Diskussion über Umweltbelastungen bei Produktion, Nutzung und Entsorgung von Elektrogeräten sowie zunehmender staatlicher Umweltvorschriften haben sich die ökologieinduzierten Konfliktpotentiale im vertikalen Marketing in der Elektrobranche meßbar gesteigert, wobei der Handel eine stärkere Zunahme verspürt als die Hersteller.[110]

Eine Systematisierung konkreter **ökologieinduzierter Konflikte** im Verhältnis zwischen Hersteller und Handel kann aus der Klassifikation[111] der Handelsfunktionen mit den drei Ebenen Realgüter-, Nominalgüter- und Kommunikationsstrom entwickelt werden.[112] In Abbildung 4 sind idealtypisch ausgewählte Konflikte aus Sicht eines umweltaktiven Elektroherstellers und eines umweltpassiven Handelsunternehmen dargestellt.[113]

Nr. 92 der Wissenschaftlichen Gesellschaft für Marketing und Unternehmensführung e.V., Meffert, H., Wagner, H., Backhaus, K. (Hrsg.), Münster 1995, S. 5; Wagner, G.R., Matten, D., Betriebswirtschaftliche Konsequenzen des Kreislaufwirtschaftsgesetzes, in: ZAU, Heft 1, 1995, S. 45 - 58. Zu einer Beurteilung des Kreislaufwirtschafts-Gesetzes aus Herstellersicht vgl. Markenverband (Hrsg.), Jahresbericht 1994/95, Wiesbaden 1995, S. 19.

[109] Vgl. o.V., "Grüner Punkt" für Elektroschrott, in: HB vom 2.2. 1995, S. 7. Ein Termin für das Inkrafttreten der Elektronik-Schrott-Verordnung ist noch nicht bekannt. Ermächtigungsgrundlage hierfür bildet der Paragraph 24 im Kreislaufwirtschaftsgesetz.

[110] Vgl. A.C. Nielsen GmbH, Institut für Marketing (Hrsg.), Umweltschutzstrategien im Spannungsfeld zwischen Handel und Hersteller, a.a.O., S. 7 und 45. Der Wert dieser Studie für die vorliegende Arbeit ist hoch einzuschätzen, da erstmals spiegelbildlich Hersteller und Handelsunternehmen innerhalb der Elektrobranche zur Bedeutung ökologieorientierter Problemstellungen für das vertikale Marketing befragt wurden. Der Stichprobenanteil von Unternehmen aus der Elektrobranche beträgt 32,3 %. Der von Trapp vertretenen These, daß die Konfliktpotentiale innerhalb der Elektrobranche wären trotz ökologischer Problemstellungen gleich geblieben, wird damit in der vorliegenden Arbeit nicht gefolgt. Vgl. Trapp, J.E., Wettbewerbsvorteile durch vertikales Öko-Marketing, a.a.O., S. 264.

[111] Vgl. zur Abgrenzung von Klassifikation und Typologie Knoblich, H., Die typologische Methode in der Betriebswirtschaftslehre, in: WiSt, Heft 4, 1972, S. 142; Leitherer, E., Die typologische Methode der Betriebswirtschaftslehre: Versuch einer Übersicht, in: ZfbF, 17. Jg., 1965, S. 650.

[112] Vgl. zur Systematik der Handelsfunktionen Hansen, U., Absatz- und Beschaffungsmarketing des Einzelhandels, 2. Aufl., Göttingen 1990, S. 15. Vgl. auch den Funktionskatalog bei Algermissen, J., Das Marketing der Handelsbetriebe, Würzburg, Wien 1981, S. 25 - 28.

[113] Die ausgewählten Konflikte wurden in Gesprächen mit Experten des Handels und der Hersteller bestätigt. Sie finden sich auch in diversen Veröffentlichungen. Vgl. z.B.: Rominski, D., Entsorgungs-Rabatt: Konditionen im Öko-Wettbewerb, in: asw, Heft 1, 1992, S. 56 ff.; o.V.; Hersteller zieren sich noch immer, in: ehb, Heft 5, 1992, S. 374 ff.; o.V., Abgerechnet wird zum Schluß, in: rf-brief vom 10.7. 1995, S. 3. Möhlenbruch, D., Die Bedeutung der Verpackungsverordnung für eine ökologieorientierte Sortimentspolitik im Einzelhandel, a.a.O., S. 212.

Funktionen im Realgüterstrom	Handelssicht	Herstellersicht
Quantitative Warenumgruppierung	• Ansteigen der Umweltprodukte verschärft Regalplatzknappheit • Einbindung in Entsorgungskonzepte erfordert zusätzlichen Lagerraum und neue Personalkapazitäten	• Zu geringe Leistungsbereitschaft des Handels erzwingt unrentable Kleinserienproduktion bei Öko-Geräten
Qualitative Warenumgruppierung	• Gefahr der Diskriminierung des herkömmlichen Sortiments durch Ökoprodukte • Ansteigen unrentabler Kundendienstleistungen durch zusätzliche Öko-Services	• ökologieorientierte Ausgestaltung des Präsentationsumfeldes im Handel notwendig • Angebot ökologieorientierten Zubehörs wünschenswert
Raumüberbrückung	• Altgeräterücknahme vom Kunden allenfalls als Bring-Service	• Altgeräterücknahme als Abhol-Service beim Kunden bietet die größten Profilierungschancen
Zeitlicher Ausgleich	• Abholung schon kleinerer Mengen von Altgeräten durch Recyclingbetrieb auf Anforderung	• Vereinbarung fester Abholtermine und Mengenvorgaben für Altgeräteweiterleitung
Kommunikationsstrom		
Angebots- und Nachfrageermittlung	• Hersteller überschätzen ökologieorient. Absatzpotential • Hersteller stellen lediglich wenig zuverlässige Informationen über die Umweltqualität ihrer Produkte zur Verfügung	• Handel als ökologischer Trittbrettfahrer • Handel als Informationsbarriere
Angebots- und Nachfragelenkung	• hohe Umweltkompetenz erfordert kostenintensive Verkaufspersonalschulungen • Umweltwerbung bedroht Geschäftsstättenimage ("Öko-Laden")	• Handel fördert Abverkauf von Öko-Produkten zu wenig durch qualifizierte Beratung • Handel ist zu eigenen ökologieorientierten Profilierungsmaßnahmen (z.B. in der Werbung) nicht bereit
Nominalgüterstrom		
Preisermittlung	• Verkaufspreise für Umweltgeräte unrealistisch hoch	• Akzeptanz höherer Abgabepreise für Umweltprodukte aufgrund höherer Produktionskosten im Handel gering
Zahlungsausgleich	• Rücknahmekosten soll der Hersteller tragen	• Rücknahmekosten soll der Handel mittragen

Abb. 4: Beispielhafte ökologieorientierte Konflikte im vertikalen Marketing

Umweltinduzierte Konflikte betreffen einerseits den Realgüterstrom in quantitativer, qualitativer, räumlicher und zeitlicher Hinsicht. Diese Aussage ist nicht nur auf die Distribution von Neuprodukten, sondern auch auf die Retrodistribution von Altgeräten zu beziehen.[114] Im Bereich des Realgüterstroms erwartet der Handel beispielsweise aufgrund der herstellerseitigen Profilierungsbemühungen ein noch stärkeres Ansteigen der Produktvarianten, während von Herstellerseite eine geringe Listungsbereitschaft des Handels für Umweltprodukte festgestellt wird, die zu unrentabler Kleinserienproduktion zwingt.

Ökologieinduzierte Konflikte im Kommunikationsstrom treten auf, wenn z.B. vorhandene Umweltinformationen zwischen Handel und Hersteller nicht bzw. unvollständig ausgetauscht werden.[115] Dieses betrifft einerseits Informationen der Hersteller, die der Handel über die Umweltverträglichkeit der Produkte benötigt und andererseits Informationen, die der Handel über das ökologieorientierte Einkaufsverhalten seiner Kunden gewinnen konnte und die für Elektrogerätehersteller bei der umweltorientierten Produktgestaltung von hohem Wert sind.

Schließlich existieren zentrale Konflikte im Nominalgüterstrom, die sich auf eine angemessene "Bepreisung" umweltorientierter Produkte und Services sowie auf die (monetäre) Verrechnung ökologieorientierter Funktionen beziehen. Hierbei ist z.B. an die Annahme, Zwischenlagerung und Rückführung von Elektroaltgeräten durch den Elektrohandel zu denken.

Vor diesem Hintergrund lassen sich seit ungefähr Mitte der 80er Jahre auf Seiten der Elektrohersteller erste systematische Ansatzpunkte beim ökologieorientierten Einsatz der Marketing-Mix-Instrumente beobachten.[116] In erster Linie sind hierbei bis heute zahlreiche produktpolitische Verbesserungen zu nennen, die mittels umfangreicher Kommunikationsaktivitäten beworben werden.[117] Darüber hinaus

---

[114] Vgl. hierzu die frühen Ausführungen von Zikmund, W.G., Stanton, W.J., Abfallrecycling: Ein Distributionsproblem, in: Marketing und Verbraucherpolitik, Hansen, U., Stauss, B., Riemer, M. (Hrsg.), Stuttgart 1982, S. 423 f.

[115] Vgl. allgemein Steffenhagen, H., Konflikt und Kooperation in Absatzkanälen, a.a.O., S. 122 ff.

[116] Vorreiter waren hier insbesondere einige Haushaltsgerätehersteller. Vgl. Meffert, H., Kirchgeorg, M., Marktorientiertes Umweltmanagement, a.a.O., S. 462 f.

[117] Vgl. zu diesbezüglichen Aktivitäten Herrmann, F.A., Produktprofilierung über die Umweltschutzdimension, in: Marketing-Symposium "Umwelt-Marketing", Stahl-Informations-Zentrum (Hrsg.), Düsseldorf 1994, S. 40; Jung, K.G., Grundig: Die Grundig-Umwelt-Initiative, in: PR der Spitzenklasse: Die Kunst, Vertrauen zu schaffen, Arendt, G. (Hrsg.), Landsberg/Lech 1993, S. 188 ff.; Meffert, H., Kirchgeorg, M., Marktorientiertes Umweltmanagement, a.a.O., S. 462 ff.;

haben einige Hersteller- und Handelsunternehmen - angeregt durch die zeitlich ausgedehnte Diskussionsphase um die Elektronik-Schrott-Verordnung - Rücknahmesysteme für Altgeräte aufgebaut.[118] Dieses gilt auch für ausgewählte Zubehörhersteller.[119]

Erst in jüngerer Zeit sind auch ökologieorientierte Kooperationen anzutreffen, wobei die Elektrohersteller eine Zusammenarbeit mit Umweltschutzverbänden eher zurückhaltend beurteilen.[120] Als ein Beispiel für eine vertikale Kooperation ist das absatzstufenübergreifende Entsorgungsmodell für Altgeräte von Grundig und der Handelskooperation RUEFACH zu nennen, welches als Feldversuch in Süddeutschland erprobt wird.[121]

Während die genannten Aktivitäten auf eine grundsätzlich positive Beurteilung ökologieorientierter Profilierungschancen schließen lassen, scheint ein nicht unbeträchtlicher Teil der Elektrohersteller die ökonomische Vorteilhaftigkeit einer ökologieorientierten Profilierung zu bezweifeln. In diese Richtung deutet die in vielen Stellungnahmen zum Ausdruck kommende Aussage, daß die Neu- und Umverteilung ökologischer Funktionen angesichts einer hohen Wettbewerbsin-

---

o.V., Grüne Werbung für weiße Ware, a.a.O., S. 75 ff. Beispiele für horizontale Kooperationen im Rahmen der ökologieorientierten Produktpolitik sind das vom Bundesumweltministerium geförderte Projekt "Der grüne Fernseher" und das europäische Projekt Care "Vision 2000". Vgl. Institut für Zukunftsstudien und Technologiebewertung. Der entsorgungsfreundliche Fernseher von Loewe, Berlin 1993, o.V., Öko-Hoffnungen, in: HB vom 29.8. 1995, S. 12; Maryniak, W., In die Ferne sehen, in: Müllmagazin, Heft 3, 1991, S. 35 ff.

[118] Vgl. zu einem Überblick Puder, M., Umwelt-ABC: Informationen zum Umweltschutz für Fachbetriebe, BVU, BuBE, DVI (Hrsg.), Köln, Berlin 1995, S. 37 ff. Im Bereich Haushaltsgeräte nehmen u.a. Bosch-Siemens-Hausgeräte, Miele und Electrolux mit den Marken Electrolux, Juno, Zanker und Zanussi Altgeräte zurück. Die Retrodistributionssysteme stellen keine branchenweiten Systeme sondern Insellösungen dar. Lange Vorlaufzeiten und ein deutliches Vollzugsdefizit sind für ökologische Gesetze/Verordnungen die Regel. Vgl. Lahl, U., Das programmierte Vollzugsdefizit: Hintergründe zur aktuellen Regulierungsdebatte, in: Zeitschrift für Umweltrecht, Heft 4, 1993, S. 249 ff.; Gawel, E., Umweltallokation durch Ordnungsrecht: Ein Beitrag zur ökonomischen Theorie regulativer Umweltpolitik, Tübingen 1994, S. 28.

[119] Vgl. o.V., Polygram recycelt Compact Discs, in: LZ vom 16.4. 1993, S. 83; o.V., Öko-Initiative der BASF, in: FAZ vom 19.1. 1993, S. T1.

[120] Vgl. Jost, A., Wiedmann, K.-P., Dialog und Kooperation mit Konsumenten: Theoretische Grundlagen, Gestaltungsperspektiven und Ergebnisse einer empirischen Untersuchung im Bereich Haushaltsgeräte, Arbeitspapier Nr. 98 des Instituts für Marketing der Universität Mannheim, Mannheim 1993, S. 40 f.

[121] Vgl. RUEFACH (Hrsg.), Pressenotiz, Ulm 1993. Für ein Tischfernsehgerät beträgt die Entsorgungsgebühr 59 DM.

tensität kosten- und wettbewerbsneutral zu erfolgen habe.[122] Hiermit ist gleichzeitig die Tendenz zu branchenweiten, distributionsstufenübergreifenden Lösungen ökologischer Probleme begründbar, da auf diesem Wege beabsichtigt wird, ökologieinduzierte Kosten ohne wettbewerbsbezogene Wirkung kollektiv zu tragen.[123] Allerdings ist bei einem solchen Vorgehen kritisch anzumerken, daß die Realisierung branchenweiter Lösungen aus Stabilitätsgründen heraus einen breiten Konsens aller Beteiligten erfordert und lediglich geringe Spielräume für eine individuelle Profilierung von Herstellern bzw. Handelsunternehmen eröffnet.[124]

Vor dem Hintergrund offenkundig divergierender Meinungen zur Tragfähigkeit einer umweltbezogenen Profilierung in der Elektrobranche ist eine systematische Bestandsaufnahme ökologieorientierter Profilierungschancen auf Seiten der Konsumenten und des Handels aus Sicht der Elektrohersteller wünschenswert. Bisher liegt eine solch umfassende Bestandsaufnahme jedoch nicht vor.

4. Zielsetzung und Gang der Untersuchung

Im Mittelpunkt der vorliegenden Arbeit steht die grundlegende These, daß Hersteller durch eine ökologieorientierte Gestaltung ihres Marketing-Mix eine abnehmerbezogene Präferenzsteigerung bewirken und hiermit ihre ökonomische Zielerreichung verbessern können. Die **generelle Zielsetzung** der Untersuchung besteht darin, einen empirisch gestützten Beitrag zur Überprüfung dieser kontrovers diskutierten These zu leisten. Grundvoraussetzung zur Erreichung ökonomischer Ziele ist dabei die Bildung von Präferenzen beim Konsumenten. Dieses kann aufgrund des hohen Glaubwürdigkeitserfordernisses ökologieorientierter Profilierungskonzepte nur bei einer absatzstufenübergreifenden Integration aller ökologischen Aktivitäten erreicht werden.

---

[122] Vgl. beispielhaft ZVEI (Hrsg.), Memorandum zum Entwurf einer "Elektronik-Schrott-Verordnung", a.a.O., S. 9; BVU (Hrsg.), Geschäftsbericht 1994/95, a.a.O., S. 38.

[123] An dieser Stelle ist auf die Erfahrungen mit dem Dualen System Deutschland zu verweisen. Vgl. BFS (Hrsg.), Die Entwicklung der Filialbetriebe und Selbstbedienungswarenhäuser im Jahre 1993: Tendenzen 1994, Bonn 1994, S. 12 f.

[124] Vgl. auch Belz, F., Distributive Öko-Leistungssysteme in der Lebensmittelbranche, in: Thexis; Heft 3/94, S. 37.

Darüber hinaus bedarf eine ökologieorientierte Profilierung im vertikalen Marketing je nach Produkt- und Branchenkontext einer situativen Relativierung.[125] Deshalb nimmt die vorliegende Untersuchung auf den Kontext der Elektrobranche bezug, die durch ausgeprägte produktbezogene Umweltprobleme sowie gesetzliche Restriktionen in besonderer Weise ökologisch betroffen ist. Zur Strukturierung des Kontextbezuges hat sich im Rahmen der dieser Untersuchung zugrundeliegenden **situativen Forschungsrichtung**[126] die Differenzierung von interner und externer Situation durchgesetzt. Zur internen Situation können allgemein alle Faktoren gezählt werden, die grundsätzlich zwar unternehmensspezifisch ausgestaltet sind, jedoch nicht unmittelbar als Aktionsparameter der Unternehmensführung betrachtet werden können. Vielfach wird bei kurzfristigen Planungshorizonten zur internen Situation beispielsweise die Rechtsform, der Standort oder auch die Fertigungstechnologie gerechnet.[127]

Die externe Situation läßt sich weiter in die globale Umwelt und die Interaktionsumwelt untergliedern. Während die globale Umwelt aus den gesellschaftlichen, politischen, rechtlichen, wirtschaftlichen und natürlichen Rahmenbedingungen besteht, umfaßt die Interaktionsumwelt die unmittelbaren Marktpartner Handel und Konsumenten sowie den Wettbewerb.[128] Das Ziel situativer Ansätze besteht darin, die größte Übereinstimmung zwischen den Aktionsparametern eines Unternehmens und den gültigen Kontextfaktoren zu bestimmen, um so den von der Unternehmensführung angestrebten Erfolg zu erreichen.[129] Dabei kann die Zuordnung der zur Verfügung stehenden Aktionsparameter und der relevanten situati-

---

[125] Der situative Ansatz wird auch synonym als Kontingenzansatz bezeichnet. Zum situativen Ansatz vgl. Kast, F., Rosenzweig, J., Organisation and Management: A Contingency Approach, Tokio 1970; Ginsberg, A., Venkkatraman, N., Contingency Perspectives of Organisational Strategy: A Critical Review of the Empirical Research, in: Academy of Management Review, No. 3, 1985, S. 421 ff.; Kieser, A., Kubicek, H., Organisation, 3. Aufl., Berlin, New York 1992, S. 45 ff. Eine Darstellung des situativen Ansatzes im Marketing findet sich bei Zeithaml, V.A., Varadarajan, P., Zeithaml, C., The Contingency Approach: Its Foundations and Relevance to Theory Building and Research in Marketing, in: EJoM, Vol. 22, No. 8, 1988, S. 37-64.

[126] Vgl. zu einer kritischen Würdigung situativer Forschungsansätze Lehnert, S., Die Bedeutung von Kontingenzansätzen für das Strategische Management, Frankfurt am Main, Bern, New York 1983, S. 115.

[127] Vgl. Kirchgeorg, M., Ökologieorientiertes Unternehmensverhalten, a.a.O., S. 27.

[128] Vgl. Meffert, H., Kirchgeorg, M., Marktorientiertes Umweltmanagement, a.a.O., S. 63. Zur globalen Umwelt sollen auch die gesellschaftlichen Anspruchsgruppen gerechnet werden, obwohl von ihnen mitunter erhebliche Einflüsse auf die Interaktionsumwelt ausgehen können.

[129] Hierfür findet man auch die Bezeichnung "Strategischer Fit". Vgl. Kieser, A., Kubicek, H., Organisation, a.a.O., S. 60 f.

ven Faktoren lediglich vor dem Hintergrund der zu untersuchenden Fragestellung abgeleitet werden.

Ausgehend von den Besonderheiten einer ökologieorientierten Profilierung stellt die ökologieorientierte Marktsegmentierung das zentrale Schlüsselproblem der vorliegenden Arbeit dar. Dabei lassen sich unter dem Konzept der Marktsegmentierung die beiden Teilschritte der Markterfassung und -bearbeitung subsumieren. Demzufolge leiten sich aufbauend auf der generellen Zielsetzung für die Phasen der Markterfassung und Marktbearbeitung die folgenden **forscherischen Schwerpunkte** ab:

Markterfassung:

1. Vor dem Hintergrund des dargestellten Forschungsdefizits bei der Bestimmung ökologieorientierter Zielgruppen ist aus Herstellersicht in einem ersten Schritt ein umfassender konsumentenbezogener Segmentierungsansatz zu entwickeln.[130] Neben den generellen Anforderungen an Segmentierungsansätze ist hierbei die beim ökologieorientierten Kaufverhalten besonders relevante Divergenzproblematik explizit zu beachten. Auf Grundlage einer Analyse des Präferenzbildungsprozesses bei Konsumenten werden deshalb relevante Segmentierungskriterien identifiziert und in einen empirischen Meßansatz zur Bildung ökologieorientierter Zielgruppensegmente überführt. Dabei ist der Stellenwert verschiedenartiger Faktoren zur Erklärung und Beschreibung von Segmentunterschieden in besonderer Weise herauszuarbeiten.

2. Im Zusammenhang mit der Rolle des Handels als ökologischem Gatekeeper im vertikalen Marketing ist in einem zweiten Schritt der Markterfassung ein handelsbezogener Segmentierungsansatz zu entwerfen. Vorrangiges Ziel ist es hierbei, Händlersegmente zu identifizieren, die sich aus Herstellersicht für eine kooperative Einbindung in ökologieorientierte Profilierungskonzepte besonders eignen. Dabei ist der zentralen Fragestellung nachzugehen, inwieweit sich die Handelsunternehmen von einer eigenen ökologieorientierten Profilierung Erfolgsaussichten versprechen sowie ihre absatz- und beschaffungsmarktgerichtete Marketinginstrumente bereits ökologieorientiert ausgestaltet haben.

---

[130] Hieraus ergeben sich notwendigerweise auch konkrete Ansatzpunkte für eine ökologieorientierte Profilierung des Handels.

Marktbearbeitung:

3. Aufbauend auf der Erfassung konsumenten- und händlerbezogener Segmente wird theoriegeleitet der Fragestellung nachgegangen, welche ökologieorientierten Marktbearbeitungsstrategien und Profilierungsmaßnahmen die Hersteller grundsätzlich verfolgen können. Danach werden die im Rahmen der Marktbearbeitung tatsächlich eingesetzten ökologieorientierten Profilierungsmaßnahmen empirisch erhoben, um ökologieorientierte Differenzierungschancen im Wettbewerbsumfeld aufzeigen zu können. Die empirisch ermittelten Maßnahmenschwerpunkte im Marketing-Mix der Hersteller sind dabei vor dem Hintergrund der identifizierten Konsumenten- und Handelssegmente kritisch zu würdigen.

Auf Grundlage eines situativ ausgerichteten Forschungsansatzes läßt sich der in Abbildung 5 dargestellte Bezugsrahmen zur ökologieorientierten Profilierung in der Elektrobranche ableiten. Der hypothesengestützte Bezugsrahmen dient als Grundlage für die Selektion problemrelevanter Fragestellungen, die in der weiteren konzeptionellen und empirischen Analyse[131] der vorliegenden Arbeit zu vertiefen sind, und zeichnet gleichzeitig den **Gang der Arbeit** vor. Angesichts der aufgezeigten Forschungsdefizite wird dabei in der vorliegenden Arbeit eine Fokussierung auf die Interaktionsumwelt vorgenommen. Im Mittelpunkt des Bezugsrahmens stehen deshalb die beiden Phasen der Markterfassung (Kapitel B) und -bearbeitung (Kapitel C).

---

[131] Die empirische Analyse erfordert die Anwendung statistischer Auswertungsverfahren. In der vorliegenden Untersuchung erfolgte die Datenauswertung mit dem Softwarepaket SPSS. SPSS steht als Akronym für Superior Performing Statistical Software (früher: Statistical Package for the Social Science). Im Rechenzentrum der Universität Münster konnte auf die Version SPSS-X 4.1 zurückgegriffen werden. Dieses war insbesondere aufgrund der hohen Fallzahl bei Clusteranalysen notwendig. Die weiteren Berechnungen wurden mit der Version SPSS 6.0.1. vorgenommen. Unter Beachtung des jeweiligen Skalenniveaus wurden hierzu Unterschiedstests, Korrelations-, Faktoren-, Varianz-, Diskriminanz- und Clusteranalysen verwendet.

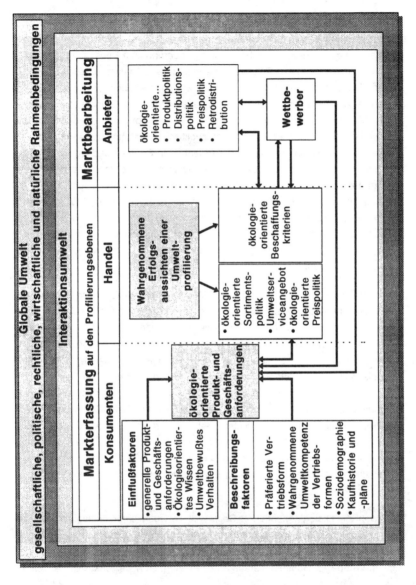

Abb. 5: Empirischer Bezugsrahmen zur ökologieorientierten Profilierung in der Elektrobranche

In Kapitel B wird aus Herstellersicht ein Zwei-Ebenenansatz zur Identifikation ökologieorientierter Segmente sowohl auf Konsumenten- als auch Handelsseite abgeleitet und einer empirischen Überprüfung zugeführt. Auf Konsumentenseite findet hierzu in einem ersten Schritt die theoriegeleitete Analyse des ökologieorientierten Kaufentscheidungsprozesses statt. Zur Identifikation ökologieorientierter Abnehmersegmente wird auf käuferverhaltenstheoretische Grundlagen zurückgegriffen, die insbesondere dem Bereich der Präferenzforschung entstammen und eine wirkungsbezogene Erklärung absatzpolitischer Maßnahmen ermöglichen.[132] Hierbei ist zu ermitteln, welche ökologieorientierten Produkt- und Geschäftsanforderungen die Konsumenten bekunden und welcher tatsächliche Stellenwert diesen im Vergleich zu nicht ökologieorientierten Kaufentscheidungskriterien zukommt. Daneben werden geeignete Variablen zur Erklärung und Beschreibung der ökologieorientierten Konsumentensegmente identifiziert. Nach diesen theoretischen Überlegungen erfolgt die empirische Ermittlung ökologieorientierter Marktsegmente auf Konsumentenseite sowie die Überprüfung der aufgestellten Forschungshypothesen.

Konsumentenseitige, ökologieorientierte Marktsegmente lassen sich in indirekten Absatzsystemen jedoch nur bei Überwindung des ökologischen Gatekeepers Handels ausschöpfen, so daß sich im zweiten Teil von Kapitel B die Entwicklung eines ökologieorientierten Segmentierungsansatzes auf Handelsebene anschließt. Ausgangspunkt bildet hierbei die ökologische Gatekeeper-Rolle des Handels sowie die ökologieorientierte Basisstrategie eines Handelsunternehmens, welche die Integration ökologieorientierter Aspekte in die absatz- und beschaffungsgerichteten Instrumente maßgeblich steuert. Dabei ist in erster Linie die Problemstellung zu lösen, mittels welcher Variablen die ökologieorientierte Basisstrategie eines Handelsunternehmens erfaßt werden kann. Nach der Identifikation und Operationalisierung dieser Variablen schließt sich am Ende des Kapitels B die empirische Untersuchung der ökologieorientierten Handelssegmente an.

Inwieweit die ökologieorientierten Segmente im Zuge einer ökologieorientierten Profilierung tatsächlich zielgerichtet von Elektroherstellern im Rahmen der Marktbearbeitung erschlossen werden können und welche Differenzierungschancen sich im Wettbewerbsumfeld hieraus ergeben, steht im Mittelpunkt des Kapitels C.

---

[132] Vgl. als grundlegende Werke hierzu Kroeber-Riel, W., Konsumentenverhalten, 5. Aufl., München 1992; Bänsch, A., Käuferverhalten, 5. Aufl., München, Wien 1993.

Die Grundüberlegung ist hierbei, daß der ökonomische Erfolg einer ökologieorientierten Profilierung neben der Existenz ökologieorientierter Absatzpotentiale auf Konsumentenseite und der Möglichkeit zur Überwindung des ökologischen Gatekeepers Handel wesentlich auch von den ökologieorientierten Aktivitäten der Konkurrenz abhängt. Hierzu ist zunächst eine theoretische Analyse ökologieorientierter Marktbearbeitungsstrategien durchzuführen, da diese die ökologieorientierten Profilierungsmaßnahmen in den Konsumenten- und Handelssegmenten determinieren. Danach erfolgt eine Systematisierung und theoriegeleitete Bestandsaufnahme zentraler ökologieorientierter Ausgestaltungsmöglichkeiten im Marketing-Mix von Elektroherstellern. Aufbauend auf der theoretischen Bestandsaufnahme wird anschließend die empirische Analyse ökologieorientierter Profilierungsaktivitäten in der Elektrobranche vorgenommen, um den aktuellen Stand der ökologieorientierten Profilierung in der Elektrobranche auf Herstellerseite zu erfassen und eventuelle Profilierungschancen erkennen zu können.

Letztlich liefern die Erkenntnisse über ökologieorientierte Marktsegmente und die damit einhergehenden Profilierungschancen sowie die ökologieorientierten Profilierungsmaßnahmen der Elektrohersteller eine wichtige Informationsgrundlage, um in Kapitel D nach einer konzentrierten Zusammenfassung der Untersuchungsergebnisse aus einer entscheidungsorientierten Sicht heraus die Tragfähigkeit ökologieorientierter Profilierungsmaßnahmen für Hersteller in der Elektrobranche zu beurteilen.[133] Darüber hinaus werden Ansatzpunkte für weiterführende Forschungsarbeiten aufgezeigt.

---

[133] Vgl. zum entscheidungsorientierten Ansatz Meffert, H., Die Leistungsfähigkeit der entscheidungs- und systemorientierten Marketinglehre, in: Wissenschaftsprogramm und Ausbildungsziele der Betriebswirtschaftslehre, Hrsg.: Kortzfleisch, G. v., Berlin 1971, S. 167 ff; Heinen, E., Einführung in die Betriebswirtschaftslehre, 9. Aufl., Wiesbaden 1985, S. 22 ff; Lingnau, V., Kritischer Rationalismus und Betriebswirtschaftslehre, in: WiSt, Heft 3, 1995, S. 129. Unternehmen werden im entscheidungsorientierten Ansatz als offene, zielgerichtete, sozio-technische Systeme interpretiert. Vgl. Ulrich, H., Unternehmenspolitik, Bern 1978, S. 13; Meffert, H., Systemtheorie aus betriebswirtschaftlicher Sicht, in: Systemanalyse in den Wirtschafts- und Sozialwissenschaften, Schenk, K.E. (Hrsg.), Berlin 1971, S. 179; Meffert, H., Informationssysteme, Grundbegriffe der EDV und Systemanalyse, Tübingen, Düsseldorf 1975, S. 2 ff.

B. Markterfassung ökologieorientierter Segmente in vertikalen Systemen aus Herstellersicht

1. Ökologieorientierte Konsumentensegmentierung

1.1 Theoretische Grundlagen einer ökologieorientierten Konsumentensegmentierung

1.11 Auswahl geeigneter Segmentierungskriterien

Angesichts der evidenten Schwierigkeiten bei der Abschätzung des ökologieorientierten Kaufverhaltens der Konsumenten steht das Anforderungskriterium der Kaufverhaltensrelevanz im Mittelpunkt der Auswahlentscheidung geeigneter Segmentierungskriterien. Infolgedessen geht es um die zentrale Fragestellung, welche Segmentierungskriterien das Kaufverhalten bei ökologieorientierten Elektrogeräten realitätsnah abbilden.

Bei indirekter Distribution lassen sich unter kaufverhaltenstheoretischen Aspekten als Teilentscheidungen des Konsumenten die Produkt- und Einkaufsstättenwahl voneinander unterscheiden.[1] Angesichts der hohen Integrationserfordernisse einer ökologieorientierten Profilierung und der hohen ökologieorientierten Konfliktpotentiale im Verhältnis zum Handel besitzen für Hersteller beide Teilentscheidungen des Konsumenten Relevanz. Während die Produktwahl des Konsumenten vor allem für die Produktpolitik bedeutsam ist, ist die Einkaufsstättenwahl unmittelbar für die Distributionspolitik der Hersteller und das Handelsmarketing[2] relevant.

Vor diesem Hintergrund können zur Konsumentensegmentierung grundsätzlich:

- Kriterien des beobachtbaren Konsumentenverhaltens,

---

[1] Vgl. Meffert, H., Marketingforschung und Käuferverhalten, 2. Auflage, Wiesbaden 1992, S. 120.

[2] Aus Handelssicht ist auch die Produktwahl unmittelbar relevant, da ein hohes Umweltengagement, z.B. durch ökologieorientierte Beratungsleistungen, noch keineswegs für eine ökologieorientierte Profilierung ausreicht, sondern auch ein ökologieorientiertes Sortiment erfordert, das allerdings maßgeblich in seiner Umweltqualität vom Angebot der Herstellerseite determiniert wird. Vgl. hierzu allgemein Büttner, H., Die segmentorientierte Marketingplanung im Einzelhandelsbetrieb, Göttingen 1986, S. 30.

- soziodemographische sowie

- psychographische Kriterien

herangezogen werden.[3]

Im Rahmen der Erfassung und Analyse des Konsumentenverhaltens ist es grundsätzlich erstrebenswert, den Einfluß ökologieorientierter Segmentierungskriterien unmittelbar beim Kauf zu erheben. Hier läßt sich das Ergebnis sowohl der Produkt- als auch der Einkaufsstättenwahl ohne Divergenzproblematik unmittelbar beobachten. Allerdings beinhaltet ein solcher behavioristischer Erklärungsansatz[4] die Schwierigkeit, ökologieorientierte Faktoren von anderen kaufrelevanten Einflußgrößen ohne Ökologiebezug zu trennen[5], so daß sich allenfalls bedingt Aussagen über das aus Konsumentensicht ideale Umweltprodukt und die ideale Einkaufsstätte ableiten lassen. Auch soziodemographische Kriterien weisen eine geringe Eignung zur Erklärung ökologieorientierten Kaufverhaltens auf, da sie häufig nicht zwischen ökologieorientierten Konsumentenclustern trennen.[6] Dennoch liegt ihr besonderer Wert in einer späteren Identifizierung und Beschreibung ökologieorientierter Käufergruppen sowie in der Prognose von Absatzpotentialen.

Die damit für eine ökologieorientierte Segmentierung verbleibenden psychographischen Kriterien beruhen auf dem nicht unmittelbar beobachtbaren Kaufentscheidungsprozeß der Konsumenten und sind daher als theoretische Konstrukte[7] zu bezeichnen. Ausgangspunkt der Bestimmung geeigneter psychographischer

---

[3] Vgl. Thiess, M., Marktsegmentierung als Basisstrategie des Marketing, in: WiSt, Heft 12, 1986, S. 636. Ein weiterer hier nicht vertiefter Ansatz ist die mikrogeographische Marktsegmentierung. Vgl. Meyer, A., Mikrogeographische Marktsegmentierung: Grundlagen, Anwendungen und kritische Beurteilungen von Verfahren zur Lokalisierung und gezielten Ansprache von Zielgruppen, in: JdAV, Heft 4, 1989, S. 343 f.

[4] Behavioristische Forschungsansätze stellen das beobachtbare Kaufverhalten in den Vordergrund. Vgl. zu Forschungsrichtungen in der Käuferverhaltensforschung Meffert, H., Marketingforschung und Käuferverhalten, a.a.O., S. 25.

[5] Vgl. Fiala, K.H., Klausegger, C., Umweltorientiertes Konsumentenverhalten, in: der markt, Heft 2, 1995, S. 62.

[6] Vgl. z.B. Herker, A., Eine Erklärung des umweltbewußten Konsumentenverhaltens, a.a.O., S. 163; Monhemius, K. Ch., Umweltbewußtes Kaufverhalten von Konsumenten, a.a.O., S. 167.

[7] Mit der Bezeichnung "theoretisches Konstrukt" werden in der Kaufverhaltensforschung Erklärungsansätze bezeichnet, die nicht als Reiz oder Reaktion beobachtbar sind. Sie sind im Rahmen theoretischer Überlegungen anhand von Indikatoren, die unmittelbar gemessen werden können, zu operationalisieren. Vgl. Kroeber-Riel, W., Konsumentenverhalten, a.a.O., S. 26 ff.

Segmentierungskriterien bildet die Feststellung, daß der Kauf von Elektrogeräten und die damit korrespondierende Einkaufsstättenwahl überwiegend kognitiv gesteuert werden.[8] Dieses bedeutet, daß Konsumenten alternative Elektrogeräte und Einkaufsstätten anhand subjektiv als wichtig erlebter Anforderungen mit ökologischem und nicht ökologischem Bezug vergleichen. Dabei nehmen die Konsumenten die objektiven Merkmale der zur Auswahl stehenden Alternativen lediglich selektiv und subjektiv verzerrt wahr. Daher ist der Wahrnehmungsraum der Konsumenten und nicht die objektive, ökologieorientierte Produktqualität der richtige Bezugspunkt für die Beurteilung des Nutzenbeitrages eines Produktes.[9] Nach der Abschätzung der individuellen Nutzenstiftung werden sich der höchste erwartete Grad an persönlicher Bedürfnisbefriedigung und die ausgeprägteste Präferenz[10] für diejenige Produktalternative ergeben, die den individuellen Idealanforderungen am weitestgehenden entspricht.[11]

Bei Annahme eines derart kognitiv gesteuerten Kaufentscheidungsprozesses ist werteorientierten Segmentierungsansätzen, denen bei der Analyse des allgemeinen Kaufverhaltens eine gewisse Erklärungskraft zugesprochen werden kann[12],

---

[8] Vgl. Gebhardt, P., Wimmer, F., Marktforschung zum Kaufentscheid von Konsumenten bei langlebigen technischen Gebrauchsgütern: Ein empirischer Vergleich der Auskunftsqualität zweier Methoden, in: JdAV, Heft 4, 1991, S. 333; Theis, H.-J., Einkaufsstättenpositionierung: Grundlage der strategischen Marketingplanung, Wiesbaden 1992, S. 42 ff. Vgl. zu Typologien von Kaufentscheidungen Kroeber-Riel, W., Konsumentenverhalten, a.a.O., S. 371 ff; Ruhfus, R., Kaufentscheidungen von Familien: Ansätze zur Analyse des kollektiven Entscheidungsverhaltens im Haushalt, Wiesbaden 1976, S. 23.

[9] Spiegel sagt hierzu: "Nicht die objektive Beschaffenheit einer Ware ist die Realität ..., sondern einzig die Verbrauchervorstellung." Spiegel, B., Die Struktur der Meinungsverteilung im sozialen Feld: Das psychologische Marktmodell, Bern, Stuttgart 1961, S. 29. Vgl. zur Wahrnehmung Mefferт, H., Marketingforschung und Käuferverhalten, a.a.O., S. 61; Bänsch, A., Käuferverhalten, 5. Aufl., München, Wien 1993, S. 71 ff.

[10] Verschiedene Autoren definieren Präferenz losgelöst von realen bzw. wahrgenommenen Preis-Leistungsrelation. Dieses liegt daran, daß dem Preis im Rahmen der Kaufverhaltensforschung die Rolle eines negativen Nutzens zugeschrieben wird, der durch positive Eindrücke anderer Produktattribute ausgleichbar ist. Vgl. Balderjahn, I., Marktreaktionen von Konsumenten: Eine theoretisch-methodisches Konzept zur Analyse der Wirkung marketingpolitischer Instrumente, Berlin 1993, S. 47.

[11] Vgl. Backhaus, K. u.a., Multivariate Analysemethoden: Eine anwendungsorientierte Einführung, 7. Aufl., Berlin u.a., S. 470 ff. Vereinfachend liegt dieser Überlegung zunächst eine eindimensionale Beurteilung zugrunde. Bei mehrdimensionalen Produktbeurteilungsprozessen sind für die Beurteilungsdimensionen Bedeutungsgewichte zu ermitteln bzw. Hypothesen über Verarbeitungsregeln aufzustellen. Vgl. Trommsdorff, V., Konsumentenverhalten, Stuttgart 1989, S. 250 ff.

[12] Werte stellen wünschenswerte Zustände für Individuen dar, die als relativ zeitstabile Persönlichkeitsdeterminanten das menschliche Verhalten beeinflussen. Vgl. Windhorst, K.-G., Wertewandel und Konsumentenverhalten: Ein Beitrag zur empirischen Analyse der Konsumrele-

lediglich eine nachgeordnete Bedeutung einzuräumen.[13] Die überwiegende Mehrzahl von Segmentierungsstudien zum umweltbewußten Kaufverhalten greift daher auf das Konstrukt „Umweltbewußtsein" zurück, welches als produktübergreifende ökologieorientierte Einstellung zu interpretieren ist.[14] Obwohl hierdurch im Vergleich zu werteorientierten Segmentierungsansätzen eine deutliche Annäherung an die tatsächliche Kaufentscheidung stattgefunden hat, berücksichtigen einstellungsbezogene Segmentierungsansätze des ökologieorientierten Kaufverhaltens die intrapersonellen Konflikte zwischen Individual- und Sozialnutzen nicht in ausreichendem Maße, so daß in Befragungen zwar hohe Umweltbewußtseinswerte erreicht werden, denen jedoch nur eine geringe Kaufverhaltensrelevanz zukommt. Darüber hinaus geben Segmentierungsstudien auf Grundlage des Umweltbewußtseins lediglich geringe Hinweise auf die konkrete Ausgestaltung einer ökologieorientierten Profilierung.

Demgegenüber weisen Präferenzurteile den Vorteil eines hohen Produktbezugs auf. Sie werden daher auch als bewährter Indikator für die Prognose der anschließenden Kaufentscheidung angesehen.[15] Darüber hinaus ist von Vorteil, daß Prä-

---

vanz individueller Wertvorstellungen in der Bundesrepublik Deutschland, Münster 1985, S. 37 ff. und S. 194.

[13] Vgl. Wiedmann, K.-P., Zum Stellenwert der "Lust auf Genuß-Welle" und des Konzepts eines erlebnisorientierten Marketing, in: Marketing ZFP, Heft 3, 1987, S. 215.

[14] So z.B. bei Fiala, K.H., Klausegger, C., Umweltorientiertes Konsumentenverhalten, in: der markt, Heft 2, 1995, S. 61; Herker, A., Eine Erklärung des umweltbewußten Konsumentenverhaltens: Eine internationale Studie, Frankfurt am Main u.a., 1993, S. 63. Umweltbewußtsein wird im allgemeinen als mehrdimensionale Einstellung aufgefaßt. Vgl. Spada, H., Umweltbewußtsein: Einstellung und Verhalten, in: Ökologische Psychologie, Kruse, L. u.a. (Hrsg.), München 1990, S. 624. Einen Überblick über die Ansätze des Umweltbewußtseins gibt Holzmüller, H.H., Pichler, C., Ansätze zur Operationalisierung des Konstruktes "Umweltbewußtsein" von Konsumenten: Ein Forschungsüberblick, Marketing-Arbeitspapier Nr. 4 des Instituts für Absatzwirtschaft, Wien 1988. Eine Operationalisierung am objektivierten Verhalten nimmt Monhemius vor. Vgl. Monhemius, K. Ch., Umweltbewußtes Kaufverhalten von Konsumenten, Frankfurt am Main u.a., 1993, S. 164. Einstellungen sind Prädispositionen eines Konsumenten auf bestimmte Objekte konsistent zu reagieren. Vgl. Meffert, H., Marketingforschung und Käuferverhalten, a.a.O., S. 55. Vgl. ferner Trommsdorff, V., Die Messung von Produktimages für das Marketing: Grundlagen und Operationalisierung, Köln 1975. Freter, H., Mehrdimensionale Einstellungsmodelle im Marketing: Interpretation, Vergleich und Aussagewert, Arbeitspapier 12 des Instituts für Marketing der Westfälischen Wilhelms-Universität Münster, Hrsg.: Meffert, H., Münster 1976.

[15] Vgl. Böcker, F., Die Bildung von Präferenzen für langlebige Konsumgüter in Familien, in: Marketing ZFP, Heft 1, 1987, S. 18. Allerdings ist bei der Interpretation von Präferenzurteilen zu beachten, daß die tatsächliche, beobachtbare Kaufverhalten mit ihrer Hilfe nicht vollständig zu erklären ist. Die Produktwahl im Kaufakt hängt neben der Produktpräferenz noch von zahlreichen anderen - zumeist durch das Unternehmen nicht steuerbare - Faktoren ab. Hierzu zählen z.B. die reale Produktverfügbarkeit in der Einkaufsstätte oder soziale Einflüsse. Vgl. Bauer, E., Markt-Segmentierung als Marketing-Strategie, Berlin 1976, S. 154. Kroeber-Riel weist zu Recht

ferenzurteile für Ideal- und Realobjekte erhoben werden können. Andererseits führt die Eindimensionalität von Präferenzen dazu, daß auch sie lediglich in recht beschränktem Ausmaß Ausgestaltungshinweise für eine ökologieorientierte Profilierung geben. Dieser Nachteil kann bei einer Aufschlüsselung nach den der Präferenzbildung zugrundeliegenden Idealanforderungen überwunden werden.[16] Zugleich wird hierdurch die mit Validitätseinbußen verbundene Vorgabe von Realprodukten vermieden.[17] Daher bietet sich aus theoretischer Perspektive die mehrdimensionale Erfassung ökologieorientierter Konsumentensegmente auf Grundlage subjektiver Idealanforderungen an.[18] Diese ökologieorientierten Idealanforderungen auf den relevanten Eigenschaftsdimensionen werden im folgenden synonym auch als ökologieorientierte Produkt- und Geschäftsanforderungen bezeichnet.[19]

Allerdings ist die Aufschlüsselung von Präferenzurteilen nach ökologieorientierten Idealanforderungen nur dann empfehlenswert, wenn neben den ökologieorientierten auch die individuellen Ausprägungen der generellen Produkt- und Geschäftsanforderungen analysiert werden, um einen möglichst validen Vergleichsmaßstab für die Bedeutungseinschätzung der ökologieorientierten Anforderungen zu gewinnen. Anderenfalls besteht die Gefahr einer Überschätzung der Bedeutung

---

darauf hin, daß nicht von einer einfachen Wirkungsbeziehung zwischen Präferenz bzw. Einstellung und Verhalten auszugehen ist, sondern vielmehr komplexe Wechselwirkungen zwischen diesen beiden Größen bestehen. Vgl. Kroeber-Riel, W., Konsumentenverhalten, a.a.O., S. 167.

[16] Vgl. Meffert, H., Kirchgeorg, M., Marktorientiertes Umweltmanagement, a.a.O., S. 204 f.

[17] Validitätseinbußen treten z.b. bei der Auswahl der Realprodukte auf, die nicht notwendigerweise allen Konsumenten mit ihren Merkmalen bekannt sind. Darüber hinaus ist die Erfassung aller kaufrelevanten Produktalternativen nicht sichergestellt.

[18] Der Verzicht auf die Erfassung von Realprodukten führt gleichzeitig zu dem vertretbaren Nachteil, daß der Erfüllungsgrad der Idealanforderungen nicht überprüft wird. Dieser Nachteil könnte dann relevant sein, wenn die Konsumenten die konkurrierenden Produkte bezüglich aller zentralen Produkteigenschaften als homogen einschätzen, so daß auch weniger wichtigen Kaufentscheidungskriterien eine vergleichsweise hohe Differenzierungskraft und damit eine hohe Kaufbedeutung zuzusprechen ist. Beim kognitiv gesteuerten Kauf von Elektrogeräten kann diese Annahme als unrealistisch angesehen werden. Vergleichsweise häufig ist hingegen diese auch als „Markenähnlichkeit" bezeichnete Situation bei convenience goods anzutreffen. Vgl. Becker, J., Markenartikel und Verbraucher, in: Marke und Markenartikel, Dichtl, E., Eggers, W. (Hrsg.), München 1992, S. 114.

[19] Die subjektiven Idealanforderungen auf den relevanten Beurteilungsdimensionen nennt Meffert „Produkterwartungen". Vgl. Meffert, H., Marketing, a.a.O., S. 249. Windhorst spricht von einer allgemeinen Einstellung zu Produkteigenschaften. Vgl. Windhorst, K.-G., Wertewandel und Konsumentenverhalten, a.a.O., S. 44 f. Hartmann verwendet die Bezeichnung „Ideal-Image". Vgl. Hartmann, R., Strategische Marketingplanung im Einzelhandel: Kritische Analyse spezifischer Planungsinstrumente, Wiesbaden 1992, S. 162.

ökologieorientierter Produkt- und Geschäftsanforderungen. Dieser Anwendungsvoraussetzung wird in der vorliegenden Arbeit dadurch entsprochen, daß im Anschluß an die Bildung ökologieorientierter Konsumentensegmente auf Grundlage ökologieorientierter Idealanforderungen eine segmentspezifische Relativierung anhand genereller Idealanforderungen vorgenommen wird.

Eine an den Idealanforderungen ansetzende Marktsegmentierung entspricht dem Gedanken der **Benefit-Segmentierung**[20], bei der die Segmentbildung auf Grundlage von Nutzengrößen erfolgt. Werner bedient sich eines solchen Ansatzes, den er einem verhaltensorientierten gegenüberstellt. Im Rahmen seiner theoretischen und empirischen Überlegungen kommt er zu dem Ergebnis, daß der Orientierung an Idealanforderungen ein "deutlich höherer Aussagewert hinsichtlich der Identifikation von Marktnischen"[21] und damit bei der Positionierung zukommt.

Bei der Erfassung ökologieorientierter Konsumentensegmente mittels ökologieorientierter Produkt- und Geschäftsanforderungen ist neben der Kaufverhaltensrelevanz eine Reihe weiterer Anforderungen zu berücksichtigen, die sich aus der allgemeinen Marktsegmentierungsliteratur auf den vorliegenden Anwendungsfall übertragen lassen. Im einzelnen sind bei der Überprüfung ökologieorientierter Marktsegmente:

- die hinreichende Identifizierbarkeit und Ansprechbarkeit der Segmente,
- die zeitliche Stabilität der Marktsegmentierung sowie
- die Wirtschaftlichkeit der Segmentierung

relevant.[22]

---

[20] Vgl. Haley, R.I., Benefit Segmentation: A Decision-oriented Research Tool, in: JoM, July 1968, S. 30; Calantone, R.J., Sawyer, A.G., The Stability of Benefit Segments, in: JoMR, August 1978, S. 395; Werner, J., Marktsegmentierung für eine erfolgreiche Markt-Bearbeitung, in: JdAV, Heft 4, 1987, S. 398. Der wichtigste Unterschied der Benefit Segmentierung zum hier gewählten Vorgehen ist in der Berücksichtigung von Attributgewichten zu sehen. Vgl. Böhler, H., Methoden und Modelle der Marktsegmentierung, a.a.O., S. 105.

[21] Werner, J., Einstellungen zum Produkt und Einstellungen zum Produktbereich als Grundlage einer Konsumententypologie, in: Marketing ZFP, Heft 3, 1982, S. 163.

[22] Vgl. Freter, H. Marktsegmentierung, a.a.O., S. 43 ff.

Eine **Identifizierbar-** und **Ansprechbarkeit** der ökologieorientierten Marktsegmente ist über die alleinige Erfassung ökologieorientierter Produkt- und Geschäftsanforderungen nicht hinreichend gewährleistet. Statt dessen ist es für eine gezielte Marktbearbeitung erforderlich, ergänzend sozio-demographische Daten der Befragten, wie z.B. Wohnort, Alter, Geschlecht, Familienstand, Schulbildung und Einkommen, zu erheben. Die Erreichbarkeit der Konsumentensegmente wird darüber hinaus beträchtlich durch die Erhebung der von den Konsumenten generell präferierten Vertriebsform erhöht.[23]

Bei der Untersuchung der **zeitlichen Stabilität** ist festzustellen, daß psychographische Größen im Zeitablauf sowohl vergleichsweise dauerhaft als auch variabel sein können. So resultieren Werte aus langfristigen Sozialisationsprozessen und weisen daher einen hohen Stabilitätsgrad auf; während produktbezogene Zufriedenheitswerte lediglich kurzfristig aussagekräftig sind. Ökologieorientierte Idealanforderungen, die auf Produkte und Geschäfte bezogen sind, ist ein mittlerer Stabilitätsgrad zuzuschreiben.[24]

Die **Wirtschaftlichkeit** der zu ermittelnden ökologieorientierten Konsumentensegmente hängt neben den segmentspezifischen Bearbeitungskosten maßgeblich von der zahlenmäßigen Stärke eines Segmentes ab, da die Entwicklung segmentspezifischer Profilierungskonzepte nur bei einem hinreichenden Absatzpotential zweckmäßig erscheint. Allerdings kommt jeder Aussage über die notwendige bzw. hinreichende Größe eines Segmentes ohne konkreten Bezug zu einem Unternehmen lediglich Tendenzcharakter zu. Darüber hinaus zeigt sich hier ein zentrales Dilemma bei der Festsetzung des Detaillierungsgrades bei der Segmenterfassung. Ein hoher Detaillierungsgrad verspricht zwar eine hohe Ausschöpfung des Segmentpotentials, ist jedoch zugleich mit hohen Komplexitätskosten verbunden. Demgegenüber erlaubt eine weniger differenzierte Segmentierung zwar die Realisierung von Größenvorteilen, gleichzeitig bietet dieses Vorgehen der Konkurrenz vielfältige Ansatzpunkte, über einen höheren Differenzierungsgrad in der Marktbearbeitung segmentspezifische Kundenbedürfnisse umfassender zu befriedigen.

---

[23] Vgl. Freter, H., Marktsegmentierung, a.a.O., S. 92.

[24] Vgl. Freter, H., Marktsegmentierung, a.a.O., S. 81.

1.12 Meßtheoretische Überlegungen zur Erhebung ökologieorientierter Produkt- und Geschäftsanforderungen

In Zusammenhang mit der Meß- und Operationalisierbarkeit[25] ökologieorientierter Produkt- und Geschäftsanforderungen verdienen folgenden Fragen eine besondere Beachtung:

- Mit welcher Meßmethode sind die ökologieorientierten Produkt- und Geschäftsanforderungen zu erheben?

- Welches Skalierungsverfahren ist dabei anzuwenden?

- Sind die ermittelten Merkmalsausprägungen zu gewichten und mittels einer Integrationsregel zu einem Gesamtwert zu verdichten?

Als grundsätzliche **Meßmethoden** zur Erhebung ökologieorientierter Anforderungen kommen kompositionelle und dekompositionelle Verfahren zur Anwendung. Während bei ersteren aus dem Einzelnutzen der relevanten Merkmale auf den gesamten Nutzen geschlossen wird, versuchen dekompositionelle Meßmethoden, aus einem empirisch erhobenen Gesamtnutzen auf den Teilnutzen einzelner Eigenschaften zu schließen.[26] Im Bereich kompositioneller Meßmethoden zählt die Einstellungsforschung zu den bekanntesten Anwendungsfeldern, während die in Theorie und Praxis verbreitetste Methode der dekompositionellen Messung das Conjoint-Verfahren darstellt.[27] Im folgenden wird von einer kompositionellen Meßmethode ausgegangen. Dieses liegt in der Tatsache begründet, daß das relevante Set ökologieorientierter Produkt- und Geschäftsanforderungen möglichst umfassend erhoben werden soll, um Ausgestaltungshinweise für eine ökologieorien-

---

[25] Operationalisierung ist die Umsetzung eines theoretischen Konstrukts in empirisch faßbare Größen. Vgl. Andritzky, K., Die Operationalisierbarkeit von Theorien zum Konsumentenverhalten, Berlin 1976, S. 20 f. Auf die Gefahren einer ungenügenden Operationalisierung weist Richter hin. Vgl. Richter, B., Anmerkungen zur Marktsegmentierung, in: JdAV, Heft 1, 1972, S. 39.

[26] Vgl. Grunert, K.G., Methoden zur Messung der Bedeutung von Produktmerkmalen: Ein Vergleich, in: JdAV, Heft 2, 1985, S. 169.

[27] Als weiteres Verfahren zur dekompositionellen Messung von Präferenzen ist die multidimensionale Skalierung zu nennen, die sich von der Conjoint-Analyse dadurch unterscheidet, daß keine a priori Spezifikation der Merkmalseigenschaften und Ausprägungen erfolgen muß. Vgl. zur multidimensionalen Skalierung Backhaus, K. u.a., Multivariate Analysemethoden, a.a.O., S. 433 ff.

tierte Profilierung im vertikalen Marketing zu gewinnen. Dieses Vorhaben hat bei Conjoint-Analysen leicht eine Überforderung der Befragten zur Folge.[28]

Ein geeignetes, mehrdimensionales **Skalierungsverfahren** für die kompositionelle Erhebung produkt- und geschäftsbezogener Anforderungen wird in der Kaufverhaltenforschung in einpoligen Ratingskalen gesehen.[29] Sie erlauben dem Befragten, seine Einschätzung anhand vorgegebener Antwortmöglichkeiten abzustufen. Allerdings ist bei der Verwendung von Ratingskalen kritisch anzumerken, daß Konsumenten bei Befragungen tendenziell dazu neigen, ein höheres ideales Anforderungsniveau zu artikulieren als dasjenige, was realen Kaufsituationen zugrunde liegt.[30] Um diese Verzerrung zu verringern, wurde für die empirische Untersuchung eine Skala entwickelt, die in einem Kontinuum von "überhaupt nicht wichtig" bis zu "sehr wichtig" die Einschätzung der Befragten mißt. Hierdurch konnte der Begriff "Ideal" vermieden und der geschilderte, für kompositionelle Modelle typische Verzerrungseffekt zumindest reduziert werden.[31]

---

[28] Backhaus u.a. empfehlen daher, bei Conjoint-Analysen die Zahl der Eigenschaften und ihrer Ausprägungen deutlich zu beschränken. Vgl. Backhaus, K. u.a., Multivariate Analysemethoden, a.a.O., S. 504. Herker spricht in diesem Zusammenhang von einem "gravierenden Problem" der Conjoint-Analyse. Vgl. Herker, A., Eine Erklärung des umweltbewußten Konsumentenverhaltens, a.a.O., S. 79. Darüber hinaus zeigte eine Untersuchung, in der kompositionelle und dekompositionelle Meßmethoden miteinander verglichen wurden, eine signifikante Konstruktkonvergenz. Vgl. Heeler, R.M., Okechuku, C., Reid, S., Attribute Importance: Contrasting Measurement, in: JoMR, February 1979, S. 62. Ferner ermittelten die Autoren die höchste Reliabilität für die kompositionelle Methode. Als weitere Meßmethode wurde die Information-Display Methode untersucht, die hier aus theoretischen Gründen für eine Segmentierung keine weitere Relevanz besitzt.

[29] Zweipolige Ratingskalen repräsentieren vielfach nicht Gegensatzpole eines Kontinuums und messen daher mit geringerer Validität als einpolige. Vgl. Trommsdorff, V., Die Messung von Produktimages für das Marketing, a.a.O., S. 82. Neben der Ratingskala werden im Rahmen der Präferenzforschung auch noch die "dollar-metric" und das Konstantsummen-Verfahren angewendet. Vgl. zu diesen Skalen Pessemier, E.A. u.a., Using Laboratory Brand Preferences Scales to predict Consumer Brand Purchases, in: MS, Heft 6, 1971, S. 372; Hauser, J.R., Shugan, S.M., Intensity Measures of Consumer Preference, in: Operation Research, 1980, S. 280; Hammann, P., Erichson, B., Marktforschung, a.a.O., S. 307 ff.

[30] Vgl. Dichtl, E., Müller, S., Anspruchsinflation und Nivellierungstendenz als meßtechnische Probleme in der Absatzforschung, in: Marketing ZFP, Heft 4, 1986, S. 233; Mazanec, J., Strukturmodelle des Konsumverhaltens: Empirische Zugänglichkeit und praktischer Einsatz zur Vorbereitung absatzwirtschaftlicher Positionierungs- und Segmentierungsentscheidungen, Wien 1978, S. 161 f. Hierin liegt auch der Grund, warum Hartmann eine indirekte Messung der idealen Geschäftsanforderungen vorschlägt. Vgl. Hartmann, R., Strategische Marketingplanung im Einzelhandel, a.a.O., S. 162.

[31] Dieser Vorteil wiegt den semantischen Nachteil, daß innerhalb der Konsumenten die Bezeichnung „Wichtigkeit" stärker als der Begriff „Ideal" streuen dürfte, auf.

In der vorliegenden Untersuchung wird eine sechsstufige Ratingskala verwendet, um das bei einem Skalenmittelpunkt auftauchende Problem der Antwortindifferenz zu umgehen.[32] Darüber hinaus wurde den Befragten keine Möglichkeit gegeben, auf eine Antwortkategorie "Weiß nicht" auszuweichen. Dieses als "forced choice" bezeichnete Vorgehen, die Befragten zu einer Antwort bei jedem Item zu bewegen, wird in der Marktforschungsliteratur intensiv diskutiert. Insbesondere war längere Zeit umstritten, inwieweit die Verwendung fest vorgegebener Produkteigenschaften zu Ergebnisverzerrungen führt, da regelmäßig nicht sämtliche Items für alle Befragten relevant sind. Inzwischen konnte jedoch nachgewiesen werden, daß die Ergebnisse der Präferenzforschung relativ robust hinsichtlich dieses Effektes sind.[33]

Strenggenommen weisen mittels Rating-Skalen erhobene Befragungsdaten kein metrisches, sondern ein ordinales Skalenniveau auf.[34] Hierdurch wäre eine wesentliche Anwendungsvoraussetzung multivariater Auswertungsverfahren, wie z.B. der Faktoren- oder Clusteranalyse, verletzt. Gestützt auf empirische Untersuchungen hat sich in der Marktforschungsliteratur jedoch die Auffassung durchgesetzt, Ratingskalen als intervallskaliert zu interpretieren.[35]

In der Einstellungsforschung werden die Teilbewertungen der Konsumenten von Real- und Idealprodukten regelmäßig mit Hilfe einer **Integrationsregel** zu einem Gesamtindexwert verdichtet.[36] Der Gesamtindexwert drückt komprimiert die Zustimmung bzw. Ablehnung eines Konsumenten gegenüber einem Bewertungsobjekt aus und erleichtert die graphische Positionierung von Objekten.[37] Zur Index-

---

[32] Allerdings ist auch bei gerader Stufenzahl ein gewisser Zentralitätseffekt vorhanden. Zur weiteren Kritik an Rating-Skalen vgl. Hammann, P., Erichson, B., Marktforschung, 3. Aufl., Stuttgart, Jena 1994, S. 274 f.

[33] Vgl. Böhler, H., Beachtete Produktalternativen und ihre relevanten Eigenschaften im Kaufentscheidungsprozeß von Konsumenten, in: Konsumentenverhalten und Information, Meffert, H., Steffenhagen, H., Freter, H. (Hrsg.), Wiesbaden 1979, S. 265.

[34] Zur Unterscheidung der verschiedenen Skalenniveaus vgl. Berekoven, L., Eckert, W., Ellenrieder, P., Marktforschung, a.a.O., S. 67 ff.

[35] Vgl. ausführlich Kallmann, A., Skalierung in der empirischen Forschung: Das Problem ordinaler Skalen, München 1979, S. 60 ff., Meffert, H., Marketingforschung und Käuferverhalten, a.a.O., S. 185. Dieser Literaturmeinung wird in der vorliegenden Arbeit gefolgt.

[36] Einen Überblick über die bedeutendsten Integrationsregeln gibt Freter, H., Interpretation und Aussagewert mehrdimensionaler Einstellungsmodelle im Marketing, in: Konsumentenverhalten und Information, Meffert, H., Steffenhagen, H., Freter, H. (Hrsg.), Wiesbaden 1979, S. 170.

[37] Die Darstellung von Idealprodukten als Grafik wird als "preference mapping" bezeichnet. Vgl. Böhler, H., Methoden und Modelle der Marktsegmentierung, Stuttgart 1977, S. 110. Eine ge-

bildung eignen sich sowohl Verfahren ohne als auch solche mit expliziten Bedeutungsgewichten, die eine Höherbewertung wichtiger und Unterbewertung weniger wichtiger Produkteigenschaften bewirken. Trotz einer langjährigen Diskussion konnte sich hinsichtlich der Gewichtung und Verdichtung bisher kein konsensfähiges Modell durchsetzen. Aus diesem Grund soll in der vorliegenden Untersuchung auf die Operationalisierung einer Gewichtungs- und Integrationsregel der kompositionellen Teileinschätzungen zu einem Gesamteinschätzungswert verzichtet werden. Dieses Vorgehen ist dadurch zu rechtfertigen, daß ein Idealobjekt ex definitione die höchste Kaufpräferenz genießt und nach einer Indexbildung aufgrund von Informationsverlusten lediglich unpräzisere ökologieorientierte Ausgestaltungsempfehlungen ableitbar sind.

1.13 Ökologieorientierte Segmentierung auf Konsumentenseite

1.131 Identifikation segmentbildender Variablen

1.1311 Ökologieorientierte Produktanforderungen

Bei der Erfassung von Konsumentensegmenten mittels ökologieorientierter Produktanforderungen ist zunächst eine Reduktion aller hypothetisch denkbaren Umweltkriterien auf die aus Konsumentensicht relevanten Merkmale erforderlich.[38] Um aus einem Gesamtkatalog hypothetischer Produktanforderungen diejenigen abzuleiten, die zur Marktsegmentierung heranzuziehen sind, wurden in der Marketingliteratur vielfältige Verfahren entwickelt, von denen in der vorliegenden Untersuchung Expertenbefragungen und Tiefeninterviews zur Anwendung gelangen.[39]

---

meinsame Darstellung von Real- und Idealprodukten wird von einigen Autoren auch "Joint space" genannt. Vgl. Backhaus, K. u.a., Multivariate Analysemethoden, a.a.O., S. 468. Eine Positionierung im Joint space von acht Fernsehern und drei Idealprodukten anhand der Produktanforderungen „modernes Design" und „hoher Preis/hohe Qualität" findet sich bei Schubert, B., Entwicklung von Konzepten für Produktinnovationen mittels der Conjoint-Analyse, Stuttgart 1991, S. 44.

[38] Lediglich sechs bis elf Produktanforderungen sind als salient, d.h. als bedeutend für die Bildung einer Präferenz anzusehen. Vgl. Fishbein, M., A Behavior Theory Approach to the Relations between Beliefs about an Object and the Attitude toward the Object, in: ders. (Hrsg.), Readings in Attitude Theory and Measurement, New York 1967, S. 395; Trommsdorff, V., Die Messung von Produktimages für das Marketing, a.a.O., S. 58.

[39] Weitere Möglichkeiten bestehen darin, projektive Tests, Ähnlichkeitsvergleiche von Produkten sowie das Verfahren "Repertory Grid" durchzuführen. Vgl. Böhler, H., Marktforschung, Stuttgart u.a. 1985, S. 117 ff.; Müller-Hagedorn, L., Vomberger, E., Die Eignung der Grid-Methode für die Suche nach einstellungsrelevanten Dimensionen, in: Konsumentenverhalten und Information, Meffert, H., Steffenhagen, H., Freter, H. (Hrsg.), Wiesbaden 1979, S. 185 ff.

Im Rahmen von **Expertenbefragungen** wurden Auskunftspersonen aus Industrie- und Handelskreisen mit weitreichender Umweltschutzerfahrung um ihre Einschätzung darüber gebeten, welche ökologieorientierten Produktanforderungen für Konsumenten beim Kauf von Elektroprodukten besonders relevant sind. Zusätzlich wurden auf dem Wege des desk research unabhängige Produkttests, Werbeinformationen[40] und Fachbeiträge ausgewertet. Dieses Verfahren weist den Vorteil auf, bei beschränkten Kosten einen schnellen Überblick über denkbare Umweltkriterien zu erlangen. Allerdings besteht die Gefahr, nicht alle aus Abnehmersicht relevanten Kriterien zu extrahieren bzw. irrelevante aufzunehmen.[41] Um diese Gefahr zu vermeiden, wurden im nächsten Schritt explorative Konsumenteninterviews durchgeführt.

In **Tiefeninterviews** mit Konsumenten verschiedener Altersklassen wurde exploriert, welche ökologieorientierten Anforderungen grundsätzlich Relevanz besitzen. Dabei erfolgte in diesem Schritt eine Reduktion der aus den Expertenbefragungen sich ergebenden Kriterienanzahl anhand der artikulierten Nutzenbedeutung sowie der Zahl der Nennungen. Darüber hinaus sollte der Unabhängigkeitsprämisse der ökologieorientierten Produktanforderungen weitestgehend entsprochen werden, um Verzerrungen und Doppelzählungen zu vermeiden. Am Ende dieses zweistufigen Prozesses konnten die in Abbildung 6 aufgeführten ökologieorientierten Produktanforderungen ermittelt werden. Sie sind in Bezug auf die Präferenzbil-

---

[40] Inzwischen haben fast alle europäischen Hersteller in ihren Werbeprospekten ökologieorientierte Produkthinweise aufgenommen. Z.B. nennt Telefunken in seinem aktuellen Verkaufskatalog unter der Bezeichnung "Die Telefunken Umweltoffensive" allein 10 Umweltkriterien. Vgl. Thomson Consumer Electronics Sales GmbH (Hrsg.), TV-Video-Audio Katalog gültig ab Mai 1995, Hannover 1995 o.S.; AEG Hausgeräte GmbH (Hrsg.), Katalog Elektroherde, Dunstabzugshauben 1995, Nürnberg 1995, S. 2 f.; Bauknecht Hausgeräte GmbH (Hrsg.), Ballerina-Wäschetrockner: Kondensations- und Ablufttrockner, Stuttgart o.J., S. 3. Candy-Dime GmbH (Hrsg.), Candy Hausgeräte, Essen 1995, o.S. Üblich sind auch Anforderungshinweise für nähere Umweltinformationen; vgl. Panasonic Deutschland GmbH (Hrsg.), t.v.-video Katalog 1995, Hamburg 1995, S. 59; Miele & Cie. GmbH & Co. (Hrsg.), Elektro-Hausgeräte Exquisit, Gütersloh 1995, S. 28.

[41] Die Gefahren einer ausschließlichen Orientierung an Expertenurteilen zeigt eine Vergleichsstudie im Bereich Haushaltsgeräte auf. Es ergaben sich beträchtliche Diskrepanzen zwischen der Wichtigkeit allgemeiner Kaufanforderungen aus Konsumenten- und Herstellersicht. So wichen die Einschätzungen auf einer 5er-Skala (1=sehr wichtig, 5=unbedeutend) bis zum Höchstwert von 0,764 voneinander ab. Vgl. Ohlsen, G., Marketing-Strategien in stagnierenden Märkten, a.a.O., S. 120. Diesen Gedanken vertritt auch Wiedmann, wenn er sagt: "**Letztlich bleiben Märkte (i.w.S.) zentraler Bezugspunkt unternehmerischen Handelns**" (Hervorhebung im Original). Wiedmann, K.-P., Rekonstruktion des Marketingansatzes und Grundlagen einer erweiterten Marketingkonzeption, Stuttgart 1993, S. 49.

Ökologieorientierte Produktanforderungen	Bewertungsmöglichkeit durch den Konsumenten	Zuverlässigkeitsgrad der Beurteilung
• Mehrwegverpackung • gutes ökologieorientiertes Testurteil • niedriger Energieverbrauch • gutes Umweltimage des Herstellers/ der Marke • umweltorientierte Herstellerwerbung	Search Qualities	hoch
• hohe Reparaturfreundlichkeit • hohe Lebensdauer • lange garantierte Lieferbarkeit von Ersatzteilen • geringer Verpackungsaufwand • glaubwürdige Entsorgungsgarantie	Experience Qualities	
• gute Ökobilanzen des Herstellers	Credence Quality	niedrig

Abb. 6: Ökologieorientierte Produktanforderungen bei Elektrogeräten aus Konsumentensicht

dung als wünschenswerte ökologieorientierte Eigenschaften von Produkten aufzufassen.[42]

Generell bereitet die ökologieorientierte Qualitätseinschätzung von Produkten den Konsumenten offenkundig erhebliche Schwierigkeiten. Dieses belegt eine repräsentative Konsumentenbefragung, bei der 70 % der Befragten der Aussage zustimmten, daß ein Verbraucher gar nicht beurteilen kann, ob ein Produkt wirklich umweltfreundlich ist oder nicht.[43] Zur Erklärung für diese Beurteilungsschwierigkeiten können informationsökonomische Ansätze herangezogen werden.[44] Dabei werden Produktmerkmale nach den konsumentenseitigen Beurteilungsmöglichkeiten in die drei Klassen **Search-, Experience-** und **Credence-Qualities** eingeteilt.[45] Zuverlässig bereits vor einem Kauf zu beurteilende Produkteigenschaften, z.B. die Außenmaße eines Kühlschranks, werden als Search-Qualities be-

---

[42] Auf die Einbeziehung von Umweltzeichen, insbesondere des Blauen Umweltengels, ist bei dieser Untersuchung bewußt verzichtet worden, da weder die befragten Experten, noch die Konsumenten zum Befragungszeitpunkt den Umweltzeichen innerhalb den Produktkategorien Unterhaltungselektronik und Haushaltsgeräte eine besondere Relevanz bescheinigten. Im Gegensatz zu anderen Produktkategorien ist der Umweltengel für Elektrogeräte vergleichsweise spät eingeführt worden. So gibt es erst seit 1994 das Umweltzeichen für Arbeitsplatzcomputer, das erste Computer seit 1995 führen. Vgl. Umweltbundesamt (Hrsg.), Jahresbericht 1994, a.a.O., S. 292; Adamik, P., Kluge Designer denken mit, in: Handelsblatt vom 1.3. 1995, S. B 12; Westermann, B., "Blauer Engel" für Computer, in: Umweltmagazin, Heft 10/1995, S. 80. In anderen Produktkategorien konnte nachgewiesen werden, daß eine Markierung mit dem Umweltengel die Kooperationsbereitschaft des Handels erhöht. Vgl. Umweltbundesamt (Hrsg.), Berichte 8/90: Umweltschutz und Marketing, a.a.O., S. 145. Auch das 1993 verabschiedete EU-Umweltzeichen gilt für ausgewählte Elektroprodukte (z.B. Waschmaschinen, Geschirrspülmaschinen). In einer heutzutage durchzuführenden Befragung sollte das Umweltzeichen daher Berücksichtigung finden. Darüber hinaus wurde auf die Aufnahme eines Kriteriums "Lärmemissionen" verzichtet, da davon auszugehen ist, daß dieses Kriterium für den Unterhaltungselektronik weitgehend irrelevant ist und eine Vergleichbarkeit zu den Haushaltsgeräten gewahrt werden sollte. Zur empirischen Relevanz von Lärmemissionen bei Haushaltsgeräten am Beispiel von Staubsaugern vgl. Raffée, H., Förster, F., Krupp, W., Marketing und Lärmminderung: Ergebnisse einer Studie zum ökologieorientierten Konsumentenverhalten, Arbeitspapier Nr. 60 des Instituts für Marketing der Universität Mannheim, Mannheim 1988, S. 60.

[43] Vgl. GfK Marktforschung (Hrsg.), Öko-Marketing aus Verbrauchersicht, Nürnberg 1995, S. 23. In einer Studie aus dem Jahr 1992 bekundeten sogar mehr als 80 % der Befragten, daß eine Unterscheidung zwischen wirklich umweltfreundlichen Produkten und solchen, die nur vorgeben, umweltfreundlich zu sein, immer schwerer wird. Vgl. Kottmeier, C., Neunzerling, S., Werbewirkung von Öko-Kommunikation, in: planung und analyse, Heft 7, 1994, S. 19.

[44] Vgl. z.B. Kaas, K. P., Informationsprobleme auf Märkten für umweltfreundliche Produkte, in: Betriebswirtschaft und Umweltschutz, Wagner, G.R. (Hrsg.), Stuttgart 1993, S. 29 ff.

[45] Vgl. Darby, M.R., Karni, E., Free Competition and the Optimal Amount of Fraud, in: Journal of Law and Economics, Vol. 16, April 1973, S. 67 ff. Andere Systematisierungen unterscheiden nach beobachtbaren und derivaten Produktmerkmalen. Vgl. Kupsch, P. u.a., Die Struktur von Qualitätsurteilen und das Informationsverhalten von Konsumenten beim Kauf langlebiger Konsumgüter, a.a.O., S. 167.

zeichnet, während Experience-Qualities erst nach einer gewissen Nutzungserfahrung zutreffend beurteilt werden können. Credence-Qualities bieten keinerlei Möglichkeit zu einer verläßlichen Einschätzung durch den Konsumenten, da sie für ihn nicht beobachtbar sind.[46]

Bei einer Zuordnung der ökologieorientierten Produktanforderungen (vgl. Abbildung 6) in die drei Kategorien Search-, Experience- und Credence-Quality ist festzustellen, daß die ökologieorientierten Produktanforderungen in alle drei Gruppen fallen. Zu den Eigenschaften aus dem Bereich der **Search-Qualities** zählen eine wiederverwendbare Mehrwegverpackung, ein gutes ökologieorientiertes Testurteil in Fachzeitschriften[47], ein niedriger Energieverbrauch[48], ein gutes Umweltimage des Hersteller bzw. der Marke sowie die umweltorientierte Herstellerwerbung.[49] Demgegenüber können eine hohe Reparaturfreundlichkeit, eine hohe Lebensdauer, eine lange Lieferbarkeit von Ersatzteilen, ein geringer Verpackungsaufwand und eine glaubwürdige Entsorgungsgarantie zu den **Experience-Qualities** gerechnet werden. Die Konsumenten können aufgrund ihrer persönlichen (Nutzungs-)Erfahrung eine hinreichend qualifizierte Beurteilung dieser ökologieorientierten Produktanforderungen vornehmen.

Für Konsumenten müssen hingegen die in Ökobilanzen der Elektrohersteller getroffenen Positivaussagen als **Credence-Quality** bezeichnet werden. Aufgrund der z.T. sehr widersprüchlichen Auffassungen wissenschaftlicher Gutachter be-

---

[46] Als Beispiel für eine Experience-Quality wäre hier die Lärmemission eines Staubsaugers mit halbvollem Staubbeutel zu nennen. Die FCKW-Freiheit eines Kühlschranks zählt, wenn sie z.B. nicht anhand eines unabhängigen Öko-Labels bestätigt wird, zu den Credence-Qualities.

[47] So hat allein die Stiftung Warentest im Jahr 1994 elf verschiedene Elektrogerätekategorien hinsichtlich der ökologieorientierten Kriterien Stromverbrauch, Geräuschemissionen, Staubemissionen, Abfallverminderung, Recyclingfähigkeit, Wasserverbrauch und Strahlengefahr untersucht.

[48] Die Einordnung des Kriteriums Energieverbrauch als Search Quality ist gerechtfertigt, da zumindest für den Bereich der Haushaltsgeräte auf europäischer Ebene 1992 eine Rahmenrichtlinie "über die Angabe des Verbrauchs an Energie und anderen Ressourcen durch Haushaltsgeräte mittels einheitlichen Etiketten und Produktinformation" erlassen wurde, welche die bisher geübte Praxis, den Energieverbrauch auf den Geräten zu kennzeichnen, zwingend vorschreibt. Vgl. Lotz, H., Freiwilligkeit raus, in: BAG-Handelsmagazin, Heft 10, 1993, S. 22 f.

[49] Damit ist noch keine Aussage über die Glaubwürdigkeit der ökologieorientierten Werbeaktivitäten von Unternehmen getroffen, sondern lediglich darüber, daß die Konsumenten sich vor dem Kauf einen Wahrnehmungseindruck über die Werbung verschaffen können. Ökologieorientierte Werbung wird in der Regel sehr kritisch beurteilt. So besitzen nach einer Konsumentenstudie des Sample-Instituts aus dem Jahre 1994 nur 5 % der Unternehmen in Umweltfragen Glaubwürdigkeit, und keiner vertritt die Auffassung, daß Unternehmen die Wahrheit sagen. Vgl. o.V., Ökologische Kommunikationspolitik - alles Öko?, in: imug - Einsichten 1995, S. 11.

züglich umweltorientierter Bilanzierungsmethoden und -prämissen bestehen für Konsumenten ausgesprochen beschränkte Möglichkeiten zur Überprüfung von Öko-Bilanzen, so daß lediglich auf ihre Zuverlässigkeit vertraut werden kann.[50]

Ökologieorientierte Produkteigenschaften sind häufig als Experience- oder Credence-Qualities anzusehen, und können somit vom Konsumenten vor dem Kauf nicht überprüft und zuverlässig eingeschätzt werden. Damit steigt das beim Kauf von Elektrogeräten ohnehin aufgrund der Anschaffungspreishöhe und der langen Bindungsdauer nach dem Kauf als hoch wahrgenommene Kaufrisiko.[51] Wird angenommen, daß sich die Konsumenten dieser Tatsache bewußt sind und sie ihr wahrgenommenes Kaufrisiko reduzieren wollen, so läßt sich für den Stellenwert ökologieorientierter Produktanforderungen im Präferenzbildungsprozeß folgende Tendenzhypothese[52] ableiten:

Hyp Prod 1   Je zuverlässiger Konsumenten ökologieorientierte Produkteigenschaften einschätzen können, desto höher ist ihr Stellenwert bei der Präferenzbildung.

Des weiteren unterscheiden sich die im Anforderungskatalog aufgeführten Kriterien auch hinsichtlich ihrer Bedeutung für individuelle und soziale Nutzengrößen. Ökologieorientierte Produktmerkmale von Elektrogeräten können nach dem

---

[50] Vgl. Umweltbundesamt (Hrsg.), Ökobilanzen für Produkte: Bedeutung - Sachstand - Perspektiven, Berlin 1992; o.V., Der Konflikt über die Ökobilanzen geht in die nächste Runde, in: FAZ vom 27.1. 1995, S. 15; o.V., Umweltbundesamt setzt sich im Streit um Ökobilanzen zur Wehr, in: FAZ vom 3.5. 1995, S. 18; Rominski, D., Wie zuverlässig sind Analysen und Bilanzen?, in: asw, Heft 8, 1991, S. 34 ff.; o.V., Merkels Annahmen unrealistisch, in: HB vom 24.7.1995, S. 4.

[51] Wahrgenommenes Kaufrisiko entsteht aus dem Spannungsverhältnis der Konsumenten, ein bestimmtes Produkt kaufen zu wollen, andererseits aber finanzielle, soziale, physische, funktionale und psychologische Nutzeneinbußen aus dem Kauf befürchten Vgl. Katz, R., Informationsquellen der Konsumenten, Wiesbaden 1983, S. 79. Zum Kaufrisiko bei ökologieorientierten Produkten Adelt, P., Bach, D., Wahrgenommene Kaufrisiken bei ökologisch gestalteten Produkten - dargestellt am Produktbereich Waschmittel, in: Markenartikel, Heft 4, 1991, S. 148 ff.; Monhemius, K. Ch., Umweltbewußtes Kaufverhalten von Konsumenten, a.a.O., S. 128 f.

[52] Hypothesen repräsentieren Vermutungen über eine strukturelle Beschaffenheit der Realität. Je nach Bewährungsgrad sind drei Arten von Hypothesen zu unterscheiden. **Nomologische Hypothesen** kennzeichnen theoretische Aussagen, die sich allgemein bewährt haben und quasi Gesetzescharakter besitzen. **Empirische Hypothesen** sind in einem frühen Stadium der theoretischen Forschung anzutreffen und sind bereits empirisch getestet, ohne allerdings eine weitergehende theoretische Fundierung aufzuweisen. Als **plausible Hypothesen** können theoretisch begründete Hypothesen bezeichnet werden, die bisher weitgehend ungeprüft sind. Vgl. Schanz, G., Methodologie für Betriebswirte, a.a.O., S. 27 f. Die Hypothesen dieser Arbeit sind aufgrund ihres explorativen Charakters als plausible Hypothesen einzustufen.

Schwerpunkt ihrer **Nutzenwirkung** grundsätzlich in zwei Klassen eingeteilt werden:

- Produktmerkmale mit Individual- und Sozialnutzen sowie

- Produktmerkmale mit vorrangigem Sozialnutzen.

In die erste Kategorie fallen z.b. wasser- und stromsparende Waschmaschinen. So belegen detaillierte Musterberechnungen für derartige Haushaltsgeräte eine schnelle Amortisation höherer Anschaffungskosten.[53] Demgegenüber bewirkt eine Mehrwegverpackung keine unmittelbare Steigerung des Individualnutzens, sondern lediglich einen sozialen Nutzen aufgrund der Ressourcenschonung. Sie kann daher der zweiten Kategorie zugerechnet werden. Wird auf Konsumentenseite ein zunächst primär an individuellen Nutzengrößen und erst sekundär am sozialen Nutzen orientiertes Kaufverhalten unterstellt[54], so ergibt sich folgende Tendenzhypothese:

Hyp Prod 2 Je höher der von einer ökologieorientierten Produktanforderung ausgehende Individualnutzen ist, desto höher ist ihre Wichtigkeit für die Präferenzbildung.

1.1312 Ökologieorientierte Geschäftsanforderungen

Bei der Ermittlung umweltbezogener Geschäftsanforderungen wurde analog zur Ableitung ökologieorientierter Produktanforderungen vorgegangen und mittels Expertengesprächen sowie Tiefeninterviews ein geeigneter Anforderungskatalog zusammengestellt (vgl. Abbildung 7).[55] Die auf diesen Dimensionen von den Konsumenten wahrgenommenen Merkmalsausprägungen eines Geschäfts bzw. einer Vertriebsform[56] sind als **wahrgenommene Umweltkompetenz** zu interpretieren.

---

[53] Vgl. Puder, M., Umwelt-ABC, a.a.O., S. 52 - 65.

[54] Vgl. hierzu Abschnitt 3 in Kapitel A.

[55] Mit Blick auf die Zielsetzung der Untersuchung findet eine Beschränkung auf absatzmarktgerichtete Geschäftsanforderungen statt. Darüber hinausgehende beschaffungsmarktgerichtete Umweltanforderungen an Geschäfte bleiben somit unberücksichtigt.

[56] Der Begriff "Vertriebsform" soll synonym zum Begriff "Betriebsform" verwendet werden. Von Betriebsformen wird im allgemeinen gesprochen, wenn Handelsbetriebe in ihren konstitutiven Merkmalen Sortimentstiefe, Selbstbedienungsgrad, Servicegrad, Flächengröße und Standortlage als gleichartig anzusehen sind. Vgl. zur Abgrenzung von Betriebsformen Ausschuß für Begriffsdefinitionen aus der Handels- und Absatzwirtschaft (Hrsg.), Katalog E - Begriffsdefinitionen aus der Handels- und Absatzwirtschaft, 4. Aufl., Köln 1995, S. 41.

Ökologieorientierte Geschäftsanforderungen	Gesamtbeitrag zur Reduktion des ökologischen Kaufrisikos	Beurteilungskriterien der Risikoreduktion		
		Individualisierungsgrad	Produktbezug	Nähe zum Kaufzeitpunkt
• breite Auswahl umweltfreundlicher Geräte	hoch	gering	hoch	hoch
• Hinweis auf umweltfreundliche Geräte im Beratungsgespräch	hoch	hoch	hoch	hoch
• Hervorhebung umweltfreundlicher Geräte im Regal	hoch	gering	hoch	hoch
• Zusammenstellung umweltfreundlicher Geräte in einer "Öko-Ecke"	hoch	gering	hoch	hoch
• Ladengestaltung als "Öko-Geschäft"	gering	gering	gering	gering
• Umweltorientierte Aktionen	gering	mittel	mittel	gering
• Angebot gebrauchter Elektrogeräte	gering	gering	hoch	gering
• Hervorhebung umweltfreundlicher Geräte in der Werbung	gering	gering	hoch	gering
• Überprüfung und Garantie fachkundiger Entsorgung	hoch	hoch	hoch	hoch
• Angebot umweltorientierter Services	gering	hoch	gering	gering

Abb. 7: Ökologieorientierte Geschäftsanforderungen aus Konsumentensicht

Heinemann weist darauf hin, daß die wahrgenommene Fachkompetenz ein zentraler Baustein der konsumentengerichteten Betriebstypenprofilierung ist.[57] Analog ist unter der wahrgenommenen Umweltkompetenz die von den Konsumenten subjektiv eingeschätzte Fähigkeit eines Geschäfts zur Lösung ökologischer Fragestellungen zu verstehen. Sie kann damit grundsätzlich als Selektionskriterium bei der Einkaufsstättenwahl Relevanz besitzen.[58] Dabei ist zu beachten, daß die wahrgenommene Umweltkompetenz Ergebnis von zeitaufwendigen Lernprozessen der Konsumenten ist und daher nicht kurzfristig beeinflußbar ist.

Es wurde bereits gezeigt, daß Konsumenten erhebliche Risiken bei der Einschätzung der Umweltqualität von Elektroprodukten wahrnehmen.[59] Vor diesem Hintergrund streben sie durch eine intensive Nutzung von Informationsquellen nach der Reduktion ihres wahrgenommenen Kaufrisikos.[60] Es kann daher vermutet werden, daß der Handel mit seinen konsumentengerichteten Leistungen als nicht unternehmenskontrollierte Informationsquelle neben unabhängigen Warentests einen maßgeblichen Anteil bei der Reduktion des wahrgenommenen ökologischen Risikos einnimmt.[61] Dabei fällt die Reduktion des wahrgenommenen ökologischen Kaufrisikos tendenziell um so höher aus, je individualisierter der Konsument vom Handel angesprochen wird, je höher der konkrete Produktbezug ist und je näher die ökologieorientierte Handelsleistung dem geplanten Kaufzeitpunkt ist. Diese Reduktionstendenzen lassen sich jeweils mit einem höheren Konkretisierungsgrad begründen.

---

[57] Vgl. Heinemann, G., Betriebstypenprofilierung und Erlebnishandel, a.a.O., S. 113 ff. Betriebstypen sind Sub-Typen einer Betriebsform und weisen unterschiedliche Akzentsetzungen hinsichtlich der konstitutiven Merkmale auf. Vgl. derselbe, a.a.O., S. 14

[58] Vgl. Schuster, R., Umweltorientiertes Konsumentenverhalten in Europa, Hamburg 1992, S. 40 f.; imug e.V. (Hrsg.), Umweltlogo im Einzelhandel: Machbarkeitsstudie, Hannover 1993, S. 19. Eine Panel-Studie der GfK aus dem Jahre 1992, nach der eine als Ökologen bezeichnete Gruppe von Konsumenten annähernd dreimal öfter in Bioläden und Reformhäusern einkauft als der Durchschnitt, bestätigt dieses. Vgl. GfK Panel Services (Hrsg.), Ernährungsstudie, Nürnberg o.J., o.S. Zur Analyse des Einkaufsstättenwahlverhaltens eignet sich grundsätzlich eine prozeßbezogene Analyse. Vgl. Heinemann, M., Einkaufsstättenwahl und Firmentreue des Konsumenten: Verhaltenswissenschaftliche Erklärungsmodelle und ihr Aussagewert für das Handelsmarketing, Diss., Münster 1974, S. 101.

[59] Vgl. Abschnitt 1.1311 in diesem Kapitel.

[60] Vgl. Kupsch, P. u.a., Die Struktur von Qualitätsurteilen und das Informationsverhalten von Konsumenten beim Kauf langlebiger Konsumgüter, Opladen 1978, S. 105 und 158 f.

[61] Diese Hypothese stellt eine Weiterentwicklung der Rolle des Handels bei der Risikoreduktion allgemeiner Produktrisiken bei Elektroprodukten dar. Dort nimmt die Beratung im Handel den wichtigsten Stellenwert ein. Vgl. Kupsch, P. u.a., Die Struktur von Qualitätsurteilen und das Informationsverhalten von Konsumenten beim Kauf langlebiger Konsumgüter, a.a.O., S. 106 ff.

Die zu untersuchenden ökologieorientierten Geschäftsanforderungen lassen sich anhand dieser drei Kriterien hinsichtlich ihres Beitrages zur Reduktion des wahrgenommenen ökologischen Kaufrisikos in zwei Klassen einteilen.[62] Zu den Geschäftsleistungen, die eine hohe Reduktion des ökologischen Kaufrisikos bewirken können, zählen eine breite Auswahl umweltfreundlicher Geräte, der Hinweis auf umweltfreundliche Geräte im Beratungsgespräch[63], die Hervorhebung von Umweltprodukten im Regal, die Zusammenstellung umweltfreundlicher Geräte in einer Öko-Ecke sowie die Garantie einer fachkundigen Entsorgung.[64] Eher geringe Reduktionsbeiträge können der Ladengestaltung als "Öko"-Geschäft, ökologieorientierten Aktionen, dem Angebot gebrauchter Elektrogeräte, der Hervorhebung umweltfreundlicher Geräte in der Werbung und dem Angebot umweltorientierter Services[65] beigemessen werden. Vor diesem Hintergrund ist folgende Hypothese zu untersuchen:

Hyp Gesch 1   Je größer der Beitrag einer ökologieorientierten Geschäftsanforderung für die Reduktion des wahrgenommenen ökologischen Kaufrisikos ist, desto höher ist die Wichtigkeit dieser Geschäftsanforderung für die Präferenzbildung bei der Einkaufsstättenwahl.

Um Ausgestaltungshinweise für die ökologieorientierte Absatzmittlerselektion im vertikalen Marketing zu erhalten, ist es aus Herstellersicht von besonderer Bedeutung zu erkennen, inwieweit Konsumentensegmente mit weitgehend einheitlichen ökologieorientierten Produktanforderungen sich hinsichtlich ihrer ökologieorientierten Geschäftsanforderungen unterscheiden. Bei einer idealtypischen Einteilung ökologieorientierter Anforderungsprofile der Konsumenten an Produkte

---

[62] Dabei wird angenommen, daß ein hoher Reduktionsbeitrag dann vorliegt, wenn wenigstens bei zwei der drei Beurteilungskriterien eine hohe Bewertung gegeben ist. Die Beurteilung der ökologieorientierten Geschäftsanforderungen nach den drei genannten Kriterien in Abbildung 7 erfolgte anhand von Plausibilitätsüberlegungen, die im Rahmen von Expertengesprächen und qualitativen Interviews validiert wurden.

[63] An dieser Stelle sei darauf hingewiesen, daß die ökologieorientierte Sortiments- und Beratungskompetenz eines Elektrogeschäftes durchaus auseinanderfallen können. Dieses tritt z.B. dann auf, wenn der Einkäufer mit einem hohen ökologieorientierten Know-how die Listungsentscheidung trifft, der Verkäufer in produktbezogenen Umweltfragen jedoch nicht geschult ist.

[64] Diese Services des Handels finden unmittelbar zum Kaufzeitpunkt statt. Dieses gilt auch für die Entsorgungsgarantie, die regelmäßig für Altgeräte bei Neukauf in Anspruch genommen wird.

[65] Umweltorientierte Services stellen ein recht heterogenes Betrachtungsobjekt dar. Bei der Einschätzung des Risikoreduktionsbeitrages ist daher - wie im Fragebogen auch - vom Beispiel der Verbrauchsmessungen beim Kunden zu Hause ausgegangen worden.

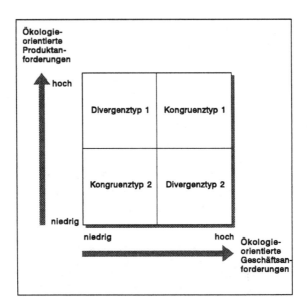

Abb. 8: Konsumententypologie nach ökologieorientierten Produkt- und Geschäftsanforderungen

einerseits und Einkaufsstätten andererseits können theoretisch vier unterschiedliche Grundhaltungstypen abgeleitet werden (vgl. Abbildung 8).

Divergenztypen liegen vor, wenn einseitig eine hohe ökologieorientierte Produktqualität bei einem geringen Anforderungsprofil hinsichtlich des Umweltengagements der Geschäfte oder ein hohes Umweltengagement der Einkaufsstätte und gleichzeitig eine vergleichsweise geringe Umweltqualität der Elektrogeräte verlangt wird. Dabei lassen sich Konsumenten des Divergenztyps 1 in ihrem Kaufverhalten von der Einschätzung leiten, daß angesichts langer Nutzungsdauern von Elektrogeräten die Umweltrelevanz der Einkaufsstättenwahl zu vernachlässigen ist. Andererseits ist die Annahme plausibel, daß Konsumenten des Divergenztyps 2 Elektrogeräte nicht nur hinsichtlich traditioneller sondern auch hinsichtlich ökologieorientierter Merkmale als austauschbar ansehen, während ihnen z.B. aus Altersgründen ein Altgeräteabholservice der Einkaufsstätte besonders wichtig ist.

Kongruenztypen zeichnen sich demgegenüber dadurch aus, daß sie ein durchgängig hohes bzw. durchgängig niedriges Anspruchsniveau hinsichtlich der ökologieorientierten Leistung von Produkten und Geschäften bekunden. Dabei könnte der Kongruenztyp 1 z.b. aus allgemeinem Verantwortungsgefühl der Umwelt gegenüber sowohl bei der Produkt- als auch bei der Einkaufsstättenwahl ein überdurchschnittlich hohes ökologieorientiertes Anforderungsprofil zugrunde legen. Beim Kongruenztyp 2 hingegen besitzen ökologieorientierte Produkt- und Geschäftsanforderungen lediglich eine untergeordnete Relevanz.

Die kombinatorischen Überlegungen bezüglich ökologieorientierter Produkt- und Geschäftsanforderungen führen zu folgender Hypothese:

Hyp Gesch 2 Nach den Bedeutungseinschätzungen ökologieorientierter Produkt- und Geschäftsanforderungen lassen sich zwei Kongruenz- und zwei Divergenztypen ermitteln. Während sich die Kongruenztypen bei den ökologieorientierten Produkt- und Geschäftsanforderungen durch ein durchgängig hohes bzw. niedriges Anforderungsniveau auszeichnen, räumen die Divergenztypen entweder den ökologieorientierten Produktanforderungen oder den ökologieorientierten Geschäftsanforderungen eine überdurchschnittliche Wichtigkeit ein.

1.132 Zentrale Einflußfaktoren ökologieorientierter Produkt- und Geschäftsanforderungen

Für eine ökologieorientierte Profilierung im vertikalen Marketing reicht die alleinige Kenntnis ökologieorientierter Produkt- und Geschäftsanforderungen nicht aus. Vielmehr ist aus entscheidungsorientierter Sicht zu untersuchen, inwieweit die ökologieorientierten Produkt- und Geschäftsanforderungen durch generelle Produkt- und Geschäftsanforderungen zu relativieren sind und welche Faktoren die Ausprägung ökologieorientierter Anforderungen beeinflussen.

1.1321 Generelle Produkt- und Geschäftsanforderungen

In Abbildung 9 sind die im Rahmen dieser Untersuchung analysierten generellen Produkt- und Geschäftsanforderungen im Elektrobereich zusammengefaßt. Hinsichtlich ihrer Identifikation und Operationalisierung konnte auf eine branchenübergreifende Studie aus dem Jahre 1985 zurückgegriffen werden.[66]

---

[66] Vgl. Windhorst, K.-G., Wertewandel und Konsumentenverhalten, a.a.O., S. 130 und 133.

Generelle Produktanforderungen	Generelle Geschäftsanforderungen
• hohe Qualität • angesehener Markenname • günstiger Preis • Zuverlässigkeit • **Umweltfreundlichkeit** • ansprechendes Design • in Deutschland hergestellt • technisch auf dem neuesten Stand • einfache Bedienung • umfassende Garantieleistungen	• breites Sortiment / gute Auswahl • übersichtliche Warenpräsentation • niedriges Preisniveau • angenehme Atmosphäre • fachlich gute Beratung • freundliches Personal • attraktive Geschäftsräume • unverwechselbarer Stil • **Umweltschutz-Anstrengungen des Geschäfts** • guter Kundendienst • moderne Aufmachung • große Verkaufsfläche • bequem erreichbarer Standort • gute Parkmöglichkeiten

Abb. 9: Generelle Produkt- und Geschäftsanforderungen aus Konsumentensicht

Bei der Übertragung auf die Elektrobranche war es jedoch notwendig, die seinerzeit verwendeten generellen Produkt- und Geschäftsanforderungen in Expertengesprächen und Tiefeninterviews mit Konsumenten kritisch zu überprüfen. Hierbei zeigte sich, daß einige Anforderungen zu ergänzen, neu zu formulieren bzw. zu kürzen waren.[67]

Generelle Produkt- und Geschäftsanforderungen stehen häufig in einem Konkurrenzverhältnis zu den ökologieorientierten Produkt- und Geschäftsanforderungen.[68] So führen beispielsweise die umfangreichen Einstellmöglichkeiten umweltfreundlicher Waschmaschinen zu einer Erhöhung der Bedienungskomplexität oder die Vergrößerung der Wandstärken bei Kühlschränken nicht nur zu einem geringeren Energieverbrauch, sondern bei standardisierten Außenmaßen zugleich auch zu einem verringerten Nutzungsvolumen.

Auf diesen zentralen Nutzenkonflikt wird die in einigen Bereichen, wie z.B. bei Automobilen, eher schleppend verlaufende Verbreitung umweltfreundlicherer Produkte zurückgeführt.[69] Trotz des in den letzten Jahren angestiegenen Umweltbewußtseins[70] sind daher folgende Hypothesen aufzustellen:

Hyp Gen 1 In der Mehrzahl der Segmente übertreffen traditionelle Produktanforderungen das Kriterium „Umweltfreundlichkeit" hinsichtlich ihrer Wichtigkeit.

---

[67] Umbenannt wurden bei den **Produktanforderungen** die Items "Pestige/Image" und "Bequemlichkeit", die jetzt "angesehene Marke" und "einfache Bedienung" lauten. Nicht aufgenommen wurde das Item "Sicherheit", weil ein sicherer Betrieb von Elektrogeräten als notwendige Bedingung für die Präferenzbildung aufzufassen ist. Neu hinzugekommen ist die Variable "umfassende Garantieleistungen", da entsprechende Profilierungsbestrebungen im Elektromarkt zu verzeichnen sind. Das Kriterium "Energieeinsparungen" wurden unter "Wirtschaftlichkeit" subsumiert. Bei den **Geschäftsanforderungen** wurden die Kriterien „Preisgünstigkeit" und „viele Sonderangebote" zu „niedriges Preisniveau" zusammengefaßt, während im Zuge des Erlebnishandels neu aufgenommen wurden: "Attraktivität der Geschäftsräume", "unverwechselbarer Stil", "Umweltschutzanstrengungen des Geschäfts", "eine natürliche, ökologische Ladengestaltung", "bequem erreichbarer Standort" und "gute Parkmöglichkeiten".

[68] Vgl. Herker, A., Eine Erklärung des umweltbewußten Konsumentenverhaltens, a.a.O., S. 150; Meffert, H., Umweltbewußtes Konsumentenverhalten, a.a.O., S. 51.

[69] Vgl. Meffert, H., Umweltbewußtes Konsumentenverhalten, a.a.O., S. 52; Bänsch, A., Marketingfolgerungen aus den Gründen für den Nichtkauf umweltfreundlicher Konsumgüter, a.a.O., S. 371.

[70] Zeitvergleiche zur Veränderung des Umweltbewußtseins finden sich bei: Meffert, H., Bruhn, M., Das Umweltbewußtsein von Konsumenten, a.a.O., S. 8 ff.; Wimmer, F., Der Einsatz von Paneldaten zur Analyse des umweltorientierten Kaufverhaltens von Konsumenten, in: UWF, Heft 1, 1995, S. 29.

Hyp Gen 2 In der Mehrzahl der Segmente übertreffen traditionelle Geschäftsanforderungen das Kriterium „Umweltschutz-Anstrengungen des Geschäfts" hinsichtlich ihrer Wichtigkeit.

Darüber hinaus ist zu vermuten, daß Konsumenten mit hoher Wichtigkeitseinschätzung bei den generellen Produkt- und Geschäftsanforderungen eine entsprechend hohe Bedeutung auch den ökologieorientierten Produkt- und Geschäftsanforderungen beimessen. Diese Hypothese begründet sich aus dem individuell unterschiedlich ausgeprägten Produktinvolvement. Produktinvolvement[71] wird als objektgerichteter Aktivierungsgrad einer Person verstanden, der die Informationsaufnahme, -verarbeitung und -speicherung von Konsumenten während des Kaufentscheidungsprozesses maßgeblich determiniert.[72] Vor diesem Hintergrund ist es plausibel anzunehmen, daß Personen mit einem hohen Produktinvolvement nicht nur den generellen, sondern auch den ökologieorientierten Produkt- und Geschäftsanforderungen einen hohen Stellenwert beimessen. Bei geringer involvierten Konsumenten ist sowohl für die generellen als auch die ökologieorientierten Anforderungen ein geringeres Anspruchsniveau zu erwarten. Insofern sind folgende Tendenzhypothesen zu überprüfen:

Hyp Gen 3 Je höher die Wichtigkeit der generellen Produktanforderungen als Kaufkriterien eingeschätzt werden, desto höher wird die Wichtigkeit der ökologieorientierten Produktanforderungen eingestuft.

Hyp Gen 4 Je höher die Wichtigkeit der generellen Geschäftsanforderungen als Kaufkriterien eingeschätzt werden, desto höher wird die Wichtigkeit der ökologieorientierten Geschäftsanforderungen eingestuft.

---

[71] Der Begriff "Involvement" wurde 1965 von Krugman in die Kaufverhaltensforschung eingeführt. Vgl. Krugman, H.E., The Impact of Television Advertising: Learning without Involvement, in: POQ, No. 29, 1965, S. 349 ff. Vgl. zu neueren Ergebnissen der Involvementforschung auch Deimel, K., Grundlagen des Involvement und Anwendung im Marketing, in: Marketing ZFP, Heft 3, 1989, S. 153; Celsi, R.L., Olson, J.C., The Role of Involvement in Attention and Comprehension Processes, in: JoCR, Vol. 15, 1988, S. 211; Kroeber-Riel, W., Konsumentenverhalten, a.a.O., S. 371 ff.. Zu einem Vergleich unterschiedlicher Involvement-Konzepte vgl. Laaksonen, P., Consumer Involvement: Concepts and Research, London, New York 1994, S. 70 ff.

[72] Bei einer empirischen Untersuchung verschiedener Produktarten wiesen **Elektrogeräte** die höchste Involvementausprägung auf. Vgl. Kapferer, J.-N., Laurent, G., Consumer Involvement Profiles: A New Practical Approach to Consumer Involvement, in: JoAR, Vol. 25, No. 6, December 1985/January 1986, S. 51. Zieht man zur Operationalisierung des Involvements das Produktinteresse heran, wie Bleicker dies tut, so weisen Elektrogeräte nach neuesten Untersuchungen lediglich einen mittleren Involvementgrad auf. Vgl. TdW Intermedia GmbH & Co.KG (Hrsg.), Typologie der Wünsche 1995: Methodenbeschreibung, Codeplan, Grundzählung, Frankfurt am Main 1995, S. 6 f. Vgl. Bleicker, U., Produktbeurteilung von Konsumenten: Eine psychologische Theorie der Informationsverarbeitung, Würzburg, Wien 1983, S. 173.

1.1322 Ökologieorientiertes Wissen

Als psychographischer Einflußfaktor mit direktem Ökologiebezug soll das **ökologieorientierte Wissen** der Konsumenten untersucht werden, um zu ermitteln, inwieweit die ökologieorientierten Produktanforderungen durch das Wissen um ökologieorientierte Probleme bei Elektrogeräten beeinflußt werden. Aufgrund des stark kognitiv gesteuerten Kaufentscheidungsprozesses kann angenommen werden, daß mit zunehmendem ökologieorientierten Wissen die ökologieorientierten Produktanforderungen steigen.[73]

In einem solchen Fall könnte durch ökologieorientierte Kommunikationsaktivitäten in Form von Verbraucheraufklärung die Wissensbasis verbessert und damit eine stärkere Kaufverhaltensrelevanz ökologieorientierter Produktanforderungen erreicht werden. Somit ist folgende Tendenzhypothese zu untersuchen:

Hyp Wiss   Mit zunehmendem Wissen um ökologische Probleme bei Elektrogeräten steigt die Wichtigkeit ökologieorientierter Produktanforderungen für die Präferenzbildung.

Die Operationalisierung des ökologieorientierten Wissens der Konsumenten erfolgt als Kombination von ungestützter Befragung einerseits, bei der die Konsumenten mittels einer 4er-Skala[74] aufgefordert werden, zu erklären, ob sie Elektroprodukte mit Umweltproblemen in Verbindung bringen. Andererseits wird im Anschluß an die ungestützte Frage offen nach den konkret bekannten Umweltproblemen gefragt, um zu überprüfen, inwieweit die Konsumenten tatsächlich über ökologieorientiertes Wissen bei Elektrogeräten verfügen.

---

[73] Vgl. Monhemius, K. Ch., Umweltbewußtes Kaufverhalten von Konsumenten, a.a.O., S. 183; Herker, A., Eine Erklärung des umweltbewußten Konsumentenverhaltens, a.a.O., S. 12; Schuster, R., Umweltorientiertes Konsumentenverhalten in Europa, a.a.O., S. 33; van Raaij, W.F., Das Interesse für ökologische Probleme und Konsumverhalten, a.a.O., S. 363.

[74] Die Antwortkategorien auf die Frage "Haben Sie schon mal etwas davon gehört oder gelesen, daß solche Produkte ... mit Umweltproblemen in Verbindung gebracht worden sind?" lauten: "Ja, auf jeden Fall"; "ja, vielleicht"; "nein, eigentlich nicht" und "nein, auf keinen Fall". Vgl. Frage 1 im Konsumentenfragebogen.

1.1323 Umweltbewußtes Verhalten

Im Rahmen einer verhaltensorientierten Analyse lassen sich Indikatoren ermitteln, die aus beobachtbarem Verhalten der Befragten Rückschlüsse auf die Ausprägung der ökologieorientierten Produkt- und Geschäftsanforderungen ermöglichen. Die Annahme, nach der das Verhalten von Konsumenten ihre Einstellungen beeinflußt, ist als Betrachtungsperspektive in der Kaufverhaltensforschung relativ neu. Allerdings sind inzwischen zahlreiche Anwendungsfälle empirisch untersucht worden, bei denen eine Kausalbeziehung zwischen dem Verhalten als unabhängige und Einstellungen als abhängige Variable nachgewiesen werden konnte.[75]

An diesem Punkt ist darauf hinzuweisen, daß verhaltensbezogene Kriterien den Nachteil haben, relativ aufwendig in der Erhebung zu sein. Diese Tatsache trifft auch auf die ökologieorientierte Verwendung von Elektroprodukten zu.[76] Daher soll die vergleichsweise unproblematisch zu erfassende **Art der Verpackungsentsorgung** Einblick in das Umweltverhalten der Konsumenten bei Elektroprodukten geben. Dabei kommen grundsätzlich fünf Alternativen zur Verpackungsentsorgung bei Elektrogeräten in Frage.[77]

Denkbar ist, daß die Käufer die Verpackungen für eventuelle Garantie- bzw. Reparaturfälle aufbewahren. Ferner besteht die Möglichkeit, die Verpackungen im Geschäft zu lassen oder bei der Aufstellung dem Monteur zurückzugeben. Einen vergleichsweise hohen persönlichen Aufwand betreibt ein Konsument, der die Verpackung nach Bestandteilen sortiert und dann getrennt, z.B. über Papiercontainer, entsorgt. Auf wenig Umweltbewußtsein ist hingegen zu schließen, wenn der Konsument die Verpackung komplett in die Mülltonne gibt. Als noch verbleibende Alternative ist die Entsorgung über die Sperrmüllsammlung zu sehen. Zusammenfassend läßt sich folgende Hypothese formulieren:

Hyp Verp   Je mehr die Konsumenten bereit sind, eine nach Stofffraktionen getrennte Entsorgung in Kauf zu nehmen, desto höher sind die ökologieorientierten Produktanforderungen ausgeprägt.

---

[75] Vgl. Kroeber-Riel, W., Konsumentenverhalten, a.a.O., S. 166 ff.

[76] Die Meßprobleme liegen u.a. darin begründet, daß die Verwendung von Elektrogeräten überwiegend in Privathaushalten stattfindet und daher eine langfristige Beobachtung im Haushalt erforderlich wäre, um das ökologieorientierte Benutzerverhalten zu analysieren.

[77] Von der Rückgabe der in der Elektrobranche bisher wenig verbreiteten Mehrwegverpackungen wurde abgesehen.

1.1324 Einfluß der Produktkategorie

Angesichts des breiten Produktspektrums in der Elektrobranche stellt sich schließlich die Frage, inwieweit der ökologieorientierte Präferenzbildungsprozeß bei Elektrogeräten von der Produktkategorie beeinflußt wird. Dabei soll entsprechend den Usancen innerhalb der Elektrobranche nach Geräten der Unterhaltungselektronik und Haushaltsgeräten unterschieden werden. Sollte ein deutlicher Einfluß der Produktkategorie auf die ökologieorientierten Produkt- und Geschäftsanforderungen nachweisbar sein, so hätte dies insbesondere für breit diversifizierte Elektrogerätehersteller und den diversifizierten Fachhandel[78] mit sowohl Unterhaltungselektronik- als auch Haushaltsgerätesortiment die Notwendigkeit zur Entwicklung produktkategoriespezifischer Umweltprofilierungskonzepte zur Folge. Hierdurch gehen aus Hersteller- aber auch aus Handelssicht wertvolle Standardisierungsvorteile, z.B. in der Produkt- und der Kommunikationspolitik, verloren.

Für die Vermutung, daß die ökologieorientierten Produkt- und Geschäftsanforderungen durch die Produktkategorie beeinflußt werden, spricht eine unterschiedliche objektive Umweltrelevanz, z.B. bei Produktion und Herstellung der Geräte.[79] Diese könnte bei den Konsumenten zu einer unterschiedlich wahrgenommenen Umweltrelevanz und schließlich zu produktspezifischen Umweltanforderungen führen. Demgegenüber lassen sich für eine aus Konsumentensicht homogene Beurteilung zahlreiche Gemeinsamkeiten hinsichtlich der Nutzungsdauer, der Kaufzyklen und der Verwendungszwecke sowie -orte anführen. Zum Einfluß der Produktkategorie[80] auf ökologieorientierte Produkt- und Geschäftsanforderungen existieren bisher keinerlei Forschungsergebnisse. Die generelle Qualitätsbeurteilung und Markentreue bei Elektrogeräten sowie die Einkaufsstättentreue wird

---

[78] Schätzungen gehen davon aus, daß dem diversifizierten Elektrofachhandel ca. 5000 Betriebe mit 5,5 Mrd. DM Jahresumsatz angehören. Vgl. BBE (Hrsg.), Branchenreport Unterhaltungselektronik, a.a.O., S. 128.

[79] Sehr deutlich wird dieses beim Vergleich von Elektrokleingeräten, z.B. Rührmixern, und Elektrogroßgeräten, z.B. Tiefkühltruhen.

[80] Eine Operationalisierung des Produktkategorieeinflusses erfolgt mittels der Split-Half-Technik. Hierbei wird die Befragung hälftig geteilt, wobei sich die eine Hälfte auf Geräte der Unterhaltungselektronik erstreckt, während die andere Haushaltsgeräte zum Gegenstand hat. Die erhobenen Variablen und Skalen gelangen innerhalb der beiden Subsamples abgesehen von leichten sprachlichen Modifikationen unverändert zum Einsatz. Vgl. Lienert, G.A., Testaufbau und Testanalyse, 3. Aufl., Weinheim, Berlin, Basel 1969, S. 15 f.

empirischen Untersuchungen zufolge nicht von der Produktkategorie beeinflußt.[81] Daher soll von den folgenden konservativen Hypothesen ausgegangen werden:

Hyp Kat 1 Bei der Präferenzbildung legen die Konsumenten ein übereinstimmendes ökologieorientiertes Anforderungsraster bei Haushaltsgeräten und Geräten der Unterhaltungselektronik an.

Hyp Kat 2 Die von den Konsumenten gestellten ökologieorientierten Geschäftsanforderungen unterscheiden sich bei Geräten der Unterhaltungselektronik und Haushaltsgeräten nicht.

1.133 Variablen zur Segmentbeschreibung

Während die Analyse von Einflußfaktoren der ökologieorientierten Produkt- und Geschäftsanforderungen zur Aufdeckung kausaler Zusammenhänge dient, hat die Segmentbeschreibung überwiegend deskriptiven Charakter. Zur Segmentbeschreibung sollen neben sozio-demographischen Kriterien weitere produkt- und einkaufsstättenbezogene Variablen herangezogen werden. Ihre Erhebung dient dazu, die Identifizierung und Ansprechbarkeit der gebildeten Segmente zu erhöhen und eine Abschätzung des segmentspezifischen Absatzpotentials zu ermöglichen.

Als **soziodemographische Merkmale** zur Beschreibung ökologieorientierter Konsumentensegmente kommen u.a. das Geschlecht, das Alter, die Schulbildung die Herkunft aus den alten bzw. neuen Bundesländern und das persönliche Einkommen in Betracht. Dabei ist zu untersuchen, inwieweit sich in den abgeleiteten ökologieorientierten Konsumentensegmenten die Ausprägungen der genannten soziodemographischen Kriterien signifikant unterscheiden.

In den bisher vorliegenden Untersuchungen hat sich keine eindeutige Tendenz der soziodemographischen Charakterisierung umweltbewußten Kaufverhaltens herauskristallisiert. Auf der einen Seite kommt eine recht frühe Untersuchung zum Ergebnis, daß die Kriterien Alter und Bildung bei umweltaktiven und umweltpassiven Konsumenten differieren, während das Einkommen nicht trennt.[82] Diese

---

[81] Vgl. Kupsch, P. u.a., Die Struktur von Qualitätsurteilen und das Informationsverhalten von Konsumenten beim Kauf langlebiger Konsumgüter, a.a.O., S. 132.

[82] Vgl. Balderjahn, I., Das umweltbewußte Konsumenten: Eine empirische Studie, Berlin 1986, S. 241 f. Eine Synopse von 21 Studien zum Umweltbewußtsein aus dem Jahre 1980 stellt eine leicht negative Korrelation zum Alter und eine leicht positive Korrelation zum Bildungsniveau

Feststellung wird durch eine noch frühere Studie zum sozialen Bewußtsein von Konsumenten gestützt.[83] Auf der anderen Seite konnten in den meisten jüngeren Studien keine signifikanten soziodemographischen Unterschiede zwischen den ökologieorientierten Konsumentenclustern ermittelt werden.[84]

Eine produktbezogene Erfassung der **Kaufpläne** und der **Kaufhistorie** erlaubt die Abschätzung segmentspezifischer Absatzpotentiale. Dabei ist beim geplanten Kauf von Elektrogeräten eine zeitlich längere Vorkaufphase zu berücksichtigen, die noch einmal in eine Anregungs-, Such- sowie Bewertungs- und Auswahlphase zerlegt werden kann.[85] Die Kaufhistorie, abgefragt als Zeitpunkt des letzten Kaufs eines Elektrogerätes, ist darüber hinaus eingeschränkt auch als Indikator für die Kauferfahrung zu interpretieren.[86]

Für die Bearbeitung ökologieorientierter Zielsegmente im vertikalen Marketing ist es darüber hinaus sowohl für Hersteller- als auch Handelsunternehmen relevant zu wissen, welche Vertriebsform im Bereich Elektrogeräte von den ökologieorientierten Konsumententypen allgemein präferiert wird[87] und welcher die **höchste Umweltkompetenz** zugeschrieben wird.[88] Wahrnehmungsbedingte Irradiationen,

---

fest. Vgl. Van Liere, K.D., Dunlap, R.E., The Social Base of Environmental Concern: A Review of Hypotheses, Explanation and Empirical Evidence, in: POQ, 1980, S. 181 ff.

[83] Vgl. Bruhn, M., Das soziale Bewußtsein von Konsumenten, Wiesbaden 1978, S. 127.

[84] Vgl. z.B. Herker, A., Eine Erklärung des umweltbewußten Konsumentenverhaltens, a.a.O., S. 163; Monhemius, K. Ch., Umweltbewußtes Kaufverhalten von Konsumenten, a.a.O., S. 167; Meffert, H., Bruhn, M., Das Umweltbewußtsein von Konsumenten, a.a.O., S. 22.

[85] Vgl. Engelhardt, T.-M., Partnerschafts-Systeme mit dem Fachhandel als Konzept des vertikalen Marketing, a.a.O., S. 59.

[86] Eine Untersuchung zur Umweltverträglichkeit als Kaufkriterium bei Holzschutzmitteln zeigt, daß Verbraucher mit einer hohen Produkterfahrung ein deutlich geringeres Gewicht auf Umweltverträglichkeit legen als bisherige Nicht-Verwender. Vgl. Buchtele, F., Holzmüller, H.H., Die Bedeutung der Umweltverträglichkeit von Produkten für die Kaufpräferenz: Ergebnisse einer Conjoint-Analyse bei Holzschutzmitteln, in: JdAV, Heft 1, 1990, S. 98.

[87] Für die Operationalisierung des Konstruktes "Präferierte Vertriebsform" ist von den Befragten aus einer Liste relevanter Vertriebsformen diejenige Geschäftsart auszuwählen, innerhalb derer ein Elektrogerät wahrscheinlich gekauft wird. Vgl. Frage 8 im Konsumentenfragebogen. Eine ähnliche Operationalisierung der präferierten Einkaufsstätte im Bereich der Haushaltsgeräte findet sich bei: Zimmermann, D., Marketingprobleme bei dauerhaften Konsumgütern: Produktentwicklung und Kundendienst bei elektrischen Haushaltsgeräten, Zwei empirische Untersuchungen, Diessenhofen 1978, S. 162.

[88] Die Messung der Umweltkompetenz erfolgt anhand einer geschlossenen Frage nach den vertriebsformenspezifisch wahrgenommenen Umweltschutzaktivitäten, bei der die Befragten ihr Urteil mittels einer 6er-Rating-Skala abstufen können. Der Wert "1" bedeutet "tut sehr wenig im Umweltschutz", und der Wert "6" steht für "tut sehr viel im Umweltschutz".

die auftreten, wenn aufgrund der Unzulänglichkeit der menschlichen Wahrnehmung von einer Attributeigenschaft auf eine andere geschlossen wird, begründen in diesem Zusammenhang die Annahme, daß in Abhängigkeit von der **präferierten Vertriebsform** auch auf die Umweltkompetenz geschlossen wird.[89]

1.2 Empirische Erfassung ökologieorientierter Konsumentensegmente

1.21 Design der Konsumentenbefragung

Die Konsumentenbefragung wurde im Zeitraum vom 11. Januar bis zum 2. Februar 1993 bei 2954 Bundesbürgern als mündliche Befragung zum Thema "Ökologieorientierte Kriterien der Einkaufsstätten- und Produktwahl im Elektrobereich" durchgeführt. Dabei vollzog sich die Auswahl der Zieleinheiten „Haushalte" nach dem Random-Route-Verfahren, d.h. innerhalb klar definierter geographischer Einheiten[90]. Simultan zur Begehung, bei der die zufällige Auswahl der Haushalte stattfand, wurden die Zielpersonen im Haushalt befragt. Die notwendig werdende Umrechnung von einer Haushaltsstichprobe zu einer Personenstichprobe erfolgte pro Befragtem mittels eines individuellen Gewichtungsfaktors, der Unter- und Überrepräsentationen ausgleicht. Insgesamt ist eine hinreichende Repräsentativität der Antworten für die erwachsene Bevölkerung der Bundesrepublik Deutschland im Alter von 14 und mehr Jahren sichergestellt.[91]

Zur Aufdeckung und Beurteilung von Unterschieden im Antwortverhalten von Bürgern aus den alten und neuen Bundesländern wurde jeweils ein Drittel der Interviews in den neuen Bundesländern geführt. Die Interviews in den alten Bundesländern wurden über 210 sample points[92] des ADM-Master-Samples und damit über alle Ortsklassengrößen gestreut. In den neuen Bundesländern wurde über

---

[89] Vgl. Bänsch, A., Käuferverhalten, a.a.O., S. 73.

[90] Nach den Empfehlungen des Arbeitskreises Deutscher Marktforschungsinstitute stellen Wahlbezirke diese geographische Einheit dar. Vgl. von der Heyde, C., Löffler, U., Die ADM-Stichprobe, in: planung und analyse, Heft 5, 1993, S. 50.

[91] Aufgrund von Verweigerungen und Nichtantreffbarkeit kann bei mündlichen Befragungen in aller Regel nicht das gesamte Adressenmaterial genutzt werden. Als Maß für die Ausschöpfung des um qualitätsneutrale Ausfälle (z.B. unbewohnte Wohnungen) bereinigten Adressenpools wird häufig die **Ausschöpfungsquote** verwendet. Sie betrug bei der Befragung zur Unterhaltungselektronik in den alten Bundesländern 57,6 % (neue Bundesländer: 62,9 %) und bei der Befragung zu den Haushaltsgeräten 64,5 % (neue Bundesländer: 61,5 %) und bewegt sich damit im üblichen Rahmen repräsentativer Befragungen.

[92] Vgl. zum Begriff „sample points" Hammann, P., Erichson, B., Marktforschung, a.a.O., S. 128 f.

149 zufällig ausgewählte sample points gestreut. Die Grundlage hierzu bildete das amtliche, nach Bezirks- und Kreisebene geschichtete Gemeinderegister.

Um für den Bereich der braunen und weißen Ware valide Befragungsergebnisse zu erhalten und dennoch gegenseitige Beeinflussungseffekte im Antwortverhalten der Konsumenten zu vermeiden, wurden die Interviews für braune und weiße Ware zeitlich versetzt in getrennten Stichproben durchgeführt. Zu Geräten der Unterhaltungselektronik wurden insgesamt 1481 Interviews und zu Haushaltsgeräten 1473 Interviews durchgeführt.

Durch die Beteiligung an einer Mehrthemen-Befragung[93] sollte ein im Umweltbereich zu erwartendes sozial erwünschtes Antwortverhalten reduziert werden. Die standardisierte Befragung wurde bundesweit durch geschulte und erfahrene Interviewer durchgeführt.[94]

Der Befragung ging ein umfangreicher Pre-Test des Fragebogens bei Testpersonen unterschiedlicher Altersklassen voraus. Dabei wurden sowohl inhaltliche Fragestellungen auf ihre Verständlichkeit hin überprüft als auch die spätere Befragungstaktik[95] festgelegt.

1.22 Bildung ökologieorientierter Konsumentensegmente

1.221 Ökologieorientierte Produktanforderungen

In der gesamten Stichprobe erweisen sich die Kriterien „hohe Lebensdauer", „niedriger Energieverbrauch" und „lange garantierte Lieferbarkeit von Ersatzteilen" als die vorrangigen ökologieorientierten Produktanforderungen (vgl. Abbil-

---

[93] Vgl. zu Mehrthemenumfragen Böhler, H., Marktforschung, Stuttgart u.a. 1985, S. 85f; Berekoven, L., Eckert, W., Eillenrieder, P., Marktforschung: Methodische Grundlagen und praktische Anwendung, 6. Auflage, Wiesbaden 1993, S. 102 f.

[94] Standardisierte Befragungen haben den Vorteil, daß der Interviewereinfluß auf das Antwortverhalten der Befragten limitiert wird. Damit tragen sie zur Steigerung der Objektivität bei. Vgl. Meffert, H., Marketingforschung und Käuferverhalten, 2. Auflage, Wiesbaden 1992, S. 205. Verantwortlich für die Durchführung der Konsumentenbefragung zeichnete das EMNID-Institut in Bielefeld.

[95] Unter der Befragungstaktik ist sowohl der Ablauf des Fragebogens als auch die Art der Frageformulierung zusammenzufassen. Vgl. Berekoven, L., Eckert, W., Eillenrieder, P., Marktforschung: Methodische Grundlagen und praktische Anwendung, a.a.O., S. 99. Bei der Gestaltung wurde darauf Wert gelegt, daß eine Befragungsdauer von 10 bis 15 Minuten nicht überschritten wird.

dung 10).[96] Darauf folgen eine „hohe Reparaturfreundlichkeit"[97], ein „geringer Verpackungsaufwand" und eine „glaubwürdige Entsorgungsgarantie des Herstellers".

Ein Indiz dafür, daß unabhängige Wareninformationen für die Beurteilung der Umweltfreundlichkeit von Elektroprodukten einen hohen Stellenwert besitzen, liefert die Einschätzung der Bedeutung des Kriteriums „gutes ökologieorientiertes Testurteil in Fachzeitschriften".[98] Dieses rangiert in seiner Bedeutung für die Konsumenten noch vor einem guten Umweltimage der Hersteller. Wiederverwendbare Mehrwegverpackungen und Ökobilanzen der Elektrohersteller haben demgegenüber einen deutlich geringeren Stellenwert. Mit einer hohen Skepsis verfolgen die Konsumenten ökologieorientierte Argumente in der Werbung. Hier herrscht offenkundig ein ausgeprägtes Mißtrauen über den Wahrheitsgehalt der angeführten Werbeaussagen.[99]

---

[96] Bei diesen Items geben zwischen 68 % bis 76 % der Befragten an, daß ihnen diese Eigenschaft sehr wichtig (Skalenwert 6) ist, während die absolute Personenzahl, die hierauf keinerlei Wert legen (Skalenwert 1), jeweils unter zehn liegt. Auch die vergleichsweise geringen Standardabweichungen zeigen eine hohe Homogenität im Antwortverhalten. Die Standardabweichung ist ein Streuungsmaß, das in derselben Maßeinheit vorliegt wie der Mittelwert. Sie wird gebildet als positive Quadratwurzel der Varianz. Die Varianz ist das arithmetische Mittel der quadrierten Abweichungen der Beobachtungswerte vom Mittelwert. Vgl. Bleymüller, J., Gehlert, G., Gülicher, H., Statistik für Wirtschaftswissenschaftler, 9. Auflage, München 1994, S. 19 ff.

[97] Empirische Daten über die Stör- und Reparaturanfälligkeit von Haushaltsgeräten finden sich bei Zimmermann, D., Marketingprobleme bei dauerhaften Konsumgütern, a.a.O., S. 121 f.

[98] Die Bedeutung von Warentests scheint im Zeitvergleich noch angestiegen zu sein. Konsumenten, denen ökologieorientierte Warentests wichtig bzw. sehr wichtig sind, machen in der vorliegenden Studie 68,2 % aus. Im Jahr 1988 betrug der vergleichbare Anteil 60 %. Vgl. Raffée, H., Förster, F., Krupp, W., Marketing und Lärmminderung, a.a.O., S. 33. Vgl. auch Loose, P., Moritz, C.H., Warentest und Umweltschutz, in: Loccumer Protokolle 33/1982 - Möglichkeiten und Grenzen umweltfreundlichen Verbraucherverhaltens, Umweltbundesamt (Hrsg.), Berlin 1982, S. 78 f.; Stiftung Warentest (Hrsg.) Umweltschutz und Konsumverhalten unter besonderer Berücksichtigung des vergleichenden Warentest - Dokumentation eines Colloquiums am 11.1. 1985 anläßlich des 20-jährigen Bestehens der Stiftung Warentest, Berlin 1985, S. 4 ff.

[99] Dieses Mißtrauen scheint in allen Produktkategorien vorhanden zu sein. So meinen in einer neuen Studie 60 % aller Befragten, daß Werbeaussagen von Herstellern über die Umweltverträglichkeit ihrer Produkte unglaubwürdig sind. Vgl. GfK Marktforschung (Hrsg.), Öko-Marketing aus Verbrauchersicht, Nürnberg 1995, S. 22.

Ökologieorientierte Produktanforderungen	Mittelwert	Rangwert	Standardabweichung	n
• Mehrwegverpackung	4,42	9	1,51	2877
• hohe Reparaturfreundlichkeit	5,40	4	0,94	2885
• hohe Lebensdauer	5,65	1	0,73	2901
• lange garantierte Lieferbarkeit von Ersatzteilen	5,53	3	0,82	2823
• geringer Verpackungsaufwand	5,02	5	1,20	2873
• gutes ökologieorientiertes Testurteil in Fachzeitschriften	4,88	7	1,20	2870
• niedriger Energieverbrauch	5,56	2	0,79	2879
• gutes Umweltimage des Herstellers bzw. der Marke	4,58	8	1,26	2864
• glaubwürdige Entsorgungsgarantie des Herstellers	4,99	6	1,15	2832
• umweltorientierte Herstellerwerbung	4,19	11	1,39	2884
• gute Ökobilanzen des Herstellers	4,24	10	1,40	2845

Skala: 1 = überhaupt nicht wichtig / 6 = sehr wichtig

Abb. 10: Wichtigkeitseinschätzungen ökologieorientierter Produktanforderungen

Vor einer inhaltlichen Analyse der als normalverteilt anzusehenden Daten[100] ist eine Zuverlässigkeitsprüfung der verwendeten Skala mittels dem Reliabilitätskoeffizienten Cronbach's Alpha und der Split-Half-Methode vorzunehmen.[101] Ausgangspunkt der Reliabilitätsüberprüfung bildet die Überlegung, daß sich die nicht auf einer einzigen Skala erhobenen Wichtigkeiten der Produktanforderungen zu einer globalen Bewertung verdichten lassen. Die Berechnung des Reliabilitätskoeffizienten ergibt einen Wert von 0,87 und deutet damit auf eine hohe Reliabilität der verwendeten Skala hin.[102] Bei der Split-Half-Methode beträgt der Wert der

---

[100] Die Normalverteilung der Daten ist aus entsprechenden Normalverteilungsplots ersichtlich, die unter dem Menüpunkt "Statistik" als Prozedur "Explorative Datenanalyse" aufgerufen werden können. Vgl. Norusis, M.J., Anwenderhandbuch, a.a.O., S. 198. Bei der Überprüfung der Normalverteilungsannahme bei den weiteren vorliegenden Konsumentendaten ergibt sich ein entsprechendes Bild, so daß auch für diese eine hinreichend genaue Annäherung an eine Normalverteilung vorausgesetzt werden kann.

[101] Beide Prozeduren sind in SPSS im Menüpunkt "Statistik" unter "Reliabilitätsanalyse" aufzurufen. Vgl. zu den Testmethoden ausführlich Brosius, G., SPSS/PC+ Advanced Statistics und Tables: Einführung und praktische Beispiele, London 1989, S. 261 ff.

[102] In die Berechnung fließen neben der Itemzahl die durchschnittliche Varianz der Items sowie ihre durchschnittliche Kovarianz ein. Die höchste statistische Reliabilität zeigt ein Koeffizient von 1 an. Für die Reliabilität der Skala spricht ferner, daß die Alpha-Werte bei Ausschluß einer

Testgröße 0,80 und deutet ebenfalls auf eine hinreichende Reliabilität der Skala hin.[103]

Bei der Interpretation der Ergebnisse kann ein Zusammenhang zwischen der Wichtigkeitseinschätzung und dem Zuverlässigkeitsgrad einer Umweltanforderung, wie in Hypothese **Hyp Prod 1** vermutet, nicht bestätigt werden. So fällt das ökologieorientierte Kriterium mit der höchsten Wichtigkeitsausprägung, die Lebensdauer eines Gerätes, in den Bereich der Experience Qualities, d.h. es kann zuverlässig erst während bzw. am Ende der Benutzung eingeschätzt werden. Dieses ist ein Indiz dafür, daß Erfahrungen hinsichtlich der Lebensdauer des bisherigen Elektrogerätes einen hohen Einfluß beim Neukauf besitzen.[104]

Das zweitwichtigste Umweltkriterium, der Energieverbrauch, ist hingegen zuverlässig vor dem Kauf ermittelbar. Beim dritten und vierten Kriterium, der langen Lieferbarkeit von Ersatzteilen und einer hohen Reparaturfreundlichkeit, ist dieses erneut nicht der Fall. In diesem Zusammenhang erscheint auch die geringe Bewertung von Mehrwegverpackungen auf dem neunten Rang überraschend, obwohl dieses Kriterium zuverlässig vor einem Kauf beurteilt werden kann. Diese Feststellung kann jedoch dadurch erklärt werden, daß Mehrwegverpackungen bei Elektrogeräten noch keine weite Verbreitung gefunden haben und keinerlei Individualnutzen stiften.

Vor dem Hintergrund der ermittelten Rangwerte kann die in Hypothese **Hyp Prod 2** formulierte Beziehung zwischen der Wichtigkeit einer ökologieorientierten Produktanforderungen und ihrem individuellen Nutzenbeitrag als voll bestätigt gelten, da die vier wichtigsten Kriterien primär Individualnutzencharakter tragen. Auch

---

beliebigen Variable in einem engen Intervall zwischen 0,84 und 0,86 streuen. Vgl. auch Frömbling, S., Zielgruppenmarketing im Fremdenverkehr von Regionen, Frankfurt am Main u.a. 1993, S. 186; Heinemann, G., Betriebstypenprofilierung und Erlebnishandel, a.a.O., S. 168.

[103] Bei der Split-Half-Methode wird die Zahl der Variablen aufgeteilt und hinsichtlich der Korrelation zwischen den beiden Hälften analysiert. Dabei besteht eine zu beachtende Abhängigkeit zwischen der Zuordnung der Variablen zu den beiden Skalenhälften. Da insgesamt 11 Variablen als ökologieorientierte Produktanforderungen zur Verfügung standen, wurden der ersten Gruppe sechs und der zweiten die restlichen fünf zugeordnet.

[104] Eine bedeutende Reduktionsstrategie bei hohem wahrgenommenen Kaufrisiko ist die Markentreue. Vgl. Meffert, H., Marketingforschung und Käuferverhalten, a.a.O., S. 71. Zimmermann weist für Haushaltsgeräte nach, daß mit steigender Zufriedenheit mit einer Marke im Bedarfsfall die Wahrscheinlichkeit steigt, erneut die gleiche Marke zu erwerben. Vgl. Zimmermann, D., Marketingprobleme bei dauerhaften Konsumgütern, a.a.O., S. 133.

beim Kauf ökologieorientierter Elektrogeräte überwiegen somit individuelle Nutzenkalküle den Sozialnutzen. Der ökologische Entlastungsbeitrag der vier wichtigsten ökologieorientierten Produktanforderungen scheint damit nicht von ausschlaggebender Bedeutung für die Konsumenten zu sein, sondern in erster Linie der zuverlässige und kostengünstige Betrieb der im Haushalt vielfach unentbehrlich gewordenen Elektrogeräte. Erst beim fünften Kriterium, einem geringen Verpackungsaufwand, spielen Gesichtspunkte des Sozialnutzens eine gewisse Rolle.

Im nächsten Untersuchungsschritt ist nun zu analysieren, inwieweit die Produktkategorie einen meßbaren Einfluß auf die ökologieorientierten Produktanforderungen besitzt. Ist dies der Fall, so sind zur Wahrung der Validität[105] die folgenden Analysen nach Produktkategorien zu trennen. Bei einer Aufgliederung der Wichtigkeiten ökologieorientierter Produkteigenschaften nach den Produktkategorien Unterhaltungselektronik und Haushaltsgeräte ergibt sich das in Abbildung 11 dargestellte Ergebnis.[106]

---

[105] Validität kann als inhaltliche Gültigkeit verstanden werden. Vgl. Holm, K., Die Gültigkeit sozialwissenschaftlichen Messens, in: Die Befragung 4: Skalierungsverfahren - Panelanalyse, Holm, K. (Hrsg.), München 1976, S. 125; Berekoven, L., Eckert, W., Ellenrieder, P., Marktforschung : Methodische Grundlagen und praktische Anwendung, 6. Aufl., Wiesbaden 1993, S. 84 ff.; Hossinger, H.-P., Die Validität von Pretestverfahren in der Marktforschung, Würzburg 1982, S. 16 ff.

[106] Vgl. zu Signifikanzprüfungen Clauß, G., Finze, F.-R., Partzsch, L., Statistik für Soziologen, Pädagogen und Mediziner, Band 1: Grundlagen, Frankfurt am Main 1994, S. 185 ff.; Bauer, F., Datenanalyse mit SPSS, Berlin 1984, S. 84 ff. Vor der Signifikanzprüfung wurde eine Überprüfung auf Varianzhomogenität mit dem Levene-Test durchgeführt. Vgl. Norusis, M.J., Anwenderhandbuch, a.a.O., S. 194. Es erweist sich, daß im vorliegenden Fall bei sechs der Variablen vom Vorliegen statistisch gleicher Varianzen auszugehen ist. Bei den anderen fünf Variablen hingegen kann nicht auf eine gleiche Varianz geschlossen werden. So gesehen sind bei der Signifikanzprüfung zwei unterschiedliche Tests durchzuführen. Bei inhomogenen Varianzen ist auf den Welch-Test zurückzugreifen, sonst auf den doppelten T-Test. Im vorliegenden Fall entsprechen sich die Ergebnisse beider Testverfahren, so daß in der Abbildung 13 vereinfachend von T-Test gesprochen wird. Darüber hinaus sind die Signifikanzen nach dem Kolmogorov-Smirnov-Test eingetragen, der unter den Nichtparametrischen Tests in SPSS verfügbar ist und bei nicht normalverteilten Daten angewendet wird.

Ökologieorientierte Produktanforderungen	Gesamt-mittel-wert	Unterhaltungselektronik			Haushaltsgeräte			Signifikanz-Test	
		Mittel-wert	Standard-abwei-chung	Rang-wert	Mittel-wert	Standard-abwei-chung	Rang-wert	T-Test	Kolmogorov-Smirnov-Test
• Mehrwegverpackung	4,42	4,47	1,50	8	4,37	1,53	9	*	n.S.
• hohe Reparaturfreundlichkeit	5,40	5,39	0,96	4	5,41	0,92	4	n.S.	n.S.
• hohe Lebensdauer	5,65	5,64	0,72	1	5,65	0,74	1	n.S.	n.S.
• lange garantierte Lieferbar-keit von Ersatzteilen	5,53	5,51	0,86	2	5,54	0,79	3	n.S.	n.S.
• geringer Verpackungsaufwand	5,02	5,01	1,21	5	5,02	1,20	6	n.S.	n.S.
• gutes ökologieorientiertes Testurteil in Fachzeitschriften	4,88	4,85	1,24	7	4,91	1,17	7	n.S.	n.S.
• niedriger Energieverbrauch	5,56	5,48	0,84	3	5,65	0,73	2	**	**
• gutes Umweltimage des Herstellers bzw. der Marke	4,58	4,48	1,30	9	4,68	1,21	8	**	**
• glaubwürdige Entsor-gungsgarantie des Herstellers	4,99	4,93	1,20	6	5,05	1,10	5	**	**
• umweltorientierte Herstellerwerbung	4,19	4,13	1,44	11	4,26	1,33	11	**	**
• gute Ökobilanzen des Herstellers	4,24	4,16	1,41	10	4,32	1,38	10	**	**

Skala: 1 = überhaupt nicht wichtig / 6 = sehr wichtig   Signifikanzniveaus: ** = α<0,05 / * = α<0,1 / n.S. = >0,1

Abb. 11: Bedeutung ökologieorientierter Produktanforderungen differenziert nach der Produktkategorie

Es fällt auf, daß die absoluten Mittelwertunterschiede lediglich in einem begrenzten Skalenintervall bis zu 0,2 Punkten schwanken. Von den elf ökologieorientierten Produktanforderungen ergeben sich trotzdem nach dem T-Test bei sechs Kriterien signifikante bzw. hoch signifikante Mittelwertunterschiede[107], was angesichts des großen Stichprobenumfangs nicht weiter überrascht. Auch bei den Rangwertunterschieden zeigt sich eine weitgehende Übereinstimmung der Rangzuteilungen bei Unterhaltungselektronik und Haushaltsgeräten. Unterschiede in der Reihenfolge machen nur jeweils einen Rangplatz aus und sind in der Abbildung grau hinterlegt. Lediglich drei Rangunterschiede beruhen auf signifikanten Mittelwertunterschieden. Dabei besitzt der Energieverbrauch bei Haushaltsgeräten einen höheren Stellenwert als bei Geräten der Unterhaltungselektronik. Dieses Ergebnis erscheint angesichts höherer Energieaufnahmen von Haushaltsgeräten stringent. Gleiches gilt für die Entsorgungsgarantie von Altgeräten, da Haushaltsgeräte aufgrund größerer Maße und höherer Gewichte bei der Entsorgung eine größere Problemrelevanz als Geräte der Unterhaltungselektronik besitzen. Insgesamt gesehen kann jedoch die Hypothese **Hyp Kat 1** bestätigt werden.[108]

Zur Überprüfung der Unabhängigkeit der ökologieorientierten Produktanforderungen wurde eine Korrelationsanalyse durchgeführt. Für die ökologieorientierten Produktanforderungen ergeben sich Korrelationswerte, die sich im Intervall zwischen 0,15 und 0,68 bewegen.[109] Alle Korrelationen unterscheiden sich hochsignifikant von Null. Inhaltlich besonders interessant erscheinen die hohen Korrelationen zwischen den Variablen „glaubwürdige Entsorgungsgarantie", „umweltorientierte Werbung" und „gute Öko-Bilanzen". Alle drei Beurteilungskriterien können als herstellerabhängige Informationsquellen aufgefaßt werden und erfordern insofern vom Konsumenten ein hohes Vertrauen in die ökologieorientierte Herstellerglaubwürdigkeit.

---

[107] Mit dem Symbol α wird die Irrtumswahrscheinlichkeit bezeichnet. Ist sie geringer als 10 %, soll angesichts des explorativen Charakters der Arbeit im folgenden von signifikanten und bei Werten von $\alpha < 0,05$ von hoch signifikanten Ergebnissen gesprochen werden.

[108] Dieses Ergebnis wird zusätzlich gestützt durch die in Abbildung 13 verzeichneten Standardabweichungen, die sich im Maximum lediglich um einen Wert von 0,11 unterscheiden. Es ist daher gerechtfertigt, in der weiteren Analyse von der Grundgesamtheit auszugehen und die Produktkategorie lediglich als beschreibende Variable hinzuzuziehen.

[109] Vgl. hierzu die im Anhang befindliche Korrelationsmatrix (Abbildung A4). Die Prozedur kann in SPSS unter dem Punkt "Korrelation" aufgerufen werden. Die Berechnung erfolgte mit Hilfe des für intervallskalierte Daten geeigneten Pearsonschen Korrelationskoeffizienten.

Aus der vorliegenden Korrelationsmatrix kann jedoch noch kein endgültiger Schluß gezogen werden, inwieweit die Konsumenten die ökologieorientierten Produktanforderungen in ihrer Wahrnehmung tatsächlich isoliert bewerten oder ob sie die einzelnen Produktanforderungen zu wenigen „Meta"-Faktoren verdichten. Um dieser Fragestellung nachzugehen, wird auf Basis der ökologieorientierten Produktanforderungen eine explorative Faktorenanalyse[110] durchgeführt.

Die Faktorenanalyse extrahiert zwei Faktoren, die lediglich in der Lage sind, 59,6 % der Varianz der Ausgangsdaten zu erklären (Abbildung 12).[111] Die vorliegende Faktorladungsmatrix kann als Einfachstruktur charakterisiert werden, d.h. es treten keinerlei Doppelladungen von Variablen auf. Der erste Faktor wird gebildet aus Variablen, die als ökologieorientierte Beurteilungskriterien der Kauf- und Entsorgungsphase beschrieben werden können. Die Variablen des zweiten Faktors weisen hingegen einen deutlichen Bezug zur Nutzungsphase von Elektrogeräten auf.

Aufgrund des vergleichsweise geringen Erklärungsanteils der beiden Faktoren verbietet es sich, Faktorwerte als Grundlage der Ableitung ökologieorientierter Profilierungspotentiale heranzuziehen.[112] Offenkundig können die Konsumenten

---

[110] Der Einsatz einer konfirmatorischen Faktorenanalyse wäre zur Ableitung ökologieorientierter Marktsegmente nicht zweckmäßig. Allein die explorative Faktorenanalyse bietet die Möglichkeit, Faktorenwerte zu berechnen, die als Basisgröße für weitere multivariate Verfahren, z.B. Clusteranalysen, geeignet sind. Als Faktorextraktionsverfahren gelangt die Hauptkomponentenanalyse zum Einsatz. Im Gegensatz zur Hauptachsenanalyse liegt der Vorteil dieses Verfahrens darin, aus der Datenstruktur möglichst wenige Faktoren zu extrahieren. Zur Bestimmung der Faktorenzahl wird in dieser Untersuchung durchgängig das Kaiser-Kriterium angewendet, welches Faktoren nur dann extrahiert, wenn ihr Eigenwert größer eins ist, d.h. wenn der Faktor mehr Varianz erklärt als eine einzelne Variable. Um zu einer angemessenen Faktorinterpretation zu gelangen, ist darüber hinaus eine Rotation nach dem Varimax-Prinzip durchgeführt worden. Vgl. Backhaus, K. u.a., Multivariate Analysemethoden, a.a.O., S. 225 und 229; Hartung, J., Elpelt B., Multivariate Statistik: Lehr- und Handbuch der angewandten Statistik, 4. Aufl., München, Wien 1992, S. 505 ff.

[111] Sowohl das Kaiser-Meyer-Olkin-Kriterium (Testgröße 0,88) als auch der Bartlett-Test auf Nicht-Sphärizität (Prüfgröße 12585) zeigen eine gute Eignung der vorliegenden Daten für eine Faktorenanalyse. Vgl. Brosius, G., SPSS/PC+ Advanced Statistics und Tables, a.a.O., S. 143 f.

[112] Würden die Faktorwerte einer Clusteranalyse zugrunde gelegt, so würde der Informationsgehalt der Daten um 40 % gemindert. Dieses scheint mit dem Untersuchungsziel keinesfalls vereinbar.

Faktoren (Eigenwert)	Indikatorvariablen	Faktorladungen (gerundet)	Varianz-erklärungsanteil
ökologieorientierte Anforderungen in der Kauf- und Entsorgungsphase (4,758)	• Mehrwegverpackung	0,647	
	• geringer Verpackungsaufwand	0,595	
	• gutes ökologieorientiertes Testurteil in Fachzeitschriften	0,535	
	• gutes Umweltimage des Herstellers bzw. der Marke	0,813	43,3%
	• glaubwürdige Entsorgungsgarantie des Herstellers	0,721	
	• umweltorientierte Herstellerwerbung	0,822	
	• gute Ökobilanzen des Herstellers	0,834	
ökologieorientierte Anforderungen während der Nutzungsphase (1,793)	• hohe Reparaturfreundlichkeit	0,759	
	• hohe Lebensdauer	0,864	16,3%
	• garantierte Lieferbarkeit von Ersatzteilen	0,804	
	• niedriger Energieverbrauch	0,723	
Hauptkomponentenanalyse Kaiser-Meyer-Olkin-Kriterium 0,88		Σ	59,6%

Abb. 12: **Faktoranalytische Verdichtung ökologieorientierter Produktanforderungen**

damit für jede der ökologieorientierten Produktanforderungen eine von den anderen Anforderungen weitgehend unabhängige Idealvorstellung artikulieren. Daher wird im folgenden eine Segmentbildung mittels Clusteranalyse[113] anhand der Einzelvariablen vorgenommen.

---

[113] Mit Blick auf den Fusionierungsprozeß bei Clusteranalysen lassen sich verschiedene Verfahren unterscheiden. Sie werden nach partionierenden und hierarchischen Verfahren systematisiert. Vgl. Aaker, D.A., Day, G.S., Marketing Research, Third Edition, New York u.a. 1986, S. 482 f.; Bleymüller, J., Multivariate Analyse für Wirtschaftswissenschaftler, Manuskript, Münster 1989, S. 163 ff. Während die hierarchischen Verfahren die Objekte kontinuierlich zusammenfassen, bis alle Objekte in einer Klasse vorliegen, zeichnen sich die partionierenden Verfahren dadurch aus, daß auf Grundlage einer vorgegebenen Clusteranzahl in einem iterativen Prozeß die Zuordnung der Objekte vorgenommen wird. Der Vorteil bei den hierarchischen Verfahren liegt darin, daß aufgrund der Entwicklung der Fehlerquadratsumme die angemessene Clusterzahl ermittelbar ist. Allerdings wird eine einmal vorgenommene Clusterzuordnung innerhalb des weiteren Fusionierungsprozesses nicht überprüft, so daß suboptimale Gruppenzuordnungen entstehen können. Diesen Nachteil kennen partionierende Verfahren nicht, denen allerdings eine Clusteranzahl exogen vorzugeben ist.

Die Clusteranalyse wurde als eine Kombination von partionierendem und hierarchischem Verfahren durchgeführt. Dabei diente in einem ersten Schritt ein hierarchisches Verfahren[114] zur Ermittlung der angemessenen Clusteranzahl und in einem zweiten Schritt ein partionierendes Verfahrens zur Optimierung der Objektzuordnung.[115]

Die Clusteranzahl ist anhand der Entwicklung der Fehlerquadratsumme zu bestimmen, die in Abbildung 13 dargestellt ist. Dabei erhält man die gesuchte Clusteranzahl dort, wo bei einer zusätzlichen Fusionierungsstufe der Heterogenitätszuwachs relativ am größten ist.[116] Demzufolge werden im vorliegenden Anwendungsfall vier ökologieorientierte Konsumententypen ausgewiesen, die nach der partionierenden Clusteranalyse durch ihre Mittelwertabweichungen bei den clusterbildenden ökologieorientierten Produktanforderungen (vgl. Abbildung 14) wie folgt bezeichnet und charakterisiert werden können:

Cluster 1: **verpackungsignoranter Umweltrealist** (17,4 %)

In diesem Cluster bewegen sich die Antworten tendenziell vergleichbar zum Gesamtmittelwert. Lediglich bei wiederverwendbaren Verpackungen und des Verpackungsaufwandes weicht ihre Wichtigkeitseinschätzung deutlich nach unten hin ab. Aus diesem Grunde soll dieses Cluster in der weiteren Arbeit die Bezeichnung "verpackungsignoranter Umweltrealist" tragen.

---

[114] In der vorliegenden Arbeit gelangt das Ward-Verfahren zum Einsatz, das sich empirisch gesehen am besten bewährt hat. Vgl. Bergs, S., Optimalität bei Clusteranalysen: Experimente zur Bewertung numerischer Klassifikationsverfahren, Diss., Münster 1981, S. 96 f., Steinhausen, D., Langer, K., Clusteranalyse: Einführung in Methoden und Verfahren der automatischen Klassifikation, Berlin, New York 1977, S. 126. Als Distanzmaß wird bei allen Clusteranalysen in dieser Arbeit die quadrierte Euklidische Distanz angewendet.

[115] Angesichts großer Datenmengen, wie sie auch in dieser Arbeit zu untersuchen sind, wird vielfach ausschließlich zur Verwendung partionierender Verfahren geraten, da sie bedeutend weniger Computerressourcen benötigen. So wird bereits ab 200 Fällen das partionierende Verfahren "Quick-Cluster" empfohlen. Vgl. Norusis, M.J., SPSS Professional Statistics 6.1., Chicago 1994, S. 111. Im vorliegenden Fall war es notwendig, für das hierarchische Verfahren eine zufällige Auswahl von 70 Prozent der Befragten zu ziehen. Die anschließende Prozedur K-Means (Konvergenzkriterium von 0,001 bei max. 25 Iterationen) auf Grundlage der berechneten Clustermittelwerte erlaubte die Zuweisung einer Clusterzugehörigkeit für alle Objekte.

[116] Eine graphische Darstellung erlaubt die Überprüfung anhand des sog. Elbow-Kriteriums. Vgl. hierzu Backhaus, K. u.a., Multivariate Analysemethoden, a.a.O., S. 308. Für die Festlegung der Clusterzahl auf vier spricht auch, daß bei einer drei-Clusterlösung die Varianz innerhalb der Gruppen von 60 % auf 66 % der Ausgangsvarianz steigen und damit die Homogenität der gebildeten Cluster entsprechend sinken würde.

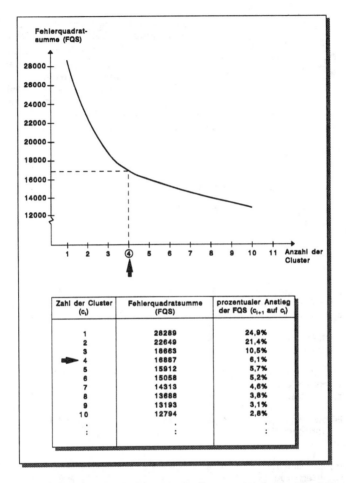

Abb. 13: Varianzkriterium zur Bestimmung der Konsumentenclusterzahl auf Grundlage ökologieorientierter Produktanforderungen

Cluster 2: **selbstbewußter Umweltskeptiker** (31,6 %)

Bezeichnend für das zweite Cluster ist die hohe Skepsis gegenüber ökologieorientierten Produktanforderungen, die von der Glaubwürdigkeit des Herstellers abhängen. Statt dessen ziehen die Konsumenten zur Urteilsbildung überdurchschnittlich objektivierbare Tatsachen, wie z.B. die Verwendung von Mehrwegver-

Ökologieorientierte Produktanforderung	Gesamtmittelwert	Ausprägung der clusterbildenden Variablen im jeweiligen Cluster im Vergleich zum Gesamtmittelwert			
		Verpackungsignoranter Umweltrealist	Selbstbewußter Umweltskeptiker	Undifferenzierter Umweltkäufer	Uninteressierter Umweltignorant
• Mehrwegverpackung	4,42	- - - -	+ +	+ + + +	- - - -
• hohe Reparaturfreundlichkeit	5,40	o	o	+ +	- -
• hohe Lebensdauer	5,65	o	o	+	- -
• lange garantierte Lieferbarkeit von Ersatzteilen	5,53	o	-	+	- -
• geringer Verpackungsaufwand	5,02	- -	o	+ + +	- - - -
• gutes ökologieorientiertes Testurteil in Fachzeitschriften	4,88	o	-	+ + +	- - - -
• niedriger Energieverbrauch	5,56	o	o	+	- -
• gutes Umweltimage des Herstellers bzw. der Marke	4,58	o	-	+ + + +	- - - -
• glaubwürdige Entsorgungsgarantie des Herstellers	4,99	o	-	+ + +	- - - -
• umweltorientierte Herstellerwerbung	4,19	o	- -	+ + + +	- - - -
• gute Ökobilanzen des Herstellers	4,24	o	- -	+ + + +	- - - -
Anteil an der Stichprobe		**17,4%**	**31,6%**	**35,4%**	**15,6%**

Abweichungen der Clustermittelwerte vom Gesamtmittelwert	0-0,15	0,15-0,4	0,4-0,7	0,7-1,0	1,0-1,5
überdurchschnittlich	o	+	+ +	+ + +	+ + + +
unterdurchschnittlich	o	-	- -	- - -	- - - -

Abb. 14: Kennzeichnung der Konsumentencluster auf Grundlage ökologieorientierter Produktanforderungen

packungen, heran. Interessanterweise verlassen sie sich in ihrem Urteil unterdurchschnittlich stark auf ökologieorientierte Testurteile in Fachzeitschriften. Für Angehörige dieses Clusters trifft daher die Bezeichnung "selbstbewußte Umweltskeptiker" zu.

Cluster 3: **undifferenzierter Umweltkäufer** (35,4 %)

Konsumenten aus dem dritten Cluster zeigen in allen ökologieorientierten Produktanforderungen ein stark überdurchschnittliches Anforderungsprofil. Angesichts der Clustergröße von über einem Drittel Stichprobenanteil, die sich annähernd mit Werten anderer Forschungsarbeiten deckt, liegt die Vermutung nahe, daß es sich bei diesen Konsumenten um die Kerngruppe der Umweltbewußten handelt.[117] Allerdings läßt sich nicht ausschließen, daß ein Teil der gemessenen Wichtigkeitsbekundungen auf sozial erwünschtes Antwortverhalten zurückzuführen ist. Besonders auffällig ist in diesem Zusammenhang die überraschend hohe Akzeptanz, die herstellerkontrollierten Variablen zugesprochen wird. Konsumenten dieses Clusters sollen daher als "undifferenzierte Umweltkäufer" charakterisiert werden.

Cluster 4: **uninteressierter Umweltignorant** (15,6 %)

Angehörige dieses Konsumententyps messen allen ökologieorientierten Produktanforderungen die geringste Bedeutung bei. Daher scheint die Clusterbezeichnung "uninteressierte Umweltignoranten" gerechtfertigt.

Die bisherigen Analyseschritte haben deutlich werden lassen, daß sich Konsumententypen identifizieren lassen, die sich deutlich hinsichtlich der Wichtigkeitseinschätzung ökologieorientierter Produktanforderungen voneinander unterscheiden. Allerdings ist im folgenden die Stabilität und Signifikanz der Clusterlösung anhand einer multivariaten Diskriminanzanalyse zu überprüfen.[118]

---

[117] Wimmer differenziert die umweltbewußten Konsumenten nach einer Kerngruppe (31 %) und einer erweiterten Gruppe (26 %). Vgl. Wimmer, F., Der Einsatz von Paneldaten zur Analyse des umweltorientierten Kaufverhaltens von Konsumenten, a.a.O., S. 31.

[118] Bei Diskriminanzanalysen sollte die Zahl der Gruppen diejenige der Variablen nicht übersteigen. Diese Anwendungsvoraussetzung ist bei allen im folgenden dargestellten Diskriminanzanalysen gewährleistet. Der multivariaten Diskriminanzanalyse wurde zunächst eine univariate Analyse der Diskriminanzfähigkeit der ökologieorientierten Produktanforderungen vorgeschaltet. Dabei erwiesen sich alle Variablen ($\alpha < 0,1$ %) als diskriminierungsfähig zwischen den vier Konsumentengruppen, so daß alle in die eigentliche Diskriminanzanalyse einbezogen wurden.

Gruppenzugehörigkeit geschätzt durch vorgegeben durch Clusteranalyse / Diskriminanzfunktionen	Verpackungsignoranter Umweltrealist	Selbstbewußter Umweltskeptiker	Undifferenzierter Umweltkäufer	Uninteressierter Umweltignorant
Verpackungsignoranter Umweltrealist	97,7%	0,9%	0,3%	1,1%
Selbstbewußter Umweltskeptiker	2,1%	96,9%	0,6%	0,4%
Undifferenzierter Umweltkäufer	1,1%	0,6%	98,3%	
Uninteressierter Umweltignorant	1,5%	1,3%		97,2%
Anteil richtig klassifizierter Fälle = 97,61%				

Abb. 15: Diskriminanzanalytisch ermittelte Klassifikationsmatrix zur Überprüfung der Konsumententypenbildung anhand der ökologieorientierten Produktanforderungen

Als Gütemaß der schrittweisen Diskriminanzanalyse[119] kann auf den Anteil korrekter Klassifikationen zurückgegriffen werden (vgl. Abbildung 15). Dabei wird die mittels der Clusteranalyse tatsächliche Klassifikation eines jeden Befragten mit derjenigen aus der Diskriminanzanalyse verglichen.[120]

Im vorliegenden Fall gelingt es, über die drei Diskriminanzfunktionen 97,61 % der Befragten richtig zuzuordnen. Die "Trefferquote" ist im Vergleich zu einer zufälligen Einordnung, bei der die Trefferquote bei 25 % liegt, als ausgezeichnet zu be-

---

[119] Die drei Diskriminanzfunktionen besitzen alle einen Signifikanzwert von $\alpha<0,01$. Die erste Funktion erreicht einen Eigenwert von 4,8, während die Eigenwerte der anderen unterhalb von eins liegen. Als inverses Gütemaß zur Beurteilung der Diskriminanzfunktionen kann Wilks' Lambda herangezogen werden. Nach Einbezug der ersten Funktion ist Wilks' Lambda kleiner als 0,1 und steigt nach Einbezug der zweiten und der dritten Funktion bei Wahrung der Signifikanz auf 0,97 an. Dieses deutet auf eine vergleichsweise geringere Güte der zweiten und dritten Diskriminanzfunktion hin. Eine andere Beurteilungsgröße ist der Kanonische Korrelationskoeffizient. Vgl. zu den Beurteilungsgrößen von Diskriminanzanalysen Backhaus, K. u.a., Multivariate Analysemethoden, a.a.O., S. 118 f.

[120] Trotz des ungünstigen Wilks' Lambda wurden alle drei Diskriminanzfunktionen berücksichtigt, damit der gesamte Differenzierungsbeitrag der Variablen gemessen werden konnte.

urteilen.[121] Damit läßt sich als Zwischenfazit festhalten, daß sich die Konsumentencluster deutlich hinsichtlich der Wichtigkeitseinschätzung ökologieorientierter Produktanforderungen voneinander unterscheiden.

In der weiteren Analyse stellt sich allerdings die zentrale Frage nach der spezifischen Differenzierungsfähigkeit der einzelnen ökologieorientierten Produktanforderungen. Hierbei ist herauszufinden, auf welche ökologieorientierten Produktanforderungen die Gruppenunterschiede in erster Linie zurückzuführen sind. Dazu werden die mit den Eigenwertanteilen gewichteten absoluten Werte der standardisierten Diskriminanzkoeffizienten einer Variablen addiert. Die gewonnene Ergebnisgröße trägt die Bezeichnung mittlerer Diskriminanzkoeffizient und repräsentiert als Prozentzahl die relative Bedeutung einer Variablen über alle drei Diskriminanzfunktionen.[122]

Die höchste relative Diskriminierungsfähigkeit besitzt das Item „wiederverwendbare Mehrwegverpackung" mit 21,9 % Diskriminierungsbeitrag (vgl. Abbildung 16). Offenkundig greifen die Konsumenten in unterschiedlichem Ausmaß auf Mehrwegverpackungen als Indikator für Umweltfreundlichkeit von Elektrogeräten zurück. Dieses mag zum einen daran liegen, daß Mehrwegverpackungen in der Elektrobranche z.Z. lediglich in geringem Ausmaß verbreitet sind und angesichts ihrer Umweltrelevanz im Vergleich zum Elektrogerät selbst eher als nachrangig eingestuft werden. Zum anderen können Mehrwegverpackungen auf glaubwürdige Weise ganzheitliches Umweltengagement eines Herstellers dokumentieren und besitzen daher für einige Konsumenten eine wichtige Orientierungsfunktion bei einer ökologieorientierten Produktbeurteilung. Diese Argumentation kann in vergleichbarer Weise auch für das zweitstärkste Diskriminierungskriterium „gute Ökobilanzen des Herstellers" gelten. Interessant ist auch die unterschiedliche Gewichtung der umweltorientierten Werbung. Demnach halten einige der Befragten informierende Werbung der Hersteller für eine gute Informationsquelle über

---

[121] Backhaus et al weisen darauf hin, daß es bei Anwendung der Diskriminanzfunktionen auf eine andere Stichprobe zu einer geringeren Trefferquote kommt. Dieser Effekt reduziert sich bei zunehmendem Umfang der Stichprobe. Vgl. Backhaus, K. u.a., Multivariate Analysemethoden, a.a.O., S. 116. Da im vorliegenden Fall fast 3000 Fälle für die Ableitung der Diskriminanzfunktionen herangezogen wurden, ist lediglich von einem geringen Stichprobeneffekt auszugehen.

[122] Vgl. zur Berechnung mittlerer Diskriminanzkoeffizienten Backhaus, K. u.a., Multivariate Analysemethoden, a.a.O., S. 123 f.

Ökologieorientierte Produktanforderung	mittlerer Diskriminanz-koeffizient	Relative Bedeutung der Produktanforderung	
		in %	Rang
• Mehrwegverpackung	0,510	21,9%	1.
• hohe Reparaturfreundlichkeit	0,033	1,4%	11.
• hohe Lebensdauer	0,035	1,5%	10.
• lange garantierte Lieferbarkeit von Ersatzteilen	0,111	4,8%	8.
• geringer Verpackungsaufwand	0,256	11,0%	4.
• gutes ökologieorientiertes Testurteil in Fachzeitschriften	0,167	7,2%	7.
• niedriger Energieverbrauch	0,096	4,1%	9.
• gutes Umweltimage des Herstellers bzw. der Marke	0,243	10,5%	5.
• glaubwürdige Entsorgungsgarantie des Herstellers	0,218	9,4%	6.
• umweltorientierte Herstellerwerbung	0,309	13,3%	3.
• gute Ökobilanzen des Herstellers	0,346	14,9%	2.
Σ	2,3	100%	

Abb. 16: **Diskriminatorische Bedeutung der ökologieorientierten Produktanforderungen für die Konsumentencluster**

ökologieorientierte Produkteigenschaften; andere Konsumenten stützen sich hingegen kaum auf Werbeaussagen der Hersteller. Insgesamt ist bei einer kritischen Würdigung der ökologieorientierten Produktanforderungen mit der höchsten diskriminatorischen Trennkraft jedoch festzustellen, daß diese die vergleichsweise geringste Kaufverhaltensrelevanz aufweisen. Daher ist eine segmentspezifische Profilierung, die sich an den ökologieorientierten Produktanforderungen mit der höchsten Diskriminierungskraft ausgerichtet, keinesfalls empfehlenswert.

Demgegenüber ist bei den Kriterien „hohe Reparaturfreundlichkeit", „hohe Lebensdauer" und „niedriger Energieverbrauch" mit zusammen lediglich 7 % Diskriminierungsbeitrag eine ausgesprochen geringe Diskriminierungsfähigkeit zwischen den Konsumentenclustern zu konstatieren. Die bereits durchgeführte Wichtigkeitsanalyse zeigt, daß nahezu alle Befragten diesen ökologieorientierten Produktanforderungen aufgrund des ausgeprägten Individualnutzens einen hohen Stellenwert beimessen. Aus ihrer geringen Differenzierungskraft ist damit für eine ökologieorientierte Profilierung der Schluß zu ziehen, daß bei diesen ökologieorientierten Produktanforderungen eine segmentspezifische Marktbearbeitung ebenfalls nicht sinnvoll ist. Statt dessen empfiehlt sich eine segmentübergreifende Ausgestaltung.

1.222 Ökologieorientierte Geschäftsanforderungen

Eine Rangreihung in Verbindung mit den dazugehörigen Mittelwerten für die Bedeutung ökologieorientierter Geschäftsanforderungen zeigt Abbildung 17. Im Vergleich zu den ökologieorientierten Produktanforderungen sind die Standardabweichungen deutlich höher. Besonders auffällig ist die bei einer 6er-Skala ausgesprochen hohe Standardabweichung beim Kriterium „Angebot gebrauchter Produkte".

Die höchste Wichtigkeit wird mit deutlichem Abstand der Überprüfung und Garantie einer fachkundigen Entsorgung der Elektroaltgeräte zugeordnet. Diese ökologieorientierte Aufgabe wird von den Konsumenten eindeutig dem Handel zugewiesen, so daß einem entsprechenden Angebot des Handels die höchste Kaufverhaltensrelevanz zuzusprechen ist. Auf dem zweiten Rangplatz steht der Hinweis auf umweltfreundliche Geräte im Beratungsgespräch. Eine neue Repräsentativstudie zeigt allerdings, daß der Anforderung nach qualifizierter, ökologieorientierter Beratung vom Handel bisher lediglich in eingeschränktem Maße nachgekommen wird. So sind mehr als zwei Drittel der Befragten unzufrieden darüber, daß ihnen in Geschäften nur unzureichende Hinweise über umweltverträgliche Produkte gegeben werden.[123] Als drittwichtigste konsumentenseitige Anforderung

---

[123] Vgl. GfK Marktforschung (Hrsg.), Öko-Marketing aus Verbrauchersicht, Nürnberg 1995, S. 21. Zu beachten ist, daß diese Aussage nicht auf einen konkreten Produktbereich bezogen ist. Vgl. auch Raffée, H., Förster, F., Krupp, W., Marketing und Lärmminderung, a.a.O., S. 47 f. Untersuchungen der Stiftung Warentest belegen vielfach eine nicht ausreichende Qualifikation von

Ökologieorientierte Geschäftsanforderungen	Mittelwert	Rangwert	Standardabweichung	n
• breite Auswahl umweltfreundlicher Geräte	4,63	3	1,24	2890
• Hinweis auf umweltfreundliche Geräte im Beratungsgespräch	4,65	2	1,27	2907
• Hervorhebung umweltfreundlicher Geräte im Regal	4,57	4	1,28	2867
• Zusammenstellung umweltfreundlicher Geräte in einer "Öko-Ecke"	4,04	7	1,43	2881
• Ladengestaltung als "Öko-Geschäft"	3,86	8	1,48	2872
• Umweltorientierte Aktionen	4,04	7	1,43	2840
• Angebot gebrauchter Elektrogeräte	3,56	9	1,66	2883
• Hervorhebung umweltfreundlicher Geräte in der Werbung	4,32	6	1,40	2855
• Überprüfung und Garantie fachkundiger Entsorgung	4,97	1	1,24	2895
• Angebot umweltfreundlicher Services	4,49	5	1,39	2884

Skala: 1 = überhaupt nicht wichtig / 6 = sehr wichtig

Abb. 17: Wichtigkeitseinschätzungen ökologieorientierter Geschäftsanforderungen

ist eine ökologieorientierte Sortimentskompetenz zu nennen. Erst danach folgen die Hervorhebung einzelner umweltfreundlicher Geräte im Regal und das Angebot umweltorientierter Services. Von geringerem Stellenwert sind umweltorientierte Werbe-, Ladengestaltungs- und Verkaufsförderungsaktivitäten. Das Angebot gebrauchter Produkte besitzt über alle Konsumenten gesehen die geringste Profilierungswirkung.[124]

Verkäufern im Umweltbereich. Vgl. Stiftung Warentest, Umsatz vor Umwelt?, Heft 10, 1993, S. 79 ff.

[124] Die Ergebnisse stehen damit im Widerspruch zu Trapp, der gestützt auf Experteneinschätzungen dem Angebot gebrauchter Produkte und einem Entsorgungsangebot die gleiche Profilierungswirkung zuspricht. Vgl. Trapp, J.E., Wettbewerbsvorteile durch vertikales Öko-Marketing, a.a.O., S. 297.

Angesichts der Wichtigkeitsreihenfolge zeigt sich, daß Kriterien, die eine deutliche Reduktion des wahrgenommenen ökologischen Kaufrisikos bewirken, höher eingeschätzt werden als solche mit geringerem Reduktionsbeitrag. Von daher ist Hypothese **Hyp Gesch 1** zu bestätigen.[125]

Zur Untersuchung der Fragestellung, inwieweit ein Einfluß von der Produktkategorie auf die ökologieorientierten Geschäftsanforderungen ausgeht, faßt Abbildung 18 die zentralen Ergebnisse zusammen. Auf der einen Seite fällt auf, daß die größte Differenz zwischen den produktkategoriespezifischen Mittelwerten wie bei den ökologieorientierten Produktanforderungen lediglich 0,2 Skalenpunkte beträgt und daß bis auf zwei bzw. drei Mittelwerte alle anderen Unterschiede signifikant voneinander abweichen. Auf der anderen Seite ist die Rangreihenfolge in den Wichtigkeiten ökologieorientierter Geschäftsanforderungen lediglich auf dem siebten und achten Rangplatz vertauscht. Bei allen anderen ökologieorientierten Geschäftsanforderungen ist die Rangreihung bei Haushaltsgeräten und Unterhaltungselektronik gleich. Damit ist - wie schon bei den ökologieorientierten Produktanforderungen - auch bei den ökologieorientierten Geschäftsanforderungen ein Einfluß der Produktkategorie nicht nachweisbar. Die Hypothese **Hyp Kat 2** ist daher als bestätigt anzusehen.

Die zur Unabhängigkeitsüberprüfung der ökologieorientierten Geschäftsanforderungen durchgeführte Korrelationsanalyse zeigt bei allen Korrelationskoeffizienten hochsignifikante Werte, die im Intervall zwischen 0,18 bis 0,80 schwanken.[126] Dabei sind die ökologieorientierten Geschäftsanforderungen stärker miteinander korreliert als diejenigen der ökologieorientierten Produktanforderungen. Auffällig ist erneut eine Ausnahmestellung des Kriteriums „Angebot gebrauchter Elektrogeräte". Dieses Item weist die geringsten Korrelationen mit anderen Variablen auf. Damit liegt die Schlußfolgerung nahe, daß ein Angebot gebrauchter Produkte innerhalb von Elektrogeschäften als weitgehend eigenständige Dimension von den Konsumenten begriffen wird. Demgegenüber bestehen deutliche Zusammenhänge zwischen den Variablen „breite Auswahl umweltfreundlicher Geräte" und „Hinweis auf umweltfreundliche Produkte im Beratungsgespräch". Hier sehen die

---

[125] Auch die Skala der Geschäftsanforderungen ist als reliabel anzusehen (Alpha = 0,90). Bei der Split-Half-Methode ergab sich ein Equal-Length Spearman-Brown Koeffizient von 0,87 sowie eine gute Entsprechung zwischen den Alpha-Werten der ersten und der zweiten Skalenhälfte.

[126] Vgl. hierzu die im Anhang befindliche Korrelationsmatrix (Abbildung A5).

Ökologieorientierte Geschäftsanforderungen	Gesamt-mittel-wert	Unterhaltungselektronik			Haushaltsgeräte			Signifikanz-Test	
		Mittel-wert	Standard-abwei-chung	Rang-wert	Mittel-wert	Standard-abwei-chung	Rang-wert	T-Test	Kolmogorov-Smirnov-Test
• breite Auswahl umweltfreund-licher Geräte	4,63	4,53	1,30	3	4,73	1,17	3	**	**
• Hinweis auf umweltfreund-liche Geräte im Beratungs-gespräch	4,65	4,55	1,35	2	4,76	1,17	2	**	**
• Hervorhebung umweltfreund-licher Geräte im Regal	4,57	4,52	1,34	4	4,61	1,22	4	*	n.s.
• Zusammenstellung umwelt-freundlicher Geräte in einer "Öko-Ecke"	4,04	3,94	1,48	8	4,14	1,37	7	**	**
• Ladengestaltung als "Öko-Geschäft"	3,86	3,79	1,53	9	3,92	1,43	9	**	*
• Umweltorientierte Aktionen	4,04	3,99	1,47	7	4,10	1,40	8	**	n.s.
• Angebot gebrauchter Elektrogeräte	3,56	3,62	1,70	10	3,51	1,62	10	*	**
• Hervorhebung umweltfreund-licher Geräte in der Werbung	4,32	4,30	1,44	6	4,33	1,37	6	n.s.	n.s.
• Überprüfung und Garantie fachkundiger Entsorgung	4,97	4,98	1,25	1	4,96	1,23	1	n.s.	n.s.
• Angebot umweltorientierter Services	4,49	4,39	1,43	5	4,59	1,34	5	**	**

Skala: 1 = überhaupt nicht wichtig / 6 = sehr wichtig   Signifikanzniveaus: ** = α<0,05 / * = α<0,1 / n.s. = >0,1

Abb. 18: Bedeutung ökologieorientierter Geschäftsanforderungen differenziert nach der Produktkategorie

Konsumenten offenkundig eine komplementäre Beziehung, so daß im Umkehrschluß gefolgert werden kann, daß allein eine breite Auswahl umweltfreundlicher Produkte noch nicht hinreichend für eine ökologieorientierte Profilierung erscheint, sondern durch entsprechende Beratungshinweise zu ergänzen ist. Ebenfalls empfiehlt sich eine kommunikative Unterstützung, wie die hohen Korrelationen dieses Items mit den anderen verdeutlichen.

In einem weiteren Analyseschritt ist zu untersuchen, inwieweit die Wahrnehmung der Konsumenten eine Verdichtung der erhobenen ökologieorientierten Geschäftsanforderungen mittels einer Faktorenanalyse erfordert.[127] Als Ergebnis der Faktorenanalyse lassen sich zwei Faktoren identifizieren, die zusammen 66,2 % der Ausgangsvarianz erklären (vgl. Abbildung 19). Dabei können die vom ersten Faktor zusammengefaßten Variablen als "traditionelle Fachhandelsleistungen mit Umweltschutzbezug" bezeichnet werden. Dieser Faktor weist 55,6 % Erklärungsbeitrag auf. Der zweite Faktor erklärt lediglich 10,6 % der Ausgangsvarianz und repräsentiert im Gegensatz zum ersten Faktor für Elektrogeschäfte neuartige Umweltleistungen. Die Variable „umweltorientierte Aktionen" weist eine Doppelladung auf. Die Konsumenten assoziieren offenkundig ökologieorientierte Verkaufsförderungsaktionen zum einen als traditionelle Profilierungsmöglichkeit und zum anderen bei innovativen Formen als neuartige Umweltleistung einer Einkaufsstätte.

Insgesamt ist die Faktorenanalyse hinsichtlich ihres Erklärungsanteils als nicht befriedigend zu beurteilen. Zwar werden im Vergleich zur Faktorenanalyse der ökologieorientierten Produktanforderungen immerhin 6,6 % mehr Varianz erklärt; für eine Clusterung der Konsumenten anhand der Faktorenwerte scheint der Gesamterklärungsbeitrag jedoch als nicht ausreichend. Aus diesem Grund wird die Gruppenbildung anhand der unverdichteten ökologieorientierten Geschäftsanforderungen vorgenommen.

---

[127] Sowohl das Kaiser-Meyer-Olkin Kriterium (0,91) als auch der Bartlett Test ($\alpha < 0{,}01$) bestätigen die Eignung der Daten für eine Faktorenanalyse.

Faktoren (Eigenwert)	Indikatorvariablen	Faktorladungen (gerundet)	Varianzerklärungsanteil
traditionelle Fachhandelsleistungen mit Umweltbezug (5,565)	• breite Auswahl umweltfreundlicher Geräte	0,836	55,6%
	• Hinweis auf umweltfreundliche Geräte im Beratungsgespräch	0,853	
	• Hervorhebung umweltfreundlicher Geräte im Regal	0,762	
	• Umweltorientierte Aktionen	0,517	
	• Hervorhebung umweltfreundlicher Geräte in der Werbung	0,634	
	• Überprüfung und Garantie fachkundiger Entsorgung	0,763	
	• Angebot umweltorientierter Serviceleistungen	0,627	
neuartige Umweltleistungen (1,057)	• Zusammenstellung umweltfreundlicher Geräte in einer "Öko-Ecke"	0,674	10,6%
	• Ladengestaltung als "Öko-Geschäft"	0,748	
	• Umweltorientierte Aktionen	0,672	
	• Angebot gebrauchter Elektrogeräte	0,744	
Hauptkomponentenanalyse Kaiser-Meyer-Olkin-Kriterium 0,91		Σ	66,2%

Abb. 19: **Faktoranalytische Verdichtung der ökologieorientierten Geschäftsanforderungen**

Die hierarchische Clusteranalyse nach dem Ward-Verfahren ergibt eine fünf-Cluster Lösung.[128] Nach einer anschließenden auf den Mittelwerten der Ward-Lösung basierenden partionierenden Clusteranalyse erhält man die in Abbildung 20 dargestellten Clustermittelwerte für die fünf Gruppen, die wie folgt kurz beschrieben werden können:

Cluster 1: **alternativer Gebrauchtangebot-Käufer** (27,3 %)

Angehörige des ersten Clusters zeichnen sich bei nahezu allen ökologieorientierten Geschäftsanforderungen durch ein Antwortverhalten aus, das dem Durchschnitt über alle Befragten recht nahe kommt. Auffällig ist jedoch die hohe Wichtigkeit, die von den Konsumenten dieses Clusters dem Angebot gebrauchter Produkte zugewiesen wird. Insofern ist die Aussage, daß ein Angebot gebrauchter

---

[128] Vgl. zur Bestimmung der Clusterzahl Abbildung A6 im Anhang.

Ökologieorientierte Geschäftsanforderung	Gesamt-mittel-wert	Ausprägung der clusterbildenden Variablen im jeweiligen Cluster im Vergleich zum Gesamtmittelwert				
		Alterna-tiver Ge-braucht-angebot-Käufer	Umwelt-Igno-ranter Ver-weigerer	Verun-sicher-ter Kunde	Selek-tiver Neu-geräte-kunde	undifferen-zierter Öko-Laden-Käufer
• breite Auswahl umweltfreundlicher Geräte	4,63	o	- - - -	- - -	+ +	+ + + +
• Hinweis auf umwelt-freundliche Geräte	4,65	o	- - - -	- -	+ +	+ + + +
• Hervorhebung um-weltfreundlicher Geräte im Regal	4,57	o	- - - -	- - -	+ +	+ + + +
• Zusammenstellung umweltfreundl. Geräte in einer "Öko-Ecke"	4,04	o	- - - -	- - - -	+ +	+ + + +
• Ladengestaltung als "Öko-Geschäft"	3,86	+	- - - -	- - - -	+	+ + + +
• umweltorientierte Aktionen	4,04	+	- - - -	- - - -	+ +	+ + + +
• Angebot gebrauch-ter Elektrogeräte	3,56	+ + + +	- - - -	- - -	- - - -	+ + + +
• Hervorhebung umwelt-freundlicher Geräte in der Werbung	4,32	+	- - - -	- - -	+ +	+ + + +
• Überprüfung u. Garantie fachkund. Entsorgung	4,97	o	- - - -	- -	+ +	+ + +
• Angebot umwelt-orientierter Services	4,49	+	- - - -	- - -	+	+ + + +
Anteil an der Stichprobe		27,3%	8,5%	23,3%	20,3%	20,5%

Abweichungen der Clustermittel-werte vom Gesamtmittelwert		0-0,15	0,15-0,4	0,4-0,7	0,7-1,0	1,0-1,5
	überdurchschnittlich	o	+	+ +	+ + +	+ + + +
	unterdurchschnittlich	o	-	- -	- - -	- - - -

Abb. 20: Kennzeichnung der Konsumentencluster auf Grundlage ökologieorientierter Geschäftsanforderungen

Produkte eine geringe Profilierungswirkung besitzt, segmentspezifisch zu relativieren. Darüber hinaus betont dieses Cluster die Wichtigkeit ökologieorientierter Aktionen, einer ökologieorientierten Ladengestaltung, umweltorientierter Werbung und ökologieorientierter Serviceleistungen. Vor diesem Hintergrund erscheint die Cluster-Bezeichnung "alternativer Gebrauchtangebot-Käufer" gerechtfertigt.

Cluster 2: **umweltignoranter Verweigerer** (8,5 %)

Konsumenten, die sich in diesem bisher kleinsten Cluster befinden, artikulieren eine hohe Ignoranz gegenüber ökologieorientierten Geschäftsanforderungen. Die Gruppenmittelwerte weichen bei allen Variablen deutlich um mindestens einen Skalenpunkt vom Gesamtmittelwert nach unten hin ab. Von daher soll das Cluster als die Gruppe der „umweltignoranten Verweigerer" bezeichnet werden.

Cluster 3: **verunsicherter Kunde** (23,3 %)

Das dritte Cluster weist bei den drei Variablen „Zusammenstellung umweltfreundlicher Geräte in einer Öko-Ecke", „Ladengestaltung als Öko-Geschäft" und „umweltorientierte Aktionen" einen ähnlich geringen Mittelwert auf wie das Cluster der umweltignoranten Verweigerer. Hinsichtlich der weiteren Kriterien bewegt sich die Wichtigkeitseinschätzung zwar immer noch unterhalb des Gesamtmittelwertes, jedoch läßt sich anhand der Kriterien „Hinweis auf umweltfreundliche Produkte" und „Überprüfung und Garantie fachkundiger Entsorgung" auf eine gewisse umweltbezogene Verunsicherung schließen. In diesem Zusammenhang erscheint die Clusterbezeichnung "verunsicherter Kunde" angemessen.

Cluster 4: **selektiver Neugerätekunde** (20,3 %)

Im vierten Cluster wird auffallend gering das Angebot gebrauchter Produkte eingestuft. Hingegen liegen die Mittelwerte aller anderen Variablen über den Gesamtmittelwerten, aber immer noch unter denjenigen des fünften Clusters. Angesichts dieses differenzierten Antwortverhaltens wird die Clusterbezeichnung "selektiver Neugerätekunde" gewählt.

Cluster 5: **undifferenzierter Öko-Laden-Käufer** (20,5 %)

Das letzte Cluster zeichnet sich durch das höchste Anspruchsprofil bei ökologieorientierten Geschäftsanforderungen aus. Dieses trifft auch auf die Einschätzung einer ökologieorientierten Ladengestaltung zu, so daß insbesondere zur Abgrenzung gegenüber dem vierten Cluster die Bezeichnung "undifferenzierter Öko-Laden-Käufer" gerechtfertigt erscheint.

Gruppenzugehörigkeit geschätzt durch Diskriminanzfunktionen vorgegeben durch Clusteranalyse	Alternativer Gebrauchtangebot-Käufer	Umweltignoranter Verweigerer	Verunsicherter Kunde	Selektiver Neugerätekunde	undifferenzierter Öko-Laden-Käufer
Alternativer Gebrauchtangebot-Käufer	99,0%			0,7%	0,3%
Umweltignoranter Verweigerer		96,4%	3,6%		
Verunsicherter Kunde	2,1%	1,1%	96,6%	0,2%	
Selektiver Neugerätekunde	3,1%		0,6%	96,3%	
undifferenzierter Öko-Laden-Käufer	0,9%			1,5%	97,6%

Anteil richtig klassifizierter Fälle = 97,36%

Abb. 21: Diskriminanzanalytisch ermittelte Klassifikationsmatrix zur Überprüfung der Konsumententypenbildung anhand der ökologieorientierten Geschäftsanforderungen

Eine zur Überprüfung der Clusterlösung durchgeführte multivariate Diskriminanzanalyse[129] ergibt insgesamt vier hochsignifikante Diskriminanzfunktionen. Bei einer schrittweisen Einbeziehung der Funktionen ist eine deutliche Verschlechterung der beiden Gütekriterien Wilks' Lambda und Kanonischer Korrelations-Koeffizient festzustellen.[130] Allerdings kann der Anteil richtig klassifizierter Fälle mit 97,63 % als hoch bezeichnet werden (vgl. Abbildung 21).[131]

---

[129] Eine vorgeschaltete univariate Diskriminanzanalyse zeigt, daß alle ökologieorientierten Geschäftsanforderungen hochsignifikant zur Trennung zwischen den Konsumentenclustern beitragen und daher zur multivariaten Diskriminanzanalyse heranzuziehen sind.

[130] So steigt der Wert von Wilks' Lambda von 0,059 bis auf 0,99. Der Kanonische Korrelations-Koeffizient verringert sich von 0,93 auf 0,09.

[131] Demgegenüber hätte eine zufällige Zuordnung lediglich eine Trefferquote von 20 % ergeben.

Untersucht man die Diskriminierungsfähigkeit der ökologieorientierten Geschäftsanforderungen, so zeigt sich, daß das Item „Angebot gebrauchter Produkte" am stärksten zwischen den Konsumentenclustern trennt (vgl. Abbildung 22).[132] Angesichts der Ergebnisse aus der Korrelationsanalyse vermag diese Feststellung nicht weiter zu überraschen. Die Wichtigkeitseinschätzung der Variable „Zusammenstellung ökologieorientierter Produkte in einer Öko-Ecke" besitzt die zweitstärkste Differenzierungsfähigkeit. Offenbar orientieren sich gewisse Konsumenten an einer solchen Gerätezusammenstellung, während andere den direkten Leistungsvergleich zu traditionellen Elektrogeräten bevorzugen. Dieses gilt in ähnlicher Weise für die ökologische Ladengestaltung als Indikator für ein Umweltengagement von Elektrogeschäften.

Obwohl ein Angebot gebrauchter Elektrogeräte und die Zusammenstellung ökologieorientierter Geräte aus Handelssicht relativ kurzfristig umsetzbar erscheinen, empfehlen sich diese Profilierungsmaßnahmen nicht, da ihnen in allen Clustern lediglich eine geringe Kaufverhaltensrelevanz zukommt.

Die geringsten Differenzierungsbeiträge leisten, ähnlich wie bei den ökologieorientierten Produktanforderungen, diejenigen Geschäftsanforderungen, denen alle Befragten eine hohe Bedeutung zumessen. So kommt den Items „Überprüfung und Garantie einer fachkundigen Entsorgung", „breite Auswahl umweltfreundlicher Produkte" und „Hinweis auf umweltfreundliche Geräte im Beratungsgespräch" eine relative Diskriminanzbedeutung von weniger als 25 % zu. Damit ist in diesen Bereichen von einer segmentspezifischen Profilierung eindeutig abzuraten.

---

[132] Im Vergleich zur Trennfähigkeit der ökologieorientierten Produktanforderungen ist festzuhalten, daß die relative Bedeutung der Variablen hier weniger stark streut.

Ökologieorientierte Geschäftsanforderung	mittlerer Diskriminanzkoeffizient	Relative Bedeutung der Produktanforderung	
		in %	Rang
breite Auswahl umweltfreundlicher Geräte	0,192	7,9	9.
Hinweis auf umweltfreundliche Geräte im Beratungsgespräch	0,201	8,3	8.
Hervorhebung umweltfreundlicher Geräte im Regal	0,235	9,7	6.
Zusammenstellung umweltfreundlicher Geräte in einer "Öko-Ecke"	0,276	11,4	2.
Ladengestaltung als "Öko-Geschäft"	0,271	11,2	3.
Umweltorientierte Aktionen	0,250	10,4	5.
Angebot gebrauchter Elektrogeräte	0,364	15,1	1.
Hervorhebung umweltfreundlicher Geräte in der Werbung	0,257	10,6	4.
Überprüfung und Garantie fachkundiger Entsorgung	0,151	6,3	10.
Angebot umweltorientierter Services	0,219	9,1	7.
Σ	2,416	100%	

Abb. 22: Diskriminatorische Bedeutung der ökologieorientierten Geschäftsanforderungen für die Konsumentencluster

Nachdem isoliert für ökologieorientierte Produkt- und Geschäftsanforderungen Marktsegmente abgeleitet werden konnten, ist in einem weiteren Schritt eine Kombination beider Konsumentensegmentierungen vorzunehmen, um für vertikale Profilierungskonzepte relevante Zielgruppenpotentiale zu identifizieren. In

Abbildung 23 ist hierfür eine Kreuztabelle der Konsumentencluster aus ökologieorientierten Produkt- und Geschäftsanforderungen dargestellt.[133]

Von den insgesamt 20 Clustern sind sieben als Divergenzcluster zu bezeichnen, die immerhin mehr als 28,5 % der Befragten repräsentieren.[134] Von diesen sieben Clustern lassen sich unter Bezugnahme auf die im kaufverhaltenstheoretischen Teil getroffene Systematisierung zwei als Divergenztyp 1 klassifizieren, d.h. Konsumenten in diesen Clustern artikulieren eine überdurchschnittliche Wichtigkeit ökologieorientierter Produktanforderungen, während ökologieorientierte Geschäftsanforderungen aus ihrer Sicht weniger wichtig sind. Die restlichen fünf Cluster sind dem Divergenztyp 2 mit überdurchschnittlichen ökologieorientierten Geschäftsanforderungen und unterdurchschnittlichen ökologieorientierten Produktanforderungen zuzurechnen.[135] Damit kann die Hypothese **Hyp Gesch 2**, die eine Existenz von Kongruenz- und Divergenztypen vermutete, bestätigt werden.[136]

Aus wirtschaftlichen Gründen wird eine segmentspezifische Bearbeitung aller 20 Konsumentencluster nicht empfehlenswert sein. Daher ergibt sich die Notwendigkeit, die Zahl der zu bearbeitenden Konsumentencluster einzuschränken. Als Selektionskriterium bietet sich der prognostizierte Segmentgewinn an, der die Residualgröße von Umsätzen und Bearbeitungskosten innerhalb eines Segmentes

---

[133] Zu beachten ist, daß sich aufgrund von missing values eine leicht geänderte Prozentverteilung innerhalb der Cluster ergeben hat. Im folgenden wird diese Verteilung zugrunde gelegt. Zur Gewinnung ökologieorientierter Cluster wäre auch eine auf den ökologieorientierten Produkt- und Geschäftsanforderungen gemeinsam basierende Clusteranalyse denkbar gewesen. Angesichts der beschränkten Rechnerkapazität mußte hierauf jedoch verzichtet werden.

[134] Für die Klassifikation nach Divergenz- und Kongruenztypen erfolgte für jede Zelle zunächst die Bildung der arithmetischen Mittelwerte getrennt nach ökologieorientierten Produkt- und Geschäftsanforderungen. Durch diese Transformation bleibt die Interpretationsmöglichkeit der Skala gewahrt. Die clusterspezifische Klassifikation nach Divergenz- und Kongruenztypen ist in Abbildung 23 verzeichnet.

[135] Zum Kongruenztyp 1 (Kongruenztyp 2) mit einem überdurchschnittlichen (unterdurchschnittlichen) ökologieorientierten Produkt- und Geschäftsanforderungsniveau zählen sechs (sieben) Cluster.

[136] Für die clusterspezifischen Mittelwerte sowohl der Produkt- als auch der Geschäftsanforderungen wurden multiple Mittelwertvergleichstests nach Duncan durchgeführt. Von den 190 paarweisen Mittelwertvergleichen sind bei den Produktanforderungen (Geschäftsanforderungen) 166 (168) signifikant ($\alpha < 0,05$). Bei einem Signifikanzniveau $\alpha < 0,1$ kommen bei den Produktanforderungen und Geschäftsanforderungen jeweils vier signifikante Unterschiede hinzu.

Cluster nach Geschäfts-anforderungen / Cluster nach Produktanforderungen	Alternativer Gebrauchtangebotkäufer	Umweltignoranter Verweigerer	Verunsicherter Kunde	Selektiver Neugerätekunde	Undifferenzierter Öko-Ladenkäufer	Prozentanteile Spalte
Verpackungsignoranter Umweltrealist	D2 5,4%	K2 1,3%	K2 5,6%	K1 3,5%	K1 1,9%	17,7%
Selbstbewußter Umweltskeptiker	D2 13,9%	K2 2,1%	K2 7,0%	D2 6,0%	K1 2,5%	31,5%
Undifferenzierter Umweltkäufer	K1 6,3%	D1 0,4%	D1 1,9%	K1 9,8%	K1 16,5%	35,1%
Uninteressierter Umweltignorant	K2 1,4%	K2 4,8%	K2 8,5%	D2 0,8%	D2 0,2%	15,7%
Prozentanteile Zeile	27,0%	8,6%	23,0%	20,2%	21,1%	100%

	Minimum über alle Cluster	Durchschnitt über alle Cluster	Maximum über alle Cluster
Ökologieorientierte Produktanforderungen	3,48	4,94	5,77
Ökologieorientierte Geschäftsanforderungen	2,17	4,33	5,62

Abb. 23: Kreuztabelle der Konsumentencluster nach ökologieorientierten Produkt- und Geschäftsanforderungen
(Abbildungslegende: D1/D2 Divergenztyp 1 bzw. 2, K1/K2 Kongruenztyp 1 bzw. 2)

darstellt.[137] Da der Segmentgewinn nicht ohne Bezug zu einem konkreten Unternehmen abzuschätzen ist, wird im folgenden hilfsweise davon ausgegangen, daß die vier größten ökologieorientierten Konsumentencluster eine wirtschaftliche Segmentbearbeitung erwarten lassen.[138] Diese sind in Abbildung 23 grau schraffiert und stehen im Mittelpunkt der nachfolgenden Ausführungen. Eine nähere Beschreibung dieser vier Konsumentencluster erfolgt anhand des in Abbildung 24 dargestellten Positionierung.[139]

Das erste Cluster ist zwar als Divergenztyp 2 mit überdurchschnittlich hohen ökologieorientierten Geschäftsanforderungen und unterdurchschnittlichen Produktanforderungen zu klassifizieren. Allerdings sind die Abweichungen auf beiden Dimensionen vom Mittelwert über alle Befragten vergleichsweise gering. Daher soll dieses Cluster die Bezeichnung "durchschnittlicher Umweltkäufer" erhalten. Konsumenten im zweiten und dritten Cluster artikulieren demgegenüber ein überdurchschnittliches Anspruchsprofil bei ökologieorientierten Produkt- und Geschäftsanforderungen.

Im zweiten Cluster kann von "selektiven" und im dritten Cluster, das sich durch das höchste Anforderungsprofil aller 20 Cluster auszeichnet und am stärksten besetzt ist, von "anspruchsvollen Umweltkäufern" gesprochen werden.[140] Das vierte Cluster hingegen ist sowohl bei den ökologieorientierten Produktanforderungen als auch den ökologieorientierten Geschäftsanforderungen durch ein unterdurchschnittliches Wichtigkeitsprofil zu kennzeichnen. Demzufolge soll für diese Konsumenten die Bezeichnung "umweltignorante Käufer" verwendet werden.

---

[137] Vgl. Freter, H. Marktsegmentierung, a.a.O., S. 98.

[138] Die vier ausgewählten Cluster repräsentieren zusammen 48,7 % aller Konsumenten. Ihre Einzelgröße ist jedoch vergleichsweise gering, so daß zu vermuten ist, daß eine segmentspezifische Profilierung für Massenhersteller nicht lohnenswert ist.

[139] Die Kreisgröße in der Abbildung symbolisiert die entsprechende Segmentgröße.

[140] Die starke Besetzung im Cluster der anspruchsvollen Umweltkäufer ist im Vergleich zum tatsächlichen umweltbewußten Kaufverhalten überraschend. Sie kann mit einiger Berechtigung als Indiz für das Vorliegen sozial erwünschten Antwortverhaltens gewertet werden.

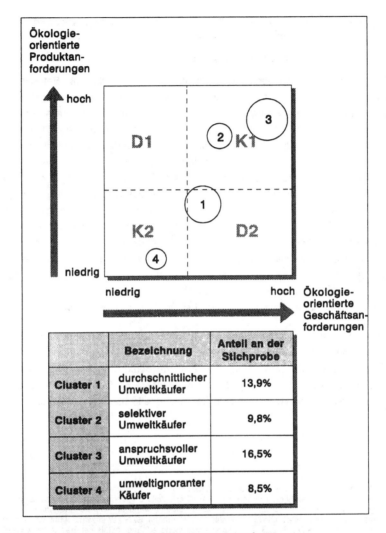

Abb. 24: Positionierung der empirischen Konsumentencluster

Sowohl die selektiven und die anspruchsvollen Umweltkäufer sowie die umweltignoranten Käufer sind Kongruenztypen. Schreibt man auch den durchschnittlichen Umweltkäufern ein weitgehend kongruentes Anforderungsprofil zu, stützt diese Feststellung die Aussage, daß bei einer ökologieorientierten Profilierung der kooperativen Einbindung der Absatzmittler eine besondere Rolle zukommt.

1.23 Ausprägungsformen von Einflußfaktoren auf ökologieorientierte Produkt- und Geschäftsanforderungen

1.231 Generelle Produktanforderungen

Die Ausprägungen der generellen Produktanforderungen über alle Befragten in der vorliegenden Untersuchung und ein entsprechendes Anforderungsprofil aus dem Jahre 1985 zeigt Abbildung 25.[141] Die beiden Profilverläufe deuten bei allen Variablen bis auf das Kriterium „in Deutschland hergestellt" auf eine Steigerung des Anspruchsniveaus hin. Beim Kriterium „Umweltfreundlichkeit" ist festzuhalten, daß die Konsumenten diese Produktanforderung deutlich wichtiger einschätzen als 1985.[142] Dieses zeigt sich auch im direkten Vergleich zu anderen Produktanforderungen. So wurde das Kriterium „ansprechendes Design" 1985 geringfügig wichtiger bewertet. In der vorliegenden Studie erreicht das Design lediglich einen geringeren Stellenwert. Ferner lag das Kriterium „in Deutschland hergestellt" seinerzeit mit der Umweltfreundlichkeit gleichauf, während die Bedeutung des Kaufkriteriums „in Deutschland hergestellt" heute deutlich geringer einzuschätzen ist. Interessant ist auch die Bedeutungsentwicklung des Items „technisch auf dem neuesten Stand", das vor zehn Jahren noch deutlich wichtiger als die Umweltfreundlichkeit eingeschätzt wurde, nun aber gleichrangig bewertet wird.

Trotz der gestiegenen Bedeutung der Umweltfreundlichkeit ist segmentübergreifend zu erkennen, daß verschiedene traditionelle Anforderungskriterien, wie z.B. „hohe Qualität", „Zuverlässigkeit" und „einfache Bedienung", weiterhin wichtiger eingeschätzt werden und infolgedessen eine höhere Kaufverhaltensrelevanz besitzen. Damit ist die Hypothese **Hyp Gen 1** über alle Befragten uneingeschränkt

---

[141] Beim Vergleich der Profile ist zu beachten, daß sich die Untersuchungen in vielfältiger Hinsicht unterscheiden, obwohl die Befragung von 1985 ebenfalls langlebige Gebrauchsgüter zum Gegenstand hatte. Es ist u.a. auf die verwendeten Skalen, den divergierenden Fragenaufbau und die Stichprobenunterschiede hinzuweisen. Vgl. Windhorst, K.-G., Wertewandel und Konsumentenverhalten, a.a.O., S. 263. Die Skalenumrechnung erfolgte mittels der Beziehung y=1+(5-x)·5/4. Vgl. hierzu auch Ohlsen, G., Marketing-Strategien in stagnierenden Märkten, a.a.O., S. 119.

[142] Um sozial erwünschtes Antwortverhalten zu reduzieren, wurden während der Befragung zuerst die generellen Produktanforderungen erhoben und danach die ökologieorientierten. Zusätzlich wurden bereits in den generellen Produktanforderungen drei ökologieorientierte aufgenommen, um Plausibilitätstests des Antwortverhaltens durchzuführen. Die Plausibilitätstests erreichen lediglich ein als ausreichend zu bezeichnendes Niveau. Es handelt sich um die Reparaturfreundlichkeit (r=0,49), die Lebensdauer (r=0,50) und den Energieverbrauch (r= 0,54).

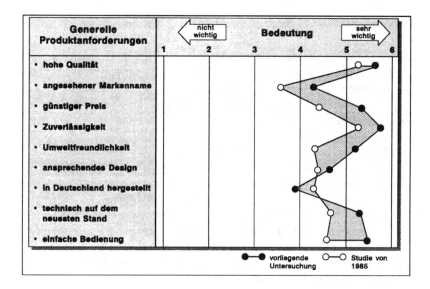

Abb. 25: Wichtigkeit genereller Produktanforderungen im Zeitvergleich

zu bestätigen. Dieses Ergebnis wird durch eine Befragung bei 75.000 Kunden zu den Auswahlkriterien bei Haushaltsgeräten gestützt.[143]

Als Fazit der dargestellten Ergebnisse ist festzuhalten, daß eine ökologieorientierte Profilierungskonzeption im Gesamtmarkt der Elektrobranche nur dann Erfolgsaussichten hat, wenn die traditionellen Produktanforderungen der Konsumenten weitgehend erfüllt sind. Eine lediglich eindimensionale auf ökologieorientierte Innovationen ausgerichtete Profilierung scheint hingegen nicht erfolgversprechend.[144]

---

[143] In dieser Studie wurde das Kriterium „Umweltverträglichkeit" von 56 % der Konsumenten genannt und erreichte den viertwichtigsten Stellenwert. Deutlich dahinter lagen z.b. ein günstiger Anschaffungspreis (44,3 %) oder ein gutes Design (11,3 %). Vgl. VDEW e.V. (Hrsg.), Ergebnisse der Haushaltskundenbefragung 1991, Frankfurt am Main 1992, S. 48. Das Fragebogendesign läßt Mehrfachnennungen zu. Abbildung A7 im Anhang zeigt die Rangwerte aller abgefragten Kriterien.

[144] Vgl. auch allgemein Wiedmann, K.-P., Zum Stellenwert der "Lust auf Genuß-Welle" und des Konzepts eines erlebnisorientierten Marketing, a.a.O., S. 217.

In einem nächsten Analyseschritt ist der Fragestellung nachzugehen, ob besondere ökologieorientierte Profilierungschancen innerhalb ausgewählter ökologieorientierter Konsumentensegmente bestehen. Darüber hinaus ist zu untersuchen, inwieweit die unterschiedlichen generellen Produktanforderungen[145] sich auf die ökologieorientierten Produkt- und Geschäftsanforderungen auswirken. Hierzu zeigt Abbildung 26 die Mittelwertprofile genereller Produktanforderungen der vier Konsumentencluster.

Aus der Abbildung ist ersichtlich, daß sich die überwiegende Mehrzahl der Mittelwerte genereller Produktanforderungen zwischen den Konsumentenclustern signifikant voneinander unterscheidet.[146] Kritisch für den Aussagewert der ökologieorientierten Segmentierung scheint jedoch die weitgehende Parallelität der Profile zu sein, die darauf hindeutet, daß trotz signifikanter Unterschiede im Antwortniveau die relative Bedeutung der Produktanforderungen in allen Segmenten weitgehend gleich ist. Diese Tatsache führt dazu, daß in allen Clustern die Umweltfreundlichkeit als Kaufentscheidungskriterium von traditionellen Produktanforderungen eindeutig dominiert wird.

Dieser Eindruck wird bei einer tiefergehenden segmentspezifischen Betrachtung weiter erhärtet. So ist beim zweiten und dritten Cluster das höchste generelle produktbezogene Anforderungsprofil festzustellen. Offenkundig wirkt sich das hohe Bedeutungsprofil der generellen Produktanforderungen direkt auch auf das hohe Anforderungsprofil der ökologieorientierten Produkteigenschaften aus. Dabei sind die höchsten generellen Produktanforderungen ohne Ausnahme bei den anspruchsvollen Umweltkäufern zu beobachten. Die durchschnittlichen Umweltkäufer bewegen sich mit ihren Einschätzungen zu den generellen Produktanforderungen im Mittelfeld der Wichtigkeitsskala. Keiner Variable messen sie eine höhere Bedeutung zu als die selektiven und anspruchsvollen Umweltkäufer.

---

[145] Eine Korrelationsanalyse der generellen Produktanforderungen zeigt Korrelationskoeffizienten nach Pearson von $r=0,04$ bis $r=0,63$. Angesichts dieser Werte besteht nicht die Möglichkeit, bestimmte Produktanforderungen zusammenzufassen.

[146] Den multiplen Mittelwertvergleichen wurde ein F-Test vorangestellt, der als Globaltest bei allen generellen Produktanforderungen eine hohe Signifikanz der Mittelwertunterschiede ergab. Vgl. Norusis, M.J., SPSS für Windows Anwenderhandbuch für das Base System Version 6.0., a.a.O., S. 270 f. Der multiple Mittelwertvergleich erfolgte anhand des Duncan-Test mit einer Irrtumswahrscheinlichkeit von $\alpha<0,05$ bzw. $\alpha<0,1$. Vgl. zum Duncan-Test Clauß, G., Finze, F.-R., Partzsch, L., Statistik für Soziologen, Pädagogen und Mediziner, a.a.O., S. 274 ff.

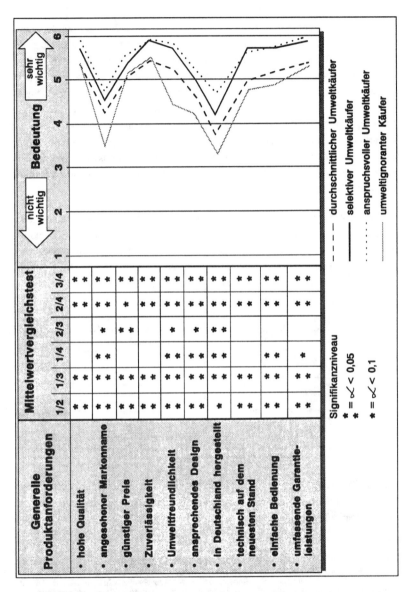

Abb. 26: Generelle Produktanforderungen differenziert nach Konsumentenclustern

Hinsichtlich der Abgrenzung zu den umweltignoranten Käufern ist bei den Kriterien „hohe Qualität", „günstiger Preis", „hohe Zuverlässigkeit" und „technisch auf dem neusten Stand" eine weitgehend homogene Beurteilung interessant. Offenkundig handelt es sich hierbei um Grundleistungen, die jeder Käufer von Elektroprodukten erwartet, wohingegen die Kriterien „angesehene Marke", „Umweltfreundlichkeit", „ansprechendes Design", „in Deutschland hergestellt" und „einfache Bedienung" Leistungen darstellen, die von den umweltignoranten Käufern als weniger wichtig beurteilt werden. Auch die clusterspezifischen Anforderungsprofile zeigen eine Dominanz nicht umweltbezogener Produktanforderungen in allen vier Gruppen an und bestätigen damit uneingeschränkt den in Hypothese **Hyp Gen 1** formulierten Zusammenhang.

Zur quantitativen Analyse der Frage, inwieweit mit einer steigenden Wichtigkeitseinschätzung genereller Produktanforderungen auch die Bedeutung ökologieorientierter Produktanforderungen steigt, bietet sich eine Verdichtung beider Anforderungskataloge zu Indexwerten[147] und eine anschließende Korrelationsanalyse der Indexwerte an. Die Korrelationskoeffizienten nach Pearson zeigt Tabelle 2.

Bezugsebene	Pearsonscher Korrelationskoeffizient
- alle Befragten	r = 0,4986
- durchschnittliche Umweltkäufer	r = 0,3881
- selektive Umweltkäufer	r = 0,2344
- anspruchsvolle Umweltkäufer	r = 0,4279
- umweltignorante Käufer	r = 0,3800

Tab. 2: **Korrelationen zwischen generellen und ökologieorientierten Produktanforderungen auf Grundlage verdichteter Indices**

Über alle Befragten zeigt sich ein starker, positiver Zusammenhang zwischen den generellen und den ökologieorientierten Produktanforderungen, der innerhalb der vier Konsumentencluster in diesem Maße nicht reproduzierbar ist.[148] Am ver-

---

[147] Eine Indexbildung ist immer mit dem Verlust von Einzelinformationen verbunden, der jedoch in Kauf genommen wird, um die Fülle von Einzeldaten übersichtlich zu verdichten. Vgl. Bleymüller, J., Gehlert, G., Gülicher, H., Statistik für Wirtschaftswissenschaftler, a.a.O., S. 181. Indexbildungen in der vorliegenden Untersuchung wurden - sofern nicht anders vermerkt - anhand der ungewichteten und additiv verknüpften Einzelvariablen vorgenommen.

[148] Alle Koeffizienten in der Tabelle 2 sind hoch signifikant ($\alpha < 0,01$).

gleichsweise stärksten ist die Beziehung bei den anspruchsvollen Umweltkäufern. Hingegen sinkt die Stärke der Beziehung auf 0,23 bei den selektiven Umweltkäufern ab. Insgesamt gesehen bestätigen die Korrelationsanalysen eindeutig die enge Verknüpfung genereller und ökologieorientierter Produktanforderungen, die als Hypothese **Hyp Gen 3** formuliert wurde.

Als Fazit der Analyse des Einflusses der generellen Produktanforderungen auf die ökologieorientierten Produktanforderungen kann festgestellt werden, daß die ökologieorientierten Produktanforderungen maßgeblich mit den generellen Produktanforderungen zusammenhängen. Insofern liegt in allen Konsumentenclustern ein kongruentes Anforderungsprofil in der Form vor, daß Konsumenten mit hohen generellen Produktanforderungen auch hohe ökologieorientierte Produktanforderungen artikulieren et vice versa. Der nächste Abschnitt untersucht, inwieweit dieser Zusammenhang auch auf die generellen Geschäftsanforderungen zutrifft.

1.232 Generelle Geschäftsanforderungen

Das Mittelwertprofil der generellen Geschäftsanforderungen aller Befragten zeigt Abbildung 27. Die beiden wichtigsten Geschäftsanforderungen sind ein guter Kundendienst und eine fachlich gute Beratung.[149] Mit Abstand folgen die Kriterien „freundliches Personal", „breites Sortiment" und „übersichtliche Warenpräsentation". Das Umweltengagement eines Geschäftes besitzt hingegen lediglich eine nachgeordnete Bedeutung in der Beurteilung durch den Konsumenten. Dieses Kriterium liegt ungefähr gleichauf mit dem Kriterium „gute Parkmöglichkeiten". Allerdings ist es im Elektrohandel wichtiger als attraktive Geschäftsräume, eine moderne Aufmachung und eine große Verkaufsfläche. Das Mittelwertprofil zeigt

---

[149] Ein Zeitvergleich der Bedeutung genereller Geschäftsanforderungen weist auf eine hohe Konstanz auf (vgl. Abbildung A8 im Anhang). Die Korrelationen zwischen den generellen Geschäftsanforderungen bewegen sich in einem Werteintervall zwischen 0,09 und 0,69, so daß keine Variablen zusammenzufassen sind. Die hohe Bedeutung der Beratung wird durch eine Befragung aus dem Jahr 1993 von mehr als 10.000 Konsumenten hinsichtlich der Bedeutung ausgewählter Informationsquellen bei Geräten der Unterhaltungselektronik gestützt. Dort erreichte die Fachberatung im Geschäft mit 69 % den wichtigsten Stellenwert. Vgl. Gruner + Jahr AG & Co (Hrsg.), MarkenProfile 5: Unterhaltungselektronik., Hamburg 1993, S. 226. Der vergleichbare Wert aus der vorliegenden Befragung beträgt 67,3 %. Die externe Validität der Befragung zeigt sich auch beim Vergleich der Ergebnisse mit der empirischen Studie zu den Gründen für die Wahl eines Geschäftstyps von Zimmermann. Vgl. Zimmermann, D., Marketingprobleme bei dauerhaften Konsumgütern, a.a.O., S. 141. Zur Validitätsprüfung durch Fremduntersuchungen vgl. Hüttner, M., Grundzüge der Marktforschung, 4. Aufl., Berlin, New York 1989, S. 14.

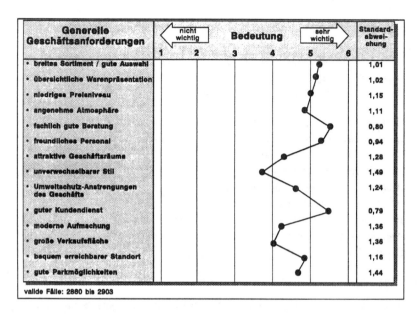

Abb. 27: Generelle Geschäftsanforderungen über alle Befragten

somit, daß das Kriterium „Umweltschutz-Anstrengungen des Geschäfts" eindeutig von traditionellen Kriterien der Einkaufsstättenwahl dominiert wird. Insofern wird Hypothese **Hyp Gen 2** ohne Einschränkung durch die empirischen Ergebnisse bestätigt.[150] Damit ist segmentübergreifend einer ökologieorientierten Profilierung im Elektrohandel lediglich eine äußerst geringe Kaufverhaltensrelevanz beizumessen.

Im nächsten Analyseschritt ist zu untersuchen, inwieweit die Wichtigkeit genereller Geschäftsanforderungen zwischen den Konsumentencluster streut. Wie Abbildung 28 belegt, weisen die Konsumentencluster bei grundsätzlich parallelen Profilverlauf zahlreiche signifikante Mittelwertunterschiede auf. In keinem der Cluster stehen die Umweltanstrengungen eines Geschäftes auf einem der vorde-

---

[150] Auch innerhalb der Itembatterie der generellen Geschäftsanforderungen wurde zusätzlich ein ökologieorientiertes Anforderungskriterium (ökologische Ladengestaltung) aufgenommen, um die Validität der Antworten zu überprüfen. Zwischen den beiden Items beträgt die Korrelation den Wert von 0,5997 und ist hochsignifikant. Diese Tatsache deutet auf eine gute Antwortkonsistenz hin.

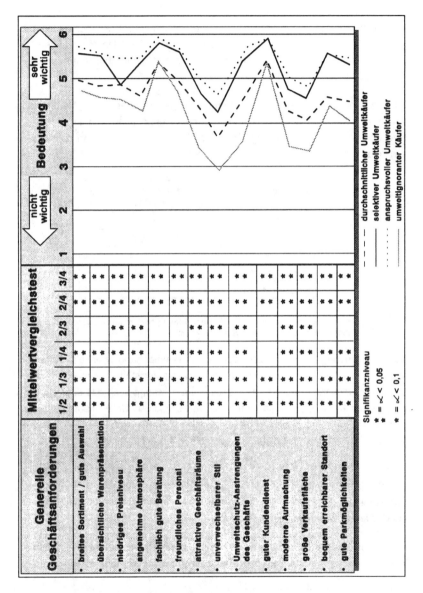

Abb. 28: Generelle Geschäftsanforderungen differenziert nach Konsumentenclustern

ren Wichtigkeitsränge. Darüber hinaus zeigt sich auch bei den generellen Geschäftsanforderungen der bereits von den generellen Produktanforderungen her bekannte Zusammenhang. Mit steigenden generellen Geschäftsanforderungen steigen auch die ökologieorientierten.

Zur Messung der Stärke dieses Zusammenhangs wird erneut eine Verdichtung beider Anforderungskataloge zu Indexwerten vorgenommen und anschließend eine Korrelationsanalyse durchgeführt. Die Korrelationskoeffizienten nach Pearson zeigt Tabelle 3.

Bezugsebene	Pearsonscher Korrelationskoeffizient
- alle Befragten	r = 0,5413
- durchschnittliche Umweltkäufer	r = 0,1560
- selektive Umweltkäufer	r = 0,3961
- anspruchsvolle Umweltkäufer	r = 0,4553
- umweltignorante Käufer	r = 0,1337

Tab. 3: **Korrelationen zwischen generellen und ökologieorientierten Geschäftsanforderungen auf Grundlage verdichteter Indices**

Aus den Ergebnissen ergibt sich, daß der Zusammenhang über alle Befragten und auch im Cluster der anspruchsvollen Umweltkäufer stärker ausgeprägt ist als bei den Produktanforderungen. Bemerkenswert erscheint auch das deutliche Ansteigen des Korrelationskoeffizienten bei den selektiven Umweltkäufern. Hingegen ist die Beziehung zwischen den generellen und den ökologieorientierten Geschäftsanforderungen im Cluster der umweltignoranten Käufer gering.[151]

Auch der meßbare Zusammenhang bei den durchschnittlichen Umweltkäufern hat sich deutlich abgeschwächt. Insofern ist die Hypothese **Hyp Gen 4** lediglich eingeschränkt auf die beiden Konsumentencluster der selektiven und anspruchsvollen Umweltkäufer zu bestätigen.

Insgesamt gesehen weisen die Umweltschutz-Anstrengungen eines Geschäftes in keinem der ökologieorientierten Konsumentencluster eine hohe Kaufverhaltens-

---

[151] Darüber hinaus ist der bei den umweltignoranten Käufern ermittelte Korrelationskoeffizient im Gegensatz zu den anderen in Tabelle 3 nicht signifikant.

relevanz auf, so daß die Hypothese **Hyp Gen 2** für alle vier untersuchten Cluster uneingeschränkt zu bestätigen ist. Aus einer ökonomischen Betrachtungsperspektive heraus ist daher auf Grundlage der vorliegenden Ergebnisse die Zweckmäßigkeit einer ökologieorientierten Profilierung im Elektrohandel noch stärker als auf der Herstellerseite zu bezweifeln. Diese Feststellung trifft sowohl auf eine segmentspezifische als auch eine segmentübergreifende Profilierung des Handels zu.

1.233 Ökologieorientiertes Wissen

Aus Abbildung 29 ist zu entnehmen, daß mehr als 54 % der Konsumenten Umweltprobleme bei Elektrogeräten weitgehend unbekannt sind. Lediglich 30 % sind in der Lage, Elektrogeräte tatsächlich mit konkreten Umweltproblemen in Zusammenhang zu bringen. Dabei nennen die Konsumenten insbesondere die Entsorgungsproblematik bei Altgeräten und Verpackungen, den hohen Stromverbrauch, die FCKW-Problematik, die Schwermetallprobleme und den Bereich der elektromagnetischen Strahlung.[152]

Bei einer clusterspezifischen Analyse kann der höchste ökologieorientierte Wissensstand den selektiven und den anspruchsvollen Umweltkäufern zugesprochen werden. Demgegenüber verfügen die durchschnittlichen Umweltkäufer und die umweltignoranten Käufer über das geringste ökologieorientierte Wissen. Damit kann die Hypothese **Hyp Wiss**, nach der das Umweltwissen eine hohe Erklärungskraft für die unterschiedlich ausgeprägten ökologieorientierten Produkt- und Geschäftsanforderungen besitzt, uneingeschränkt bestätigt werden.[153] Hieraus ergibt sich die Schlußfolgerung, daß mit einem steigenden ökologieorientierten Wissenstand die Kaufverhaltensrelevanz ökologieorientierter Produktanforderungen tendenziell wächst.

---

[152] Vgl. Frage 1b im Konsumentenfragebogen.

[153] Eine Korrelationsanalyse zwischen den ökologieorientierten Produkt- und Geschäftsanforderungen und dem Umweltwissen über alle Befragten zeigt die höchste Korrelation des Umweltwissens zur Überprüfung und Garantie einer fachgerechten Altgeräteentsorgung durch das Geschäft.

Umweltprobleme bei Elektrogeräten bekannt?	Durchschnittlicher Umweltkäufer	Selektiver Umweltkäufer	Anspruchsvoller Umweltkäufer	Umweltignoranter Käufer	Über alle Befragten
Nein, auf keinen Fall	21,7%	12,3%	12,4%	17,3%	17,3%
Nein, eigentlich nicht	34,4%	34,4%	30,7%	40,1%	37,2%
Ja, vielleicht	19,9%	13,1%	20,4%	18,9%	16,4%
Ja, auf jeden Fall	24,1%	40,3%	36,5%	23,8%	29,1%

Angaben in % vom Cluster   Chi²-Test $\alpha < 0,01$

Abb. 29: Umweltwissen differenziert nach Konsumentenclustern

1.234 Umweltbewußtes Verhalten

In Abbildung 30 sind die clusterspezifischen Entsorgungswege von Elektrogeräteverpackungen zusammengefaßt.[154] Es zeigt sich, daß die umweltignoranten Käufer mit einem Anteilswert von 11 % am häufigsten von allen Clustern Verpackungen in die allgemeine Müllentsorgung geben. Der entsprechende Anteil bei den anspruchsvollen Umweltkäufern (selektiven Umweltkäufern) beträgt hingegen lediglich 2,7 % (4,5 %). Hinsichtlich einer getrennten Entsorgung weisen die umweltignoranten Käufer die geringsten Anteilswerte auf.

Bemerkenswert ist ferner der hohe Anteil von Verpackungen, der von den anspruchsvollen Umweltkäufern an die Geschäfte zurückgegeben wird. Hier bieten sich Profilierungschancen für umweltaktive Handelsbetriebe. Es läßt sich ein deutlicher und als konsistent zu bezeichnender Zusammenhang zwischen dem tatsächlichen Entsorgungsverhalten von Verpackungen und den ökologieorien-

---

[154] Das Item „Rückgabe ans Geschäft" ist im Vergleich zu einer nicht produktkategoriespezifischen Untersuchung, bei der mehr als 30 % der Befragten bekundeten, daß sie Verpackungen im Geschäft lassen, bei Elektrogeräten geringer ausgeprägt. Vgl. Gruner + Jahr AG & Co (Hrsg.), Dialoge 4 Gesellschaft - Wirtschaft - Konsumenten, a.a.O., S. 416.

Art der Verpackungsentsorgung	Durchschnittlicher Umweltkäufer	Selektiver Umweltkäufer	Anspruchsvoller Umweltkäufer	Umweltignoranter Käufer	Über alle Befragten
Aufbewahrung	29,9%	24,8%	20,3%	28,4%	25,1%
Getrennte Entsorgung nach Materialarten	31,7%	33,3%	31,4%	27,2%	30,1%
Mülltonne	7,1%	4,5%	2,7%	11,0%	8,1%
Rückgabe ans Geschäft	22,8%	26,0%	36,7%	18,2%	25,9%
Sperrmüllsammlung	8,5%	11,3%	8,9%	15,3%	10,9%

Angaben in % vom Cluster   Chi²-Test α< 0,01

Abb. 30: Art der Verpackungsentsorgung differenziert nach Konsumentenclustern

tierten Produkt- und Geschäftsanforderungen feststellen. Damit kann die Hypothese **Hyp Verp** als bestätigt angesehen werden. Offenkundig sind Konsumenten mit einem höheren ökologieorientierten Anspruchsniveau aufgrund einer erkannten Selbstverantwortung bereit, ökologieorientierte Verhaltensmaßnahmen zu ergreifen, auch wenn diese mit einer gewissen Unbequemlichkeit verbunden sind.

Vor diesem Hintergrund erscheint die Annahme plausibel, daß die selektiven und anspruchsvollen Umweltkäufer auch beim Entscheidungsproblem der Produkt- und Einkaufsstättenwahl bereit sind, in gewissem Maße ihre persönlichen Dispositionsfreiräume einzuschränken, solange der zentrale Individualnutzen unbeeinträchtigt bleibt, wie dieses z.B. bei Lieferzeiten für ökologieorientierte Elektrogeräte oder längeren Anfahrtswegen zu ökologieorientierten Einkaufsstätten der Fall ist.[155]

---

[155] Zu einer vergleichbaren Aussage kommen Meffert, H., Bruhn, M., Das Umweltbewußtsein von Konsumenten, a.a.O., S. 5.

1.24 Ausprägungsformen segmentbeschreibender Variablen

1.241 Präferierte Vertriebsform

Mehr als 64 % der Befragten präferieren den Fachhandel als Vertriebsform (vgl. Abbildung 31). Auf den Plätzen zwei und drei folgen Fachmärkte (11 %) und Warenhäuser (10,5 %). Der Versandhandel wird von ca. 9 % der Konsumenten genannt, während sich lediglich ca. 5 % für SB-Märkte als die bevorzugte Einkaufsstätte entscheiden.[156]

Bei der clusterspezifische Analyse kann festgestellt werden, daß ebenfalls in allen Konsumentengruppen eine Mehrheit das Fachgeschäft als Vertriebsform präferiert. Die signifikanten Schwankungen zwischen den Clustern sind jedoch erheblich.[157] Besonders hervorragend ist der Anteil von über 80 % der selektiven Umweltkäufer, die das Fachgeschäft bevorzugen. Bei den umweltignoranten Käufern beträgt dieser Anteilswert lediglich ca. 52 %. Dafür erreicht das Warenhaus mit einem Anteil von ca. 19 % die höchste Präferenz innerhalb der umweltignoranten Käufer.

Abgesehen vom Cluster der selektiven Umweltkäufer liegen die Präferenzanteile für den Versandhandel, die SB-Warenhäuser und die Fachmärkte bei den drei anderen Clustern innerhalb einer recht geringen Schwankungsbreite von weniger als 2,5 Prozentpunkten.

Auffällig ist die Tatsache, daß die Unterschiede in der präferierten Vertriebsform im Vergleich zu den umweltignoranten Käufern vergleichsweise gering sind. Hierdurch wird eine gezielte Ansprechbarkeit der anspruchsvollen Umweltkäufer maßgeblich erschwert.

---

[156] Diese Zahlen decken sich gut mit den realen Umsatzanteilen der Vertriebsformen und sind als Indiz für die Validität der Befragung zu werten. Vgl. zur Distributionsstruktur Abbildung 4 in Kapitel A Abschnitt 2. Über alle Befragten ist ein vergleichsweise hoher Einfluß der Produktkategorie auf die präferierte Vertriebsform vorhanden. So erreicht der Versandhandel bei Haushaltsgeräten einen Präferenzwert von 11 %, der auf 7,2 % bei Unterhaltungselektronik absinkt.

[157] Die Frage nach der präferierten Vertriebsform ist als nominalskaliert aufzufassen. Als geeignete Prüfgröße kommt daher der Chi-Quadrat-Test zur Anwendung. Vgl. Norusis, M.J., Anwenderhandbuch, a.a.O., S. 210 ff.

Präferierte Vertriebsform	Durchschnittlicher Umweltkäufer	Selektiver Umweltkäufer	Anspruchsvoller Umweltkäufer	Umweltignoranter Käufer	Über alle Befragten
Fachgeschäft	58,1%	82,1%	62,6%	52,8%	64,2%
Warenhaus	13,8%	5,1%	7,5%	19,1%	10,5%
Versandhandel	9,3%	4,5%	10,0%	10,1%	9,1%
SB-Warenhaus/Verbrauchermarkt	6,5%	2,2%	6,3%	6,7%	5,2%
Fachmarkt	12,3%	6,1%	13,6%	11,3%	11,0%

Angaben in % vom Cluster   Chi²-Test $\alpha < 0,01$

Abb. 31: Präferierte Vertriebsform differenziert nach ökologieorientierten Konsumentenclustern

1.242 Umweltkompetenz der Vertriebsformen

Im Zusammenhang mit der präferierten Vertriebsform ist eine Analyse der vertriebsformenspezifischen Bewertung der Umweltkompetenz durch die Konsumentencluster aufschlußreich. Innerhalb aller Cluster wird dem Fachhandel mit einem geringen Vorsprung das höchste Aktivitätsniveau im Umweltschutzbereich zugebilligt (vgl. Abbildung 32). Auf dem zweiten Rang befinden sich clusterübergreifend Warenhäuser und Fachmärkte ungefähr gleichauf; danach folgt der Versandhandel. Die geringsten Umweltschutzbemühungen nehmen die Befragten von seiten der SB-Warenhäuser und den Verbrauchermärkten wahr.

Bei einer clusterspezifischen Analyse fällt trotz hoher statistischer Signifikanzen erneut der parallele Verlauf der Profile auf.[158] In jedem Cluster liegen die Bewertungen der Umweltkompetenzen der fünf Vertriebsformen relativ nahe beieinander. Dabei nehmen die wahrgenommenen Umweltkompetenzurteile für alle Ver-

---

[158] An dieser Stelle wirkt sich deutlich aus, daß zur Clusterbildung die Euklidische Distanz und kein Ähnlichkeitsmaß herangezogen wurde.

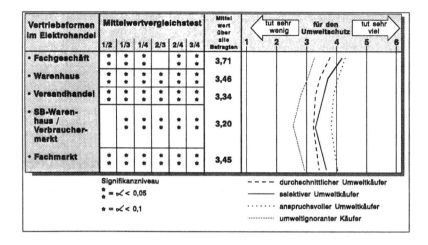

Abb. 32: Wahrgenommene Umweltschutzkompetenz differenziert nach Konsumentenclustern

triebsformen von den anspruchsvollen Umweltkäufern über die selektiven und durchschnittlichen Umweltkäufer bis hin zu den umweltignoranten Käufern stetig ab. Als Begründung für diesen Effekt läßt sich die selektive Wahrnehmung[159] der Befragten anführen, die offenkundig bewirkt, daß Konsumenten mit einem höheren ökologieorientierten Anforderungsniveau umweltbezogene Aktivitäten der Vertriebsformen stärker wahrnehmen als Konsumenten mit einem geringeren Anforderungsniveau.[160]

Als Fazit der Einstufung der vertriebsformenspezifischen Umweltkompetenz durch die Konsumentencluster ist festzustellen, daß es bisher keiner Vertriebsform gelungen ist, sich eindeutig und nachhaltig von konkurrierenden Vertriebsformen durch eine ökologieorientierte Profilierung abzusetzen. Dieses gilt insbesondere auch für den Fachhandel, dem sonst in Expertengesprächen häufig eine besondere Umweltkompetenz zugeschrieben wird.

---

[159] Vgl. Kroeber-Riel, W., Konsumentenverhalten, a.a.O., S. 266 ff.

[160] Grundsätzlich wäre auch anzunehmen, daß gerade Konsumenten mit einem hohen ökologieorientierten Geschäftsanforderungsprofil den Vertriebsformen eine geringere Umweltkompetenz zuerkennen, als es Konsumenten mit einem geringeren Anforderungsniveau tun. Die Ergebnisse sprechen jedoch dafür, daß die selektiven und die anspruchsvollen Umweltkäufer stärker auf Umweltaktivitäten von Einkaufsstätten achten, diese häufiger wahrnehmen und daher auch zu einer besseren Bewertung der Umweltkompetenz gelangen.

1.243 Soziodemographie ökologieorientierter Konsumentensegmente

In Abbildung 33 sind die zentralen soziodemographischen Daten der vier ökologieorientierten Konsumentencluster dargestellt. Hinsichtlich des Faktors Geschlecht können zwischen den Konsumentenclustern keine signifikanten Unterschiede identifiziert werden. Dagegen fällt auf, daß das signifikant geringste Durchschnittsalter im Cluster der durchschnittlichen Umweltkäufer erreicht wird. Deutlich älter als alle anderen Käufer sind die selektiven Umweltkäufer.

Bemerkenswert erscheint ferner die Feststellung, daß die anspruchsvollen Umweltkäufer und die umweltignoranten Käufer trotz starker inhaltlicher Unterschiede eine vergleichbare Altersstruktur besitzen. Hieraus ergibt sich die Konsequenz, daß das Alter zur Identifikation ökologieorientierter Konsumentensegmente ungeeignet ist.

Auch hinsichtlich des Bildungsgrades lassen sich zwar grundsätzlich signifikante Unterschiede innerhalb der vier Konsumentencluster feststellen, eine unter Marktbearbeitungsgesichtspunkten hinreichende Differenzierung muß hingegen ebenfalls verneint werden.[161] In gleicher Weise steht zu erwarten, daß die tendenziell vorhandenen Unterschiede im monatlichen Einkommen nicht in differenzierte Profilierungskonzepte umsetzbar sind.[162]

Die Herkunft der ökologieorientierten Konsumentencluster nach den alten und neuen Bundesländern verdeutlicht Tabelle 4. Während die selektiven und anspruchsvollen Umweltkäufer in ihrer Verteilungsstruktur nahezu der gesamten Stichprobe gleichen, finden sich überdurchschnittlich viele der durchschnittlichen Umweltkäufer in den alten Bundesländern. Umweltignorante Käufer sind demgegenüber deutlich stärker in den neuen Bundesländern vertreten.

---

[161] Beispielsweise streuen die Prozentanteile bei den weiterbildenden Schulen in lediglich geringem Ausmaß. Auch heben sich die Unterschiede in den Clustern beim Volksschulabschluß ohne und mit Lehre bei einer Aggregation beider Ausprägungen weitgehend auf.

[162] So kann das Cluster der selektiven Umweltkäufer als das einkommensstärkste Cluster bezeichnet werden, während hingegen die anspruchsvollen Umweltkäufer über das geringste Einkommensniveau verfügen.

Konsumenten-cluster	Clusterspezifische Ausprägungen soziodemographischer Merkmale											
	Geschlecht		Durch-schnitts-alter (Jahre)	Bildungsgrad				persönliches Einkommen				
	m	w		Volks-schule ohne Lehre	Volks-schule mit Lehre	Weiter-bildende Schulen	Abitur	Stu-dium	bis 1500 DM	1500 -2500 DM	2500 -3500 DM	3500 -5000 DM	über 5000 DM
Durch-schnittlicher Umwelt-käufer	48,2%	51,8%	41,57	14,2%	31,3%	34,4%	11,4%	8,7%	53,8%	26,3%	11,6%	6,7%	1,6%
Selektiver Umwelt-käufer	47,7%	52,3%	47,40	10,6%	42,9%	32,5%	4,8%	9,2%	44,2%	32,1%	15,2%	4,6%	3,9%
Anspruchs-voller Umwelt-käufer	45,7%	54,3%	44,87	10,9%	41,6%	33,6%	7,9%	6,0%	53,9%	25,6%	17,4%	2,3%	0,8%
Umwelt-Ignoranter Käufer	47,7%	52,3%	44,55	13,3%	35,7%	32,3%	5,8%	12,9%	46,6%	29,7%	17,7%	4,6%	1,5%
Signifikanz Chi²-Test bzw. Duncan	n.s.		1/2 1/3 1/4 X X X 2/3 2/4 3/4 X	$\alpha < 0,01$				$\alpha < 0,05$				

Legende:
X = $\alpha < 0,05$
X = $\alpha < 0,01$

Abb. 33: Ausprägung soziodemographischer Merkmale innerhalb der Konsumenten-cluster

ökologieorientierte Konsumentencluster	Anteil aus den alten Bundesländern	Anteil aus den neuen Bundesländern
- durchschnittlicher Umweltkäufer	71,6 %	28,4 %
- selektiver Umweltkäufer	61,9 %	38,1 %
- anspruchsvoller Umweltkäufer	64,9 %	35,1 %
- umweltignoranter Käufer	56,7 %	43,3 %
- über alle Befragten	64,6 %	35,4 %

Tab. 4: Herkunft der ökologieorientierten Konsumentencluster nach alten und neuen Bundesländern (Chi-Quadrat-Test $\alpha < 0,01$)

Aus der Betrachtung soziodemographischer Merkmale ist als Fazit zu ziehen, daß trotz vorhandener signifikanter Unterschiede eine zuverlässige soziodemographische Identifikation ökologieorientierter Segmente verneint werden muß.[163] Damit ist der Wert einer segmentspezifischen Umweltprofilierung grundsätzlich fraglich.

1.244 Kaufhistorie und Kaufpläne von Elektrogeräten

Aus den Abbildungen 34 und 35 sind einerseits die Kaufhistorie und andererseits die Kaufpläne der ökologieorientierten Konsumentensegmente ersichtlich. Betrachtet man zunächst die **Kaufhistorie**, so ergeben sich zwar zwischen den Clustern insgesamt gesehen signifikante Unterschiede, eine generelle Tendenz zwischen jüngst zurückliegender Aktualisierung und ökologieorientierten Produkt- und Geschäftsanforderungen ist jedoch nicht vorhanden.[164] So weisen die anspruchsvollen Umweltkäufer mit dem höchsten ökologieorientierten Anforderungsprofil zwar einen überdurchschnittlichen Anteil von Konsumenten mit Kauferfahrung in jüngster Zeit auf, gleichzeitig aber auch den höchsten Anteil von Käufern, deren letzter Kauf länger als fünf Jahre zurückliegt.

Faßt man die Käufe im letzten Jahr zusammen, so verfügen die umweltignoranten Käufer über den zweithöchsten Anteil von jüngerer Kauferfahrung. Es ist demnach festzuhalten, daß von der Kaufhistorie kein systematischer Einfluß auf die ökologieorientierten Produkt- und Geschäftsanforderungen zu verzeichnen ist.

---

[163] Zu einer gleichlautenden Aussage im Produktbereich Waschmaschinen gelangt Herker, A., Eine Erklärung des umweltbewußten Konsumentenverhaltens, a.a.O., S. 169.

[164] Vgl. zu einer Analyse der Altersstruktur von Elektrogeräten in Haushalten TdW Intermedia GmbH & Co.KG (Hrsg.), Typologie der Wünsche 1995, S. 37 und 46. Zum Ausgabeverhalten bei Elektrogeräten vgl. Statistisches Bundesamt (Hrsg.), Statistisches Jahrbuch 1994, Wiesbaden 1994, S. 571 ff. und S. 582 ff.

Letzter Kauf eines Elektrogerätes erfolgte ...	Durchschnittlicher Umweltkäufer	Selektiver Umweltkäufer	Anspruchsvoller Umweltkäufer	Umwelt-Ignoranter Käufer	Über alle Befragten
1992 zu Weihnachten	16,6%	19,4%	15,8%	10,4%	13,7%
im letzten halben Jahr	11,6%	17,5%	14,1%	17,4%	15,0%
im letzten Jahr	17,4%	22,6%	19,0%	28,9%	23,0%
vor zwei Jahren	26,0%	19,4%	22,2%	17,6%	22,0%
vor drei bis fünf Jahren	16,4%	8,2%	14,3%	16,2%	14,5%
vor mehr als fünf Jahren	12,0%	13,0%	14,6%	9,5%	11,8%

Angaben in % vom Cluster Chi^2-Test α < 0,01

Abb. 34: Kaufhistorie differenziert nach Konsumentenclustern

Bei einer Analyse der **Kaufpläne** über alle Befragten sind 23,3 % als Kaufinteressierte einzustufen (vgl. Abbildung 35). Dabei zeigt sich beim Vergleich zu einer anderen Studie eine hohe Validität der erhobenen Kaufabsichten.[165] Bei den durchschnittlichen und selektiven Umweltkäufern beabsichtigt ein Viertel innerhalb der nächsten 12 Monate den Neukauf eines Elektrogerätes, wohingegen lediglich 18,3 % der anspruchsvollen Umweltkäufer eine konkrete Kaufabsicht bekunden. Die globale Testgröße der Segmentunterschiede Chi-Quadrat ergibt eine recht hohe Irrtumswahrscheinlichkeit von 8,5 %, so daß sich die ökologieorientierten Produkt- und Geschäftsanforderungen als relativ stabil auch gegenüber konkreten Kaufabsichten erweisen.

---

[165] Vgl. Gruner + Jahr AG & Co (Hrsg.), MarkenProfile 5: Unterhaltungselektronik, a.a.O., S. 76 und S. 188. In dieser Studie sind folgende Kaufabsichten in den nächsten zwei Jahren erhoben worden: Fernseher 20 %, Videorecorder 19 %, HiFi-Anlage 11 % und Autoradio 11 %. Die vorliegende Untersuchung ergibt bei einem Planungshorizont von zwei Jahren folgende Werte: Fernseher 21,1 %, Videorecorder 19,2 %, HiFi-Anlage 14,1 % und Autoradio 10,6 %. In Abbildung A9 im Anhang befinden sich darüber hinaus clusterspezifische Kaufabsichten verdichtet zu produktbereichsspezifischen und globalen Indexgrößen.

Ökologie-orientierte Konsumentencluster	Kaufabsicht eines Elektrogerätes innerhalb 12 Monaten	
	ja	nein
Durchschnittlicher Umweltkäufer	25,2%	74,8%
Selektiver Umweltkäufer	25,0%	75,0%
Anspruchsvoller Umweltkäufer	18,3%	81,7%
Umweltignoranter Käufer	23,1%	76,9%
Über alle Befragten	23,3%	76,7%
Angaben in % vom Cluster Chi^2-Test $\alpha < 0,01$		

Abb. 35: Kaufpläne differenziert nach Konsumentenclustern

1.3 Würdigung ökologieorientierter Profilierungschancen auf Konsumentenebene aus Herstellersicht

Bei einer kritischen Würdigung der Befragungsergebnisse sind die ökonomischen Chancen einer ökologieorientierten Profilierung auf Seiten der Konsumenten entgegen einer weit verbreiteten Euphorie ausgesprochen zurückhaltend zu beurteilen. Dieses gilt sowohl für den Gesamtmarkt als auch für die eingehender betrachteten ökologieorientierten Segmente. Lediglich den wenigen ökologieorientierten Produktanforderungen, die einen deutlichen und gut kommunizierbaren Individualnutzen bieten, ist eine gewisse Kaufverhaltensrelevanz beizumessen. Skeptisch sind ökologieorientierte Profilierungsansätze insbesondere durch eine geringe Kaufverhaltensrelevanz aller weiteren ökologieorientierten Produkt- und Geschäftsanforderungen im Präferenzbildungsprozeß der Konsumenten zu beurteilen.

Zwar könnten bei einer isolierten Betrachtung ökologieorientierter Produkt- und Geschäftsanforderungen noch gewisse umweltbezogene Profilierungschancen erwartet werden. Durch die Einbeziehung genereller Anforderungen relativiert sich die Kaufverhaltensrelevanz ökologieorientierter Anforderungen jedoch unmittelbar. Diese Tatsache läßt sich nicht nur bei den Produktanforderungen beobachten, sondern gilt in noch höherem Maße auch für die ökologieorientierten Geschäftsanforderungen.

Sozial erwünschtes Antwortverhalten und die Schwierigkeiten bei der soziodemographischen Abgrenzung der Konsumentensegmente verstärken die Bedenken gegenüber einer ökologieorientierten Profilierung in der Elektrobranche nochmals. Damit könnten lediglich dann gewisse ökologieorientierte Profilierungschancen gesehen werden, wenn alle Geräte eines Produktbereichs in der Wahrnehmung der Konsumenten bei den generellen Anforderungen homogen sind. Jedoch schließt sich in einem solchen unrealistischen Fall sofort die Frage nach den Opportunitätskosten einer ökologieorientierten Profilierung an. Diese sind ausgesprochen hoch, sobald es Wettbewerbern gelingt, auf traditionellen Leistungsdimensionen klare Produktvorteile anzubieten.[166]

---

[166] Dabei muß über entsprechende Kommunikationsmaßnahmen eine Wahrnehmung der Vorteile auf Seiten der Konsumenten sichergestellt werden. Diese gilt allerdings in gleicher Weise für eine ökologieorientierte Profilierung.

2. Ökologieorientierte Handelssegmentierung

2.1 Theoretische Grundlagen einer ökologieorientierten Handelssegmentierung

2.11 Ökologische Gatekeeper-Rolle und Basisstrategie des Handels als Ausgangspunkt der Segmentierung

Im Rahmen der Wahl der Absatzkanalstruktur ist vom Hersteller regelmäßig auch über die Selektion der Absatzmittler zu entscheiden. Damit innerhalb eines ökologieorientierten Profilierungskonzepts im vertikalen Marketing eine fundierte Selektionsentscheidung getroffen werden kann, ist zunächst eine ökologieorientierte Segmentierung der Absatzmittler notwendig.[167] Ähnlich wie bereits auf der Konsumentenseite stellt sich damit zunächst die Problemstellung der Wahl geeigneter Segmentierungskriterien.

In Zusammenhang mit ökologieorientierten Konfliktpotentialen in vertikalen Systemen konnte bereits verdeutlicht werden, daß dem Handel eine **Gatekeeper-Rolle** bei einer ökologieorientierten Profilierung im vertikalen Marketing zukommt. Dabei wird diese Rolle je nach Ausprägung der ökologieorientierten Basisstrategie unterschiedlich stark ausgeübt.[168] Eine defensive ökologieorientierte Basisstrategie im Handel besitzt für die Durchsetzung ökologieorientierter Konzepte der Hersteller einen hemmenden Charakter, während eine offensive die Diffusion ökologieorientierter Innovationen maßgeblich beschleunigt.[169] Dabei setzt eine offensive Basisstrategie von Handelsunternehmen ein integriertes ökologieorientiertes Konzept voraus, um glaubwürdig zu sein. Häufig wird dem Handel jedoch vorge-

---

[167] Ahlert hat bereits zu Anfang der 70er Jahre den Gedanken der Marktsegmentierung auf die Absatzmittlerselektion übertragen. Vgl. Ahlert, D., Probleme der Abnehmerselektion und der differenzierten Absatzpolitik auf der Grundlage der segmentierenden Markterfassung, in: Der Markt, Heft 2, 1973, S. 106 f.; Irrgang, W., Marktforschung für das vertikale Marketing, a.a.O., S. 156 f. Vgl. auch die Segmentierungsansätze bei Wöllenstein, S., Betriebstypenprofilierung in vertraglichen Vertriebssystemen, a.a.O., S. 61 ff. und Mielmann, P., PC-Vertriebs-Konzept als Basis des Geschäftserfolges, in: Vertikales Marketing im Wandel, Irrgang, W. (Hrsg.), München 1993, S. 226 ff. Vgl. zu einer generellen Typologie der Abnehmerselektionsentscheidungen Ahlert, D., Distributionspolitik, a.a.O., S. 154.

[168] Vgl. zum Begriff Basisstrategie Kapitel A Abschnitt 3. Die Untersuchung von Kull zeigt z.B. zwischen den nach strategischen Handlungsoptionen gebildeten Handelsclustern deutliche Unterschiede bezüglich der ökologieorientierten Listungsentscheidung von Produkten. Vgl. Kull, S., Der Handel als Diffusionsagent ökologischer Innovationen, a.a.O., S. 57. Die Wirkungen einer offensiven Basisstrategie des Handels auf die internen Operationen und die Betriebsführung treten im folgenden hinter die Analyse der Gatekeeper-Rolle bewußt zurück.

[169] Vgl. Kull, S., Der Handel als Diffusionsagent ökologischer Innovationen, a.a.O., S. 4.

worfen, sich lediglich als „ökologischer Trittbrettfahrer" zu verhalten. Dieser Vorwurf wird gegenüber Handelsunternehmen dann erhoben, wenn sie ihrer Listungspolitik einseitig hohe Umweltstandards zugrunde legen, während sie alle anderen, insbesondere die absatzgerichteten Operationen nicht in besonderer Weise ökologieorientiert ausrichten.[170]

Angesichts des hohen Stellenwertes der ökologieorientierten Basisstrategie für die ökologische Gatekeeper-Rolle des Handels ist aus theoretischer Perspektive eine Segmentierung von Handelsunternehmen auf Grundlage ihrer **ökologieorientierten Basisstrategien** sinnvoll.[171] Dabei hat sich in den wenigen Arbeiten zur ökologieorientierten Handelssegmentierung regelmäßig bestätigt, daß Handelsunternehmen einer Branche verschiedene ökologieorientierte Basisstrategien verfolgen.[172]

Überprüft man vor diesem Hintergrund die generell an Segmentierungskriterien zu stellenden Anforderungen, so ergeben sich besondere Schwierigkeiten bei der Operationalisierung ökologieorientierter Basisstrategien. Eine direkte Erfassung der ökologieorientierten Basisstrategie führt aufgrund sozial erwünschten Antwortverhaltens zu erheblichen Verzerrungen. Eine andere Operationalisierungsform ist die Fremdeinschätzung durch die Hersteller bzw. die Konsumenten.[173] Dieses Vorgehen ist im vorliegenden Fall zur Segmentbildung ungeeignet, da neben subjektiven Wahrnehmungsverzerrungen und hohen Erhebungskosten Zuordnungsprobleme zu den jeweiligen Handelsbetrieben zu erwarten sind. Auch eine stärker objektivierte Operationalisierung der ökologieorientierten Basisstrategie anhand schriftlich fixierter Umweltleitlinien ist aus Validitätsgründen nicht durchführbar. Zum einen bestehen bei dieser Operationalisierungsalternative erhebliche Meßprobleme in der Ableitung ökologieorientierter Basisstrategien aus schriftlichen Unterlagen. Während eine Globaleinschätzung, die bereits beim Vorliegen schriftlicher Umweltleitlinien auf eine umweltaktive Basisstrategie schließt,

---

[170] Vgl. Meffert, H., Kirchgeorg, M., Marktorientiertes Umweltmanagement, a.a.O., S. 246.

[171] Vgl. Kull, S., Der Handel als Diffusionsagent ökologischer Innovationen, a.a.O., S. 64 f.

[172] Vgl. Umweltbundesamt (Hrsg.), Berichte 11/91: Umweltorientierte Unternehmensführung, a.a.O., S. 642; A.C. Nielsen GmbH, Institut für Marketing (Hrsg.), Umweltschutzstrategien im Spannungsfeld zwischen Handel und Hersteller, a.a.O., S. 107 ff.; Kull, S., Der Handel als Diffusionsagent ökologischer Innovationen, a.a.O., S. 65.

[173] Vgl. A.C. Nielsen GmbH, Institut für Marketing (Hrsg.), Umweltschutzstrategien im Spannungsfeld zwischen Handel und Hersteller, a.a.O., S. 16 ff.

zu undifferenziert ist, ist demgegenüber eine differenzierte Inhaltsanalyse mit erheblichen Auslegungsschwierigkeiten belastet. Zum anderen führt ein solches Vorgehen zum Ausschluß von Handelsunternehmen, die zwar eine offensive Basisstrategie im Umweltschutz verfolgen, ohne jedoch schriftliche Umweltleitlinien vorlegen zu können.[174] Die Tatsache, daß die wenigsten Handelsunternehmen bisher schriftliche Umweltleitlinien erarbeitet haben, unterstreicht die zu erwartenden Validitätsprobleme eines solchen Vorgehens.[175] Somit ergibt sich die Notwendigkeit, die ökologieorientierte Basisstrategie mittels geeigneter Indikatoren zu erfassen.

Zur Exploration und Identifikation geeigneter Indikatoren für die ökologieorientierte Basisstrategie von Handelsunternehmen wurden insgesamt 22 Expertengespräche auf Handelsebene durchgeführt. Nahezu drei Viertel der befragten Handelsexperten sah in den vom Handelsmanagement **wahrgenommenen Erfolgsaussichten einer ökologieorientierten Profilierung** einen gut geeigneten Meßindikator. Dies erscheint plausibel, da ein Handelsunternehmen sich nur dann für eine offensive Basisstrategie entscheiden wird, wenn hiervon grundsätzlich positive Erfolgsaussichten zu erwarten sind. Dabei greift der indikatorgestützte Operationalisierungsansatz ökologieorientierter Basisstrategien auf ein personenbezogenes Meßkonzept zurück, welches sich bereits mehrfach in der Umweltforschung für Typenbildungen im Hersteller- und Handelsbereich bewährt hat.[176]

---

[174] Des weiteren würden Handelsunternehmen als umweltaktiv klassifiziert, deren Umweltorientierung sich bereits darin erschöpft, schriftliche Leitlinien verabschiedet zu haben, die jedoch nicht umgesetzt werden.

[175] So hatten im Jahr 1991 weniger als 40 % der befragten Handelsunternehmen schriftliche Umweltleitlinien. Vgl. Umweltbundesamt (Hrsg.), Berichte 11/91, a.a.O., S. 639. Gerade bei großen Handelsgruppen, z.B. Tengelmann, Lidl & Schwarz, REWE, Real-Holding u.v.a.m. scheinen schriftlichen Umweltleitlinien jedoch inzwischen zum Standard zu gehören. Vgl. Kull, S., Der Handel als Diffusionsagent ökologischer Innovationen, a.a.O., S. 52, 74 und 97; Meffert, H., Kirchgeorg, M., Marktorientiertes Umweltmanagement, a.a.O., S. 599, 616. Vom hier interessierenden Elektrofachhandel läßt sich dieses nicht sagen.

[176] Vgl. Kirchgeorg, M., Ökologieorientiertes Unternehmensverhalten, a.a.O., S. 121 f.; Kull, S., Der Handel als Diffusionsagent ökologischer Innovationen, a.a.O., S. 64 f. Der Operationalisierungsansatz von Kull zieht zur Typenbildung den Eintrittszeitpunkt eines Handelsunternehmens in den ökologieorientierten Diffusionsprozeß heran. Allerdings wird von Kull auf das maßgebliche Operationalisierungsproblem der Grenzziehung zwischen den verschiedenen Typen nicht näher eingegangen. Darüber hinaus deutet die Tatsache, daß kein Handelsunternehmen Rückzugs- bzw. Widerstandsstrategien verfolgt, auf Verzerrungseffekte aufgrund sozial erwünschten Antwortverhaltens hin. Vgl. derselbe, S. 17 und 65 sowie Fragebogen S. 11.

Aufbauend auf der auch für den Handel problemadäquaten Profilierungsdefinition aus Kapitel A sind die wahrgenommenen Erfolgsaussichten einer ökologieorientierten Profilierung zunächst im Sinne einer Erhöhung der konsumentenseitigen Präferenzen gegenüber der Einkaufsstätte zu interpretieren.[177] Wird davon ausgegangen, daß diese psychographische Zielgröße von allen Handelsunternehmen angestrebt wird, so können die wahrgenommenen Erfolgsaussichten einer Umweltprofilierung als unabhängig von den spezifischen Zielsystemen der befragten Handelsunternehmen angesehen werden.

Inwieweit tatsächlich mittels einer ökologieorientierten Profilierung konsumentenseitige Präferenzen aufgebaut und damit zusätzliche Erfolgspotentiale erschlossen werden können, wird nicht nur im Hersteller-, sondern auch im Handelsbereich seit längerem kontrovers diskutiert. Dabei ist als **Beurteilungsmaßstab** für den Erfolg einer ökologieorientierten Profilierung des Handels letztlich der Beitrag zur ökonomischen Zielerreichung heranzuziehen.[178] In diesem Zusammenhang verdeutlichen verschiedene Beispiele ökologieorientierten Pionierverhaltens im Handel, daß ökologieorientierte Profilierungsmaßnahmen zu einer verbesserten Zielerreichung geführt haben.[179] Auf Grundlage der dargestellten Konsumentenergebnisse ist für den Elektrohandel zur Zeit allerdings eher eine skeptische Grundhaltung einzunehmen.

Angesichts der hohen Dynamik in den umweltrelevanten Rahmenbedingungen können die wahrgenommenen Erfolgsaussichten einer Umweltprofilierung nicht losgelöst von einem konkreten Zeithorizont beurteilt werden. Hierbei empfiehlt sich die Aufgliederung in drei Planungshorizonte.[180] Kurzfristige Erfolgsaussichten werden in einem Zeitraum bis zu 12 Monaten erhoben. Mittelfristige Erfolge erge-

---

[177] Vgl. Heinemann, G., Betriebstypenprofilierung und Erlebnishandel, a.a.O., S. 17.

[178] Vgl. zu Zielen von Handelsunternehmen Hansen, U., Absatz- und Beschaffungsmarketing des Einzelhandels, a.a.O., S. 165 ff.; Hartmann, R., Strategische Marketingplanung im Einzelhandel, a.a.O., S. 332 ff.

[179] Vgl. Meffert, H., Kirchgeorg, M., Marktorientiertes Umweltmanagement, a.a.O., S. 607 und 627.

[180] Diese Dreiteilung des Planungshorizontes hat sich in den Gesprächen mit dem Handel bewährt. Kreikebaum weist darauf hin, daß keine allgemeingültigen Aussagen über die Länge von Planungszeiträumen getroffen werden können. Kreikebaum, H., Strategische Unternehmensplanung, a.a.O., S. 124.

ben sich in einem Intervall bis zu zwei Jahren. Danach soll von langfristigen Erfolgsaussichten gesprochen werden.[181]

Es ist demnach folgende Basishypothese zu formulieren:

Hyp$_H$ Erfolg   Die Handelsunternehmen in der Elektrobranche verfolgen unterschiedliche Basisstrategien im Umweltschutz. Die ökologieorientierte Basisstrategie eines Handelsunternehmens bestimmt maßgeblich die ökologieorientierte Ausrichtung seiner beschaffungs- und absatzmarktgerichteten Instrumente.

2.12 Ökologieorientiertes Konsumenten- und Herstellerverhalten aus Handelssicht

Zur fundierten Erfolgseinschätzung ökologieorientierter Profilierungsmaßnahmen wird der Handel zunächst eigene Ressourcenpotentiale und diejenigen seiner Wettbewerber bewerten. Daneben ist aus der zentralen Schlüsselstellung des Handels zwischen Hersteller und Konsument zu schlußfolgern, daß die Handelsunternehmen auch eine Einschätzung des ökologieorientierten Konsumenten- und Herstellerverhaltens vornehmen.[182] Hierbei sind aus Handelssicht einerseits die ökologieorientierten Absatzpotentiale auf Seiten der Konsumenten und andererseits ökologieorientierte Kooperationsmöglichkeiten mit den Elektroherstellern zu untersuchen. Aus Sicht der Elektrohersteller lassen sich aus diesen Informationen konkrete Anhaltspunkte für die eigene Absatzplanung und über die ökologieorientierte Kooperationsbereitschaft des Handels ableiten.

Vor diesem Hintergrund ist zu erwarten, daß die ökologieorientierte Basisstrategie eines Handelsunternehmens in einem engen Zusammenhang zu den **erwarteten ökologieorientierten Kaufverhaltensänderungen** der Konsumenten steht. Je stärker der Handel in Zukunft mit einer Berücksichtigung ökologieorientierter Produktanforderungen im Kaufverhalten der Konsumenten rechnet, desto positiver werden die Erfolgsaussichten einer ökologieorientierten Profilierung beurteilt und

---

[181] Zur Messung der wahrgenommenen Erfolgsaussichten ist die bisher verwendete 6er-Ratingskala leicht zu modifizieren. Die Modifikation bezieht sich auf die Bezeichnung der Randausprägungen, die eine Bewertung der Erfolgsaussichten einer Umweltprofilierung umfassen. Der Wert "1" steht für "klein" und der Wert "6" für "groß". Ferner wird eine Filterfrage vorangestellt, damit keine Verzerrungen durch Händler auftreten, die keinerlei Erfolgsaussichten bei einer Umweltprofilierung wahrnehmen. Vgl. Frage 3 im Handelsfragebogen.

[182] Vgl. Costa, C., Franke, A., Handelsunternehmen im Spannungsfeld umweltpolitischer Anforderungen: Der Weg von der Abfall- zur Kreislaufwirtschaft in der Distribution, ifo Studien zu handels- und dienstleistungsfragen 48, München 1995, S. 11 ff.

desto offensiver richtet der Handel seine ökologieorientierte Basisstrategie aus.[183] Für die ökologieorientierte Absatzplanung von Herstellern ist es daher aufschlußreich zu erfahren, wie die ökologieorientierten Handelssegmente ökologieinduzierte Kaufverhaltensänderungen innerhalb der verschiedenen Produktbereiche einschätzen, um hierüber Anhaltspunkte für die ökologieorientierte Beschaffungspolitik der jeweiligen Handelssegmente zu gewinnen.

Die Verfolgung einer offensiven ökologieorientierten Basisstrategie eines Handelsunternehmens und die Erwartung ökologieinduzierter Kaufverhaltensänderungen der Konsumenten sind isoliert gesehen für eine Zusammenarbeit mit einem umweltaktiven Hersteller nicht ausreichend. Vielmehr muß - als Voraussetzung der späteren Marktbearbeitung - auch eine ökologieorientierte Kooperationsbereitschaft im Handel vorhanden sein.

Die ökologieorientierte Kooperationsbereitschaft der abzuleitenden Handelssegmente läßt sich aufgrund sozial erwünschten Antwortverhaltens nicht direkt erfassen.[184] Aus der **Einschätzung des ökologieorientierten Herstellerverhaltens** durch die Handelsunternehmen kann jedoch aus Herstellersicht auf die ökologieorientierte Kooperationsbereitschaft der Handelssegmente geschlossen werden. Dabei wird die Kooperationsbereitschaft durch die auf Handelsseite wahrgenommenen ökologieorientierten Konfliktpotentiale mit den Herstellern beeinflußt.[185]

In Abbildung 36 sind die aus Expertengesprächen mit dem Handel gewonnenen Variablen zur Beurteilung des ökologieorientierten Herstellerverhaltens aus Handelssicht zusammengestellt.[186] Es ist zu vermuten, daß eine positive Einschätzung des Herstellerverhaltens im Umweltbereich zu einer Erhöhung der ökologieorientierten Kooperationsbereitschaft im vertikalen Marketing führt.

---

[183] Vgl. Meffert, H., Burmann, Chr., Umweltschutzstrategien im Spannungsfeld zwischen Hersteller und Handel, a.a.O., S. 3 ff.

[184] Vgl. zur Notwendigkeit, ökologieorientierte Fragestellungen kooperativ zu lösen, auch Kapitel A Abschnitt 2.

[185] Vgl. zu den ökologieorientierten Konfliktpotentialen ausführlich Kapitel A Abschnitt 2.

[186] Bei der Operationalisierung wurde darauf geachtet, daß durch eine Frageformulierung mit positiven sowie negativen Richtungen keine Monotonie und unerwünschte Ausstrahlungseffekte entstehen. Vgl. Böhler, H., Marktforschung, a.a.O., S. 89.

Beurteilung des ökologieorientierten Herstellerverhaltens als Indikator für eine Kooperationsbereitschaft im Handel	
Variable	**Fragetendenz**
Die Hersteller stellen dem Handel zu wenig Informationen über die Umweltverträglichkeit ihrer Produkte zur Verfügung	negativ
In den nächsten Jahren werden die Hersteller wahrscheinlich zahlreiche wirklich umweltverträgliche Produktneuheiten auf den Markt bringen	positiv
Die meisten bislang angebotenen Produkte können von den Herstellern ohne große Probleme durch umweltverträgliche Varianten ersetzt werden: braune Ware weiße Ware	negativ
Die Industrie tut im Umweltschutz meist nur das, was das Gesetz vorschreibt	negativ
Hersteller mit umweltverträglichen Produkten haben zukünftig bessere Absatzchancen als die Wettbewerber	positiv

Abb. 36: Einschätzung des ökologieorientierten Herstellerverhaltens aus Handelssicht

2.13 Ansatzpunkte für eine ökologieorientierte Profilierung des Handels

Die folgende Bestandsaufnahme ökologieorientierter Profilierungsmaßnahmen im Handel erfolgt aus der Betrachtungsperspektive eines Handelsunternehmens mit offensiver Basisstrategie. Dabei ist anzunehmen, daß ein solches Handelsunternehmen ökologieorientierte Profilierungsmaßnahmen in allen ökologisch relevanten Bereichen durchführt. Handelsunternehmen mit einer selektiven Basisstrategie im Umweltschutz hingegen werden lediglich in ausgewählten Bereichen ökologieorientierte Profilierungsmaßnahmen ergreifen. Schließlich ist anzunehmen, daß Elektrohändler mit einer defensiven ökologieorientierten Basisstrategie allenfalls gesetzliche Mindeststandards im Umweltschutz einhalten werden.

Zur Systematisierung ökologieorientierter Profilierungsmaßnahmen im Handel kann auf die Unterscheidung in beschaffungs- und absatzmarktgerichtete Maßnahmen zurückgegriffen werden. Diese Aufgliederung empfiehlt sich angesichts der hohen Bedeutung der ökologischen Gatekeeper-Stellung des Handels.

2.131 Ökologieorientierte Handlungsparameter auf der Beschaffungsseite

Die bedarfsgerechte ökologische Sortimentspolitik stellt einen zentralen Baustein für eine ökologieorientierte Profilierung umweltaktiver Handelsunternehmen dar.[187] Bei **ökologieorientierten Listungsentscheidungen** im Rahmen der Sortimentspolitik des Elektrohandels stellt sich damit unmittelbar die Frage nach den zugrundezulegenden ökologieorientierten Bewertungskriterien, die dem Handel eine differenzierte Beurteilung der tatsächlichen Umweltverträglichkeit von Elektrogeräten ermöglichen. Die genaue Kenntnis dieser Beurteilungskriterien in den ökologieorientierten Handelssegmenten bildet somit ein wichtiges Erkenntnisziel für Elektrohersteller, um über entsprechende ökologieorientierte Profilierungsmaßnahmen eine bevorzugte Lieferantenposition im Elektrohandel zu erreichen.[188]

Es ist grundsätzlich davon auszugehen, daß der Handel bei seiner ökologischen Listungsentscheidung einerseits bestrebt ist, die konsumentenseitigen Produktanforderungen weitgehend zu berücksichtigen. Andererseits ist vom Handel zu bedenken, daß den Konsumenten eine an physikalisch-technischen Größen orientierte Einschätzung der Umweltverträglichkeit von Elektrogeräten schwerfällt und sie daher ihrerseits auf eine kompetente Vorauswahl ökologischer Produkte durch den Handel vertrauen.[189] Hieraus wird deutlich, daß der Handel eine eigenständige Einschätzung der Umweltverträglichkeit von Elektrogeräten vornehmen muß.

Beabsichtigt ein Handelsunternehmen vor diesem Hintergrund, eine offensive Umweltstrategie zu verfolgen und strebt es daher eine hohe Umweltkompetenz an, so sind dem Sortimentsaufbau intersubjektiv überprüfbare und im Beratungs-

---

[187] Vgl. Meffert, H., Kirchgeorg, M., Marktorientiertes Umweltmanagement, a.a.O., S. 251; Hopfenbeck, W., Teitscheid, P., Öko-Strategien im Handel, a.a.O., S. 158. Allerdings ist festzuhalten, daß eine ökologieorientierte Sortimentspolitik für eine ökologische Profilierung des Handels alleine nicht ausreicht. Vgl. Möhlenbruch, D., Die Bedeutung der Verpackungsverordnung für eine ökologieorientierte Sortimentspolitik im Einzelhandel, a.a.O., S. 214.

[188] Vgl. hierzu allgemein Irrgang, W., Marktforschung für das vertikale Marketing, a.a.O., S. 154.

[189] Vgl. Meffert, H., Burmann, Chr., Umweltschutzstrategien im Spannungsfeld zwischen Hersteller und Handel, a.a.O., S. 41.

gespräch kommunizierbare, **ökologische Beschaffungskriterien** zugrundezulegen. Dabei ist anzunehmen, daß sich umweltaktive Handelsunternehmen intensiver und zeitlich früher als Konsumenten mit Umweltproblemen bei Elektrogeräten beschäftigten.[190] Demzufolge erwirbt ein umweltaktives Handelsunternehmen kontinuierlich spezifisches Know-how zur Beurteilung ökologieorientierter Problemfelder in der Elektrobranche und der Umweltqualität von Elektroprodukten. Diese Expertenstellung führt dazu, daß die mit dem Einkauf beauftragten Mitarbeiter umweltaktiver Handelsunternehmen ökologieorientierten Produktanforderungen nicht zuletzt auch aus Glaubwürdigkeitsgründen ein höheres Gewicht beimessen als die Konsumenten[191], welche sich allenfalls beim gelegentlichen Kauf um eine Beurteilung der Umweltqualität von Elektroprodukten bemühen.

Für die ökologieorientierte Sortimentsgestaltung im Handel sind ökologieorientierte Auswahlkriterien in verschiedenen Anforderungskatalogen bzw. Punktbewertungsverfahren entwickelt worden.[192] Ein für Elektrogeräte einheitliches ökologieorientiertes Kriterienset hat sich allerdings noch nicht durchsetzen können. Zur Verknüpfung der Konsumenten- und der Handelssegmentierung wurde daher auf Grundlage des im Rahmen der Konsumentenbefragung entwickelten Katalogs ökologieorientierter Produktanforderungen[193] überprüft, inwieweit diese Kriterien eine geeignete Beurteilungsgrundlage auch für den Handel darstellen und ob gegebenenfalls weitere Kriterien zu ergänzen sind. Diesbezüglich geführte Gespräche mit Experten der Handelsseite bestätigen die grundsätzliche Übertragbarkeit des ökologieorientierten Produktanforderungskataloges.[194] Darüber hinaus

---

[190] Vgl. Sieler, C., Sekul, S., Ökologische Betroffenheit als Auslösefaktor einer umweltorientierten Unternehmenspolitik im Handel, a.a.O., S. 182; Kull, S., Der Handel als Diffusionsagent ökologischer Innovationen, a.a.O., S. 64 f. Dieser Annahme liegt das Lebenszyklusmodell gesellschaftlicher Anliegen zu Grunde, das die soziopolitische Bedeutung einer Problemstellung im Zeitablauf verdeutlicht. Vgl. Dyllick, Th. Management der Umweltbeziehung, Wiesbaden 1989, S. 241 ff.; Liebl, F., Issue Management: Bestandsaufnahme und Perspektiven, in: ZfB, Heft 3, 1994, S. 367 ff.

[191] Diese Feststellung wird durch den auf Konsumentenseite nachgewiesenen Zusammenhang zwischen Umweltwissen und der Höhe ökologieorientierter Produktanforderungen bestätigt. Vgl. Abschnitt 1.233 in diesem Kapitel.

[192] Vgl. Hopfenbeck, W., Teitscheid, P., Öko-Strategien im Handel, a.a.O., S. 166. Vgl. hierzu beispielhaft die Bemühungen der Neckermann Versand AG im Bereich Textilien und Hartwaren. Neckermann Versand AG (Hrsg.), Umwelterklärung 1995, Frankfurt 1995, S. 18 - 23.

[193] Zur Generierung der ökologieorientierten Produktanforderungen vgl. Abschnitt 1.1311 in diesem Kapitel.

[194] Allerdings ergaben sich in den Gesprächen bereits erste Hinweise darauf, daß der Handel die Bedeutung der Kriterien abweichend beurteilt.

wurde in verschiedenen Interviews von den Handelsvertretern betont, daß dem Handel im Gegensatz zum Konsumenten eine weitere Informationsquelle zur Verfügung steht. So kann der Handel zusätzlich auf die den Elektrogeräten beigefügten Gebrauchsanweisungen, die den Konsumenten in aller Regel erst nach einem Kauf zur Verfügung stehen, zugreifen.[195]

Unter Standardisierungsgesichtspunkten einer ökologieorientierten Profilierung ist parallel zur Konsumentenseite auch auf seiten des Handels zu untersuchen, inwieweit die **Produktkategorie** zu einem unterschiedlichen ökologieorientierten Produktanforderungsprofil führt. Ein abweichendes ökologieorientiertes Anforderungsprofil hat zur Folge, daß ökologieorientierte Profilierungskonzeptionen für Unterhaltungselektronik und Haushaltsgeräte mit unterschiedlichen Schwerpunktsetzungen in der Produktpolitik vorzunehmen sind, um die ökologieorientierte Beschaffungsentscheidung des Handels positiv zu beeinflussen. Bisher ist eine solche Fragestellung empirisch nicht eingehender untersucht worden. Im Rahmen der bereits durchgeführten Konsumentenbefragung konnte kein Einfluß der Produktkategorie auf die ökologieorientierten Produktanforderungen nachgewiesen werden. Daher soll im folgenden angenommen werden, daß Haushaltsgeräte und Geräte der Unterhaltungselektronik vom Handel bei seiner ökologieorientierten Beschaffungsentscheidung einheitlich beurteilt werden. Es ergibt sich folgende Hypothese:

Hyp$_H$ Kat   Bei der Listung von Elektrogeräten legen die Handelsunternehmen ein bei Unterhaltungselektronik und Haushaltsgeräten einheitliches ökologieorientiertes Anforderungsprofil zugrunde.

2.132 Ökologieorientierte Handlungsparameter auf der Absatzseite

Umweltaktive Handelsunternehmen können ihre ökologische Gatekeeper-Rolle anhand verschiedener absatzmarktgerichteter Handlungsoptionen ausüben. Bei einer offensiven Basisstrategie im Umweltschutz ist dabei als zentrales Profilierungsinstrument die ökologieorientierte Sortimentspolitik anzusehen.[196] Darüber

---

[195] Informationen aus dem handelsgerichteten Marketing von Elektroherstellern werden in die Analyse nicht einbezogen, da diese einen hohen Heterogenitätsgrad aufweisen.

[196] Vgl. Mattmüller, R., Trautmann, M., Zur Ökologisierung des Handels-Marketing, a.a.O., S. 141; Meffert, H., Burmann, Chr., Umweltschutzstrategien im Spannungsfeld zwischen Hersteller und Handel, a.a.O., S. 41; imug e.V. (Hrsg.), Umweltlogo im Einzelhandel, a.a.O., S. 13 f. Zu einer Bestandsaufnahme allgemeiner Systematisierungen absatzpolitischer Instrumente des Handels vgl. Müller-Hagedorn, L., Handelsmarketing, a.a.O., S. 51.

hinaus eröffnen sich im Bereich der Servicepolitik zahlreiche Optionen, neuartige Umweltservices anzubieten.[197] Schließlich ist zu analysieren, inwieweit die Preispolitik für eine ökologieorientierte Profilierung herangezogen werden kann.[198]

Im Rahmen der **ökologieorientierten Sortimentspolitik** ist neben den beschaffungsseitig ausgerichteten ökologieorientierten Listungskriterien zu untersuchen, in welchem Ausmaß bereits ökologieorientierte Elektrogeräte ins Sortiment aufgenommen wurden. Dabei ist der Anteil von als umweltfreundlich deklarierten Elektrogeräten am Gesamtsortiment direkt zu erheben, um Aussagen über die Umsetzung der ökologieorientierten Basisstrategien ableiten zu können.[199]

Als vorrangige **ökologieorientierte Services** im Handel sind die Beratung über Umweltverträglichkeit von Produkten im Verkaufsgespräch, die Altgeräterücknahme und die Entsorgungsgarantie für neugekaufte Elektrogeräte zu nennen.[200] Dabei ist bei der Altgeräterücknahme danach zu differenzieren, ob sie ohne oder in Verbindung mit einem Neukauf erfolgt und inwieweit der Service mit einer Gebühr belegt ist oder kostenlos erbracht wird. Bei Entsorgungsgarantien sind ebenfalls unentgeltliche und entgeltliche Angebote zu unterscheiden.

---

[197] Vgl. Costa, C., Franke, A., Handelsunternehmen im Spannungsfeld umweltpolitischer Anforderungen, a.a.O., S. 14 f.

[198] Auf eine explizite Erhebung ökologieorientierter Kommunikationsaktivitäten im Elektrohandel wurde verzichtet, da anzunehmen ist, daß die Aussagen in der Kommunikationspolitik das ökologieorientierte Leistungsprofil der Produkte sowie des Serviceangebotes widerspiegeln, um glaubwürdig zu sein.

[199] Als weitere Antwortkategorien konnten die Händler angeben, daß sie in absehbarer Zeit keine Umweltprodukte aufnehmen und daß sie solche Produkte nicht kennen. Vgl. die Fragen 4 und 5 im Handelsfragebogen. Um sozial erwünschtes Antwortverhalten zu reduzieren, wurde nicht nur erhoben, ob der Händler überhaupt als umweltfreundlich deklarierte Produkte führen, sondern auch um welches Produkt bzw. welche Marke es sich dabei handelt.

[200] Vgl. Hansen, U., Umweltmanagement im Handel, a.a.O., S. 747 f.; Steger, U., Philippi, C., Die "gate-keeper"-Funktion des Handels im Hinblick auf umweltverträgliches Wirtschaften, a.a.O., S. 205. Auf eine explizite Betrachtung von Reparaturservices kann an dieser Stelle verzichtet werden, dann dieses absatzmarktgerichtete Instrument zwischen den Elektrohändlern nicht differenziert. Die persönliche Beratung wird in der Literatur häufig auch der Kommunikationspolitik im Handel zugeordnet, während die Services meist eine eigenständige Betrachtung erfahren. Vgl. Hansen, U., Ökologisches Marketing im Handel, a.a.O., S. 353 ff. Es ist in diesem Zusammenhang für den Servicebegriff unerheblich, inwieweit die Services entgeltlich bzw. unentgeltlich erbracht werden. Vgl. Hansen, U., Absatz- und Beschaffungsmarketing des Einzelhandels, a.a.O., S. 433; Meffert, H., Kundendienstpolitik: eine Bestandsaufnahme zu einem komplexen Marketinginstrument, in: Marketing ZFP, Heft 2, 1987, S. 93 f.

Mit Blick auf den hohen Preiswettbewerb im Elektrohandel steht bei zahlreichen Händlern die Sicherung der Handelsspanne neben Kosteneinsparungen im Vordergrund der **Preispolitik**.[201] Ein Handelsmanager wird nur dann eine geringere Handelsspanne bei ökologieorientierten Elektroprodukten akzeptieren, wenn er sich aufgrund einer herausragenden ökologieorientierten Produktleistung einen besonderen Profilierungserfolg hiervon verspricht. Dieser kann z.B. in höheren Kaufintensitäten, deckungsbeitragsstarken cross-selling-Potentialen oder einem persönlichen Empfehlungsverhalten seiner Kunden bestehen.

2.14 Organisationsdemographischer Einfluß auf die ökologieorientierte Basisstrategie im Handel

Eine Verknüpfung handelsdemographischer Einflußfaktoren mit der Umweltorientierung im Handel ist bisher in den wenigsten empirischen Analysen vollzogen worden.[202] Dieses ist damit zu begründen, daß in verschiedenen herstellerbezogenen Untersuchungen, vielfach kein signifikanter Einfluß von den unternehmensdemographischen Faktoren auf die ökologieorientierte Ausrichtung eines Unternehmens festzustellen war.[203] Demgegenüber findet sich bei einigen Autoren die aus der allgemeinen Handelsliteratur[204] übertragene These, daß mit steigender **Unternehmensgröße** Handelsunternehmen leichter eine ökologieorientierte Gatekeeper-Rolle gegenüber den Herstellern einnehmen können als kleinere und daher auch eher umweltaktive Basisstrategien verfolgen.[205] Als Meßin-

---

[201] Vgl. Engelhardt, T.-M., Partnerschafts-Systeme mit dem Fachhandel als Konzept des vertikalen Marketing, a.a.O., S. 99 und 101. Dieses belegen auch die jährlichen Betriebsergebnisvergleiche bei Einzelhandelsgeschäften. Vgl. z.B. Erdmann, B., Bericht über die Ergebnisse des Betriebsvergleichs der Einzelhandelsgeschäfte aus den alten und den neuen Bundesländern im Jahre 1993, in: Mitteilungen des Instituts für Handelsforschung an der Universität zu Köln, Nr. 11, 1994, S. 153 ff.

[202] So wird zwar bei der Untersuchung des Umweltbundesamtes die Größenverteilung der befragten Handelsunternehmen anhand von Umsatzklassen offengelegt, eine größenspezifsche Auswertung unterbleibt hingegen. Vgl. Umweltbundesamt (Hrsg.), Berichte 11/91, a.a.O., S. 620. Auch die Untersuchung von Kull bezieht die Unternehmensgröße nur bei der Wahl der Stichprobe mit ein, nicht hingegen bei der Darstellung und Interpretation der Ergebnisse. Vgl. Kull, S., Der Handel als Diffusionsagent ökologischer Innovationen, a.a.O., S. 1.

[203] Vgl. u.a. hierzu Kirchgeorg, M., Ökologieorientiertes Unternehmensverhalten, a.a.O., S. 211; Ostmeier, H., Ökologieorientierte Produktinnovationen, a.a.O., S. 202 f.

[204] Vgl. Hansen, U., Absatz- und Beschaffungsmarketing des Einzelhandels, a.a.O., S. 44; Oehme, W., Handels-Marketing, a.a.O., S. 19; Irrgang, W., Strategien im vertikalen Marketing, a.a.O., S. 42.

[205] Vgl. Steger, U., Philippi, C., Die "gate-keeper"-Funktion des Handels im Hinblick auf umweltverträgliches Wirtschaften, a.a.O., S. 202; Mattmüller, R., Trautmann, M., Zur Ökologisierung des Handels-Marketing, a.a.O., S. 131.

dikatoren der Unternehmensgröße[206] kommen die Mitarbeiterzahl, Verkaufsflächenmaße und Umsatzzahlen in Frage. In der vorliegenden Untersuchung konnte aus einer sekundärstatistischen Datenbank die Unternehmensgröße der befragten Handelsunternehmen mittels Umsatzzahlen und Verkaufsflächenangaben konkret erfaßt werden.[207]

In einer nicht ausschließlich auf den Elektrohandel bezogenen Untersuchung aus dem Jahr 1992 wurde die deutlichste umweltorientierte Umgestaltung des Sortimentes bei größeren Handelsunternehmen nachgewiesen.[208] Als Begründung hierfür kann auf eine entsprechende Macht- und Durchsetzungsbasis nachfragestarker Handelsunternehmen gegenüber den Herstellern verwiesen werden. Daneben stehen größere Handelsunternehmen in einer größeren gesellschaftlichen Verantwortung[209], und sie verfügen in aller Regel auch über bessere Möglichkeiten, im Umweltbereich spezialisierte Ein- und Verkäufer zu beschäftigen. Dieses legt die Hypothese nahe, daß größere Handelsunternehmen die Erfolgsaussichten einer Umweltprofilierung positiver einschätzen und demnach häufiger eine offensive Basisstrategie im Umweltschutz verfolgen als kleinere Unternehmen:

Hyp$_H$ Größ   Je größer das befragte Handelsunternehmen ist, desto positiver werden die Erfolgsaussichten einer ökologieorientierten Profilierung im Handel beurteilt.

---

[206] Allgemein kann die Unternehmensgröße zu Recht als das in der Literatur am häufigsten untersuchte handelsdemographische Merkmal bezeichnet werden. Vgl. auch die Synopse von 21 handelsspezifischen Erfolgsfaktorenstudien bei Kube, Chr., Erfolgsfaktoren in Filialsystemen, a.a.O., S. 113 - 119. Eine vertriebsformengebundene Erfolgsanalyse des Größenindikators Fläche findet sich bei Burmann, Chr., Fläche und Personalintensität als Erfolgsfaktoren im Einzelhandel, Wiesbaden 1995.

[207] Die Verkaufsfläche wird in dieser Arbeit in drei Klassen gemessen. Kleinere Verkaufsstätten verfügen über bis zu 100 Quadratmeter Verkaufsfläche und mittelgroße bis zu 200 Quadratmeter. Zur größten Klasse zählen Geschäfte mit mehr als 200 Quadratmetern. Als weiteres organisationsdemographisches Merkmal steht eine Klassifikation der befragten Handelsbetriebe nach dem Geschäftsstandort in den drei Ausprägungen „passanten-", „verkehrs-" und „wohnorientiert" zur Verfügung. Auf dieses Merkmal wird bei der Beschreibung der Handelscluster zurückgegriffen.

[208] Vgl. A.C. Nielsen GmbH, Institut für Marketing (Hrsg.), Umweltschutzstrategien im Spannungsfeld zwischen Handel und Hersteller, a.a.O., S. 96.

[209] Vgl. Mattmüller, R., Trautmann, M., Zur Ökologisierung des Handels-Marketing, a.a.O., S. 142.

2.2 Empirische Erfassung ökologieorientierter Handelssegmente

2.21 Design der Handelsbefragung

Der Hauptbefragung wurde aufgrund des hohen Neuigkeitsgehaltes der Problemstellung und angesichts einer noch unzureichenden theoretischen Literaturbasis eine explorative Fachhandelsbefragung vorangestellt. Von einem geschulten Interviewerstab wurden im Zeitraum vom 23.6.1992 bis zum 4.7.1992 insgesamt 22 Fachhandelsbetriebe in vorstrukturierten, persönlichen Interviews, die bis zu 120 Minuten dauerten, befragt.

Anfang 1993 wurde dann im Rahmen der Hauptbefragung eine zufällige Stichprobe aus dem Gesellschafterkreis einer mittelständischen Kooperation von mehr als 1850 Elektrofachhändlern, deren Sortimentsschwerpunkt auf Geräten der Unterhaltungselektronik liegt, gezogen. 386 Händler wurden anschließend angeschrieben und gebeten, einen Fragebogen zu allgemeinen Einstellungen der Händler zum Thema Umweltschutz, entsprechenden Umweltmaßnahmen und absatzmarktbezogener Inhalte auszufüllen.

Insgesamt konnten aus dieser Befragung 120 Fälle (31 % der Stichprobe) ausgewertet werden. Die Beschreibung der in die Auswertung einbezogenen Handelsunternehmen nach den Kriterien „Einzugsgebiet" und „Standort" ist aus Tabelle 5 zu entnehmen.[210] Insgesamt ist von einer guten Repräsentativität der Befragungsergebnisse für den mittelständischen Unterhaltungselektronikfachhandel auszugehen.[211]

---

[210] Vgl. zur Analyse des Einzugsgebietes und Abgrenzung der drei Standortkategorien Oehme, W., Handels-Marketing, a.a.O., S. 88 f. und 100 f.

[211] Die absolute Zahl von Fachhandelsunternehmen im traditionellen Fernseh- und Phono-Bereich betrug laut Nielsen Marketing Research zum 1.1. 1993 10.800 Betriebe. Vgl. Axel Springer Verlag AG (Hrsg.), Audio/Video, Hamburg 1993, S. 19. Angesichts der großen Grundgesamtheit ist davon auszugehen, daß ein Auswahlsatz von weniger als 5 % für zuverlässige Ergebnisse ausreicht. Bei Schätzungen von Anteilswerten kann damit unter konservativen Annahmen von einem Sicherheitsgrad $(1-\alpha) = 0,9$ und einer Genauigkeit von $\Delta\theta = 0,08$ ausgegangen werden. Vgl. Bleymüller, J., Gehlert, G., Gülicher, H., Statistik für Wirtschaftswissenschaftler, a.a.O., S. 90.

Einzugsgebiet	
selbständige Gemeinde	54 %
Vorort größerer Stadt	30 %
Citylage	8 %
dörfliche Gemeinde	8 %
Standort	
wohnorientiert	45 %
passantenorientiert	19 %
verkehrsorientiert	36 %

Tab. 5: Beschreibung der befragten Handelsunternehmen nach Einzugsgebiet und Standort

2.22 Wahrgenommene Erfolgsaussichten einer Umweltprofilierung im Handel als Grundlage der Segmentbildung

Die überwiegende Mehrzahl der befragten Händler glaubt an die Erfolgsaussichten einer ökologieorientierten Profilierung im Elektrohandel. Lediglich 5 % billigen einer Umweltprofilierung keinerlei Erfolgsaussichten zu, so daß mit einiger Berechtigung anzunehmen ist, daß diese Händler eine defensive Basisstrategie im Umweltschutz verfolgen und lediglich gesetzlich vorgeschriebene Umweltstandards einhalten. Konzentriert man die weitere Betrachtung auf diejenigen Händler, die einer Umweltprofilierung nicht vollständig ablehnend gegenüber stehen, so zeigt sich, daß in kurzfristiger Perspektive lediglich geringe Erfolgsaussichten gesehen werden, wohingegen die Erfolgsaussichten bei mittelfristiger und erst recht bei langfristiger Betrachtung deutlich steigen (vgl. Abbildung 37). Auffällig ist dabei mit dem Wert 1,73 die hohe Standardabweichung bei der kurzfristigen Erfolgsbeurteilung. Offenkundig stehen hinter dieser - aber auch hinter den beiden anderen Erfolgseinschätzungen - ausgesprochen heterogene Auffassungen der befragten Handelsunternehmen.

Um Elektrohändler zu identifizieren, die sich aufgrund einer offensiven Basisstrategie im Umweltschutz aus Herstellersicht für ökologieorientierte Kooperationen besonders eignen, ist im nächsten Analyseschritt eine Clusteranalyse auf Grundlage der Erfolgseinschätzungen einer ökologieorientierten Profilierung vorgenommen worden. Die hierarchische Clusteranalyse nach dem Ward-Verfahren

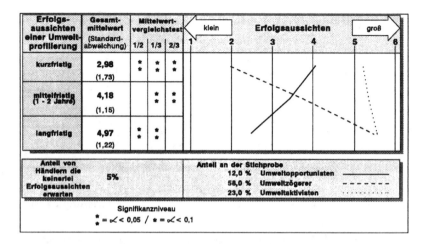

Abb. 37: Erfolgsaussichten einer Umweltprofilierung differenziert nach ökologieorientierten Handelsclustern

ergibt unter Heranziehung des Elbow-Kriteriums eine drei-Cluster Lösung.[212] Anhand ihrer aus Abbildung 37 ersichtlichen clusterspezifischen Beurteilung der Erfolgsaussichten einer Umweltprofilierung lassen sich die drei ökologieorientierten Handelscluster wie folgt beschreiben:

Cluster 1: **Umweltopportunisten** (12 %)

In diesem Cluster werden die kurzfristigen Erfolgsaussichten einer Umweltprofilierung erheblich positiver eingeschätzt als die mittel- und langfristigen. Damit verstehen Händler dieses Clusters eine Umweltprofilierung eher als kurzfristig tragfähigen Trend, dessen Bedeutung sich aufgrund einer zunehmenden Verbreitung von ökologieorientierten Maßnahmen im Handel im Zeitablauf nivellieren wird.[213] Daher gelangen sie zu einem der Mehrheitsmeinung der Elektrohändler diametral entgegengesetzten Urteil. Angesichts dieser Einschätzung werden diese Händler

---

[212] Insgesamt wurden nach Ausschluß von Fragebögen aufgrund von Missing Values und nach Abzug derjenigen Händler, die keinerlei Erfolgsaussichten in einer Umweltprofilierung sehen, 93 valide Fälle in die Clusteranalyse einbezogen. Die Entwicklung des Varianzkriteriums zur Ableitung der Clusterzahl ist Abbildung A10 im Anhang zu entnehmen.

[213] Diese Auffassung kann als realistisch bezeichnet werden, wenn man voraussetzt, daß staatliche Umweltvorgaben ökologieorientierte Maßnahmen im Handel stärker noch als bisher vorschreiben.

eine selektive Basisstrategie im Umweltschutz verfolgen und ökologieorientierte Profilierungsmaßnahmen lediglich dann im eigenen Handelsunternehmen aufgreifen, wenn sie noch kurzfristig erfolgversprechend erscheinen. Deshalb ist die Bezeichnung „Umweltopportunist" für dieses Cluster angemessen. In diesem Zusammenhang interessant ist die Tatsache, daß 80 % der Umweltopportunisten über verkehrsorientierte Standorte verfügen.[214] Bei dem hier anzutreffenden Käuferprofil können nach Meinung der Umweltopportunisten offenkundig zur Zeit ökologieorientierte Präferenzen aufgebaut werden.[215]

Cluster 2: **Umweltzögerer** (58 %)

Das zweite Cluster ist zahlenmäßig am stärksten besetzt und so verwundert es nicht, daß sich die Erfolgseinschätzung einer ökologieorientierten Profilierung im Elektrohandel mit dem Gesamtdurchschnitt über alle Befragten weitgehend deckt. Eine Umweltprofilierung ist für dieses Cluster erst auf mittelfristige Sicht erfolgversprechend und ist langfristig gesehen ausgesprochen attraktiv. Dies kann zum einen damit begründet werden, daß nach Auffassung dieses Clusters zur Zeit die ökologieorientierten Absatzpotentiale auf Konsumentenseite noch nicht vorhanden sind. Zum anderen wäre auch denkbar, daß die Handelsunternehmen sich in der Ausschöpfung bereits existierender Absatzpotentiale behindert sehen, da ihnen z.B. Facheinkäufer und -verkäufer sowie integrierte Profilierungskonzepte fehlen. Angesichts des Beurteilungsprofils ist zu erwarten, daß Händler in diesem Cluster mittelfristig einen Strategiewechsel in ihrer ökologieorientierten Basisstrategie vollziehen. Während ökologieorientierte Profilierungsmaßnahmen zunächst äußerst selektiv vorgenommen werden, erfolgt bei einer stärkeren Berücksichtigung ökologieorientierter Kaufentscheidungskriterien bei den Konsumenten oder dem Wegfallen interner Barrieren ein Umschwenken auf eine offensive Basisstra-

---

[214] Die Umweltopportunisten weisen bei ihrem Einzugsgebiet keine Abweichungen von der Gesamtstichprobe auf.

[215] Der Zusammenhang zwischen der ökologieorientierten Basisstrategie eines Handelsunternehmens und dem Umweltbewußtsein seines standortspezifischen Käuferpotentials ist in empirischen Arbeiten bisher nicht untersucht worden. Auch im Vordergrund der Diskussion um ökologieorientierte Standortentscheidungen stehen vielmehr mikrogeographische Faktoren mit direkten Ökologiebezug, wie z.B. die Anpassung an landschaftstypische Gegebenheiten sowie das Vorhandensein einer ökologieorientierten Infrastruktur für Warenanlieferung und Kundenbesuch. Vgl. Kolvenbach, D., Umweltschutz im Warenhaus, a.a.O., S. 46; Hopfenbeck, W., Teitscheid, P., Öko-Strategien im Handel, a.a.O., S. 242 ff.; Mattmüller, R., Trautmann, M., Zur Ökologisierung des Handels-Marketing, a.a.O., S. 137.

tegie. Deshalb sollen Händler in diesem Cluster als „Umweltzögerer" beschrieben werden.[216]

Cluster 3: **Umweltaktivisten** (23 %)

Charakteristisch für das dritte Cluster schließlich ist eine in allen Zeithorizonten ausgesprochen positive Einschätzung ökologieorientierter Profilierungschancen. Damit wird in diesem Cluster eine offensive Basisstrategie im Umweltschutz betrieben, von der zu erwarten ist, daß in allen Marketinginstrumenten aktiv ökologieorientierte Aspekte berücksichtigt werden. Insofern erscheint die Clusterbezeichnung „Umweltaktivist" gerechtfertigt.[217]

In einem weiteren Untersuchungsschritt ist die Stabilität der obigen Segmentbildung im Handel anhand einer multiplen Diskriminanzanalyse zu überprüfen.[218] Verwendet man den Anteil der richtig klassifizierten Fälle als Gütekriterium der Clusterbildung, so erreicht die Diskriminanzanalyse mit einer Klassifikationsquote von 95,5 % einen sehr guten Wert.[219]

Als Fazit der Gruppenbildung ergibt sich somit, daß die Erfolgsaussichten einer ökologieorientierten Profilierung im Elektrohandel ausgesprochen unterschiedlich beurteilt werden. Damit ist die erste Aussage der Basishypothese **Hyp$_H$ Erfolg** eindeutig zu bestätigen. Offenkundig verfolgen die drei Handelscluster verschiedenartige Umweltstrategien, so daß sich aus Herstellersicht für eine ökologie-

---

[216] Die Umweltzögerer sind von ihrem Einzugsgebiet und von ihrer Geschäftslage mit der Gesamtstichprobe vergleichbar.

[217] Umweltaktivisten sind überdurchschnittlich oft (71 %) in selbständigen Gemeinden an einem wohnorientierten Standort (62 %) angesiedelt. Es kann vermutet werden, daß die hier gegebene enge und sichtbare Einbindung des Handelsunternehmen einen gewissen ökologieorientierten Normendruck auf die Geschäftsinhaber ausübt.

[218] Eine vorgeschaltete univariate Diskriminanzanalyse hat für alle ökologieorientierten Produktanforderungen eine signifikante Diskriminanz ergeben. Die multiple Diskriminanzanalyse errechnet zwei Diskriminanzfunktionen, die beide hochsignifikant ($\alpha<0,01$) sind. Wilks' Lambda wächst von einem Wert 0,11 bei der Einbeziehung der ersten auf einen Wert von 0,45 bei der zweiten Diskriminanzfunktion an.

[219] Vgl. Abbildung A11 im Anhang. Auffällig ist, daß bei der diskriminatorischen Zuordnung der Umweltopportunisten zwei Handelsunternehmen fehlklassifiziert und den Umweltaktivisten zugeschlagen werden. Dieses Ergebnis wird durch die vergleichsweise geringe Clusterbesetzung und die geringe Zahl von clusterbildenden Variablen begünstigt. Angesichts der durchgängig hoch signifikanten Mittelwertunterschiede zwischen den beiden Gruppen der Umweltopportunisten und der Umweltaktivisten kann jedoch auf eine hinreichend trennscharfe Gruppenbildung geschlossen werden.

orientierte Kooperation mit dem Elektrohandel zur Zeit in erster Linie die Umweltaktivisten eignen.

2.23 Einschätzung des ökologieorientierten Konsumenten- und Herstellerverhaltens

Die ökologieinduzierten Veränderungen im **Konsumentenverhalten** der nächsten ein bis zwei Jahre aus Handelssicht zeigt Abbildung 38. Von allen Handelsunternehmen werden mit deutlichem Abstand bei den Elektrogroßgeräten die größten ökologieinduzierten Veränderungen erwartet. Danach folgen die Produktkategorien Fernseher, Elektrokleingeräte und Video. Die geringsten Änderungen werden bei HiFi-Anlagen, tragbaren Audiogeräten („Henkelware") und Autoradios prognostiziert. Die produktbereichsspezifische Beurteilung der Händler kann angesichts der objektiven ökologischen Betroffenheit als konsistent bezeichnet werden, da in Produktbereichen mit einer vergleichsweise hohen ökologischen Betroffenheit stärkere umweltinduzierte Kaufverhaltensänderungen erwartet werden als bei solchen mit einer eher geringen ökologischen Betroffenheit.[220]

Bei einer clusterspezifischen Analyse ist auffällig, daß die Umweltopportunisten die ökologieorientierten Kaufverhaltensänderungen bei den Videogeräten, den tragbaren Audiogeräten und der Kommunikationselektronik vergleichsweise hoch beurteilen. Diese Produktbereiche sind ökologisch eher gering betroffen. Wenn die Umweltopportunisten jedoch gerade hier spürbare Verhaltensänderungen erwarten, kann dies darauf zurückgeführt werden, daß in diesen Bereichen bisher kaum ökologieorientierte Profilierungsmaßnahmen zu verzeichnen sind und daher von den Umweltopportunisten besondere ökologieorientierte Profilierungschancen vermutet werden. Dieses Vorgehen erscheint bei einer integrierten Sicht unglaubwürdig und ist als Indiz für ein pseudo-ökologisches Marketing dieses Clusters zu werten. Demgegenüber stimmen die Einschätzungen der drei Handelscluster bei den Elektrogroßgeräten und auch im Bereich Fernseher nahezu überein. Diese Produktbereiche sind ökologisch hoch betroffen, so daß aufgrund dieser Tatsache hier alle drei Cluster besondere Profilierungschancen sehen.

---

[220] Eine Korrelationsanalyse zwischen den erwarteten Kaufverhaltensänderungen und den wahrgenommenen Erfolgsaussichten einer ökologieorientierten Profilierung im Elektrohandel zeigt im kurzfristigen Bereich, abgesehen vom Zubehör, hohe, signifikant positive Korrelationen (0,23 bis 0,51). Bei mittelfristiger und langfristiger Betrachtung ist dieser Zusammenhang nicht feststellbar. Daraus ist zu schlußfolgern, daß die Erwartung ökologieinduzierter Kaufverhaltensänderungen lediglich die Einschätzung kurzfristiger Erfolgsaussichten einer Umweltprofilierung im Handel beeinflußt.

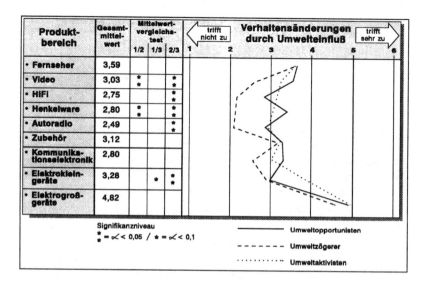

Abb. 38: Erwartete umweltinduzierte Kaufverhaltensänderungen in den Produktbereichen differenziert nach ökologieorientierten Handelsclustern

Die signifikant zurückhaltende Sichtweise der Umweltzögerer bei den Erfolgsaussichten einer ökologieorientierten Profilierung dokumentiert sich auch in ihrer Einschätzung der ökologieinduzierten Kaufverhaltensänderungen. Lediglich in den Bereichen Fernseher, Zubehör und Elektrogroßgeräte erwarten die Umweltzögerer nennenswerte Kaufverhaltensänderungen. Bemerkenswert erscheint an diesem Punkt, daß die Händler, die in einer ökologieorientierten Profilierung keinerlei Erfolgsaussichten sehen und daher eine defensive Basisstrategie im Umweltschutz verfolgen, ökologieinduzierte Kaufverhaltensänderungen in Zukunft mit größerer Intensität erwarten als der Durchschnitt aller befragten Handelsunternehmen. Dieses Feststellung gilt insbesondere für die Bereiche der Elektroklein- sowie -großgeräte und ist zunächst ein offenkundiger Widerspruch, der sich bei der Betrachtung des ökologieorientierten Herstellerverhaltens auflöst.

Die **Beurteilung des Herstellerverhaltens** im Umweltbereich ist Abbildung 39 zu entnehmen. Die Grundstimmung über alle befragten Handelsunternehmen ist von einer hohen Skepsis gegenüber einem proaktiven Umweltmanagement der Hersteller getragen. So erschöpft sich nach Handelssicht das Umweltengagement der Hersteller darin, die relevanten Umweltgesetze zu befolgen. Dieser Aussage

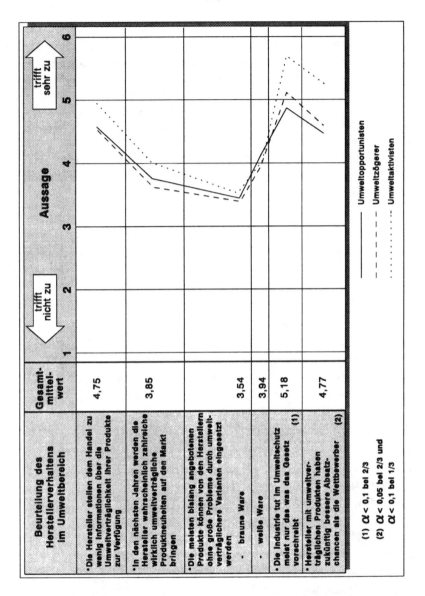

Abb. 39: Beurteilung des ökologieorientierten Herstellerverhaltens differenziert nach ökologieorientierten Handelsclustern

stimmt mehr als die Hälfte der Befragten ohne jede Einschränkung zu.[221] Darüber hinaus bestätigt sich die bei den ökologieorientierten Konflikten im Absatzsystem geäußerte Vermutung, daß der Handel ein deutliches Informationsdefizit bei der Beurteilung der Umweltverträglichkeit von Produkten wahrnimmt. Interessant für vertikale Profilierungskonzepte ist ferner die Ansicht der Händler, daß Hersteller mit umweltverträglichen Elektroprodukten bessere Absatzchancen als ihre Konkurrenten haben. Hier wird die Auffassung des Handels deutlich, daß eine ökologieorientierte Profilierung grundsätzlich nicht nur auf Handels- sondern auch auf Herstellerseite erfolgversprechend ist. Allerdings wären hierzu umweltinnovative Produkte notwendig, die nach Ansicht der Handelsunternehmen in den nächsten Jahren nicht zu erwarten sind.

Zwischen den drei Handelssegmenten treten lediglich geringe Beurteilungsunterschiede des ökologieorientierten Herstellerverhaltens auf. Dennoch verdient die Einschätzung der Umweltaktivisten bei den letzten beiden Items eine besondere Beachtung.[222] Es fällt hierbei zunächst auf, daß die Umweltaktivisten einerseits sehr pessimistisch bezüglich des aktuellen Umweltengagements der Hersteller sind, welches sich nach ihrer Beobachtung ausschließlich in der Einhaltung gesetzlicher Umweltvorgaben dokumentiert.

Andererseits sehen die Umweltaktivisten gerade für Hersteller mit umweltverträglichen Produkten zukünftig besondere Absatzchancen. Als Begründung hierfür kann angesichts eines bisher geringen ökologieorientierten Aktivitätsniveaus auf ökologieorientierte Differenzierungschancen im Wettbewerbsumfeld verwiesen werden, die umweltaktive Hersteller nach Ansicht der Umweltaktivisten zum verstärkten Absatz ihrer Produkte nutzen könnten bzw. sollten.

Betrachtet man erneut die Handelsunternehmen, die in einer Umweltprofilierung keinerlei Profilierungschancen sehen, so zeigt sich, daß sie eine besonders skeptische Haltung gegenüber dem Herstellerverhalten im Umweltschutz einnehmen. Stärker als jedes der ökologieorientierten Handelscluster stimmen sie der Aussage zu, daß die Hersteller ihr Umweltverhalten darauf beschränken, die umweltrelevanten Gesetze einzuhalten. Darüber hinaus beklagen sie deutlicher als alle anderen Cluster, daß dem Handel zu wenig Informationen über die Umwelt-

---

[221] Antwortkategorie "6" trifft sehr zu.

[222] Bei diesen beiden Items sind signifikante Mittelwertunterschiede zwischen den Handelsclustern zu verzeichnen.

verträglichkeit der Elektrogeräte zur Verfügung gestellt werden. In diesen beiden Hauptbarrieren scheinen die Gründe zu liegen, warum diese Händlergruppe trotz der erwarteten, nachhaltigen Veränderungen im ökologieorientierten Kaufverhalten der Konsumenten auch keine Erfolgsaussichten einer Umweltprofilierung im Handel sieht.

Zusammenfassend ist die Feststellung zu treffen, daß für erfolgreiche ökologieorientierte Profilierungskonzepte im vertikalen Marketing zunächst eine negative Beurteilung des ökologieorientierten Herstellerverhaltens bei allen drei ökologieorientierten Handelssegmenten zu überwinden ist. Dieses trifft in besonderer Weise gerade für die Umweltaktivisten im Handel zu, die sich aufgrund ihrer kurz- wie auch langfristig positiven Haltung gegenüber den Erfolgsaussichten einer Umweltprofilierung im Fachhandel grundsätzlich für vertikale Profilierungskonzepte eignen. Vor diesem Hintergrund ist davon auszugehen, daß die negativen Einstellungen der Handelsunternehmen die ökologieorientierte Kooperationsbereitschaft maßgeblich belasten. Den negativen Wahrnehmungseindruck des Handels abzubauen, dürfte damit eine zentrale Herausforderung auf dem Weg zu ökologieorientierten Profilierungskonzepten im vertikalen Marketing sein. Dies scheint am ehesten durch konkrete ökologieorientierte Leistungen im Marketing-Mix und durch eine offene umweltbezogene Informationspolitik erreichbar zu sein.

2.24 Ausprägungsformen ökologieorientierter Beschaffungskriterien

Die empirischen Wichtigkeitseinschätzungen ökologieorientierter Produktanforderungen des Handels, die im weiteren als ökologieorientierte Beschaffungskriterien interpretiert werden, zeigt Abbildung 40.[223] Darüber hinaus ist in der Abbildung das entsprechende Mittelwertprofil aus Konsumentensicht verzeichnet. Das deutlich streuende Mittelwertprofil des Handels bestätigt, daß der Handel in der Lage ist, seine ökologieorientierte Listungsentscheidung anhand der vorgegebenen ökologieorientierten Produktanforderungen näher zu spezifizieren. Bei einer Analyse der Rangwerte ist auffallend, daß dem Handel ein niedriger Energieverbrauch und eine glaubwürdige Entsorgungsgarantie des Herstellers besonders

---

[223] Die Mittelwerte ergeben sich aus dem arithmetischen Mittel der Wichtigkeitseinschätzungen der Produktanforderungen für Geräte der Unterhaltungselektronik und Haushaltsgeräte.

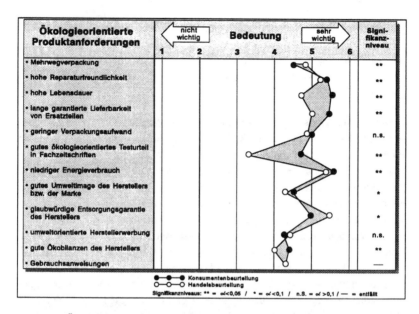

Abb. 40: Ökologieorientierte Produktanforderungen des Handels im Vergleich zur Konsumentensicht

wichtig sind. Diese beiden ökologieorientierten Produktanforderungen weisen aus Handelssicht den Vorteil auf, im Beratungsgespräch besonders leicht kommunizierbar zu sein. Danach folgen mit einigem Abstand die ökologieorientierten Produktanforderungen „hohe Reparaturfreundlichkeit" und „lange Lieferbarkeit von Ersatzteilen", die als notwendige Voraussetzungen für ein Reparaturserviceangebot des Handels anzusehen sind. Erst danach greifen die Handelsunternehmen bei ihrer ökologieorientierten Beschaffungsentscheidung auf die beiden verpakkungsorientierten Kriterien und eine lange Lebensdauer der Geräte zurück. Im Anschluß hieran werden gleichauf die umweltorientierte Herstellerwerbung und ein gutes Umweltimage des Herstellers bzw. der Marke genannt. Diese beiden Kriterien fördern aus Handelssicht den Abverkauf ökologieorientierter Elektrogeräte. Erstaunlich in der Wichtigkeitseinschätzung ist die sehr geringe Beachtung, die ökologieorientierten Testurteilen vom Handel geschenkt wird.

Die Rangreihung ökologieorientierter Beschaffungskriterien zeigt eine überwiegende Orientierung des Elektrohandels an für ihn ökonomisch wichtigen Merkmalen. Beschaffungskriterien, die ökologischen Charakter tragen, besitzen demgegenüber lediglich einen geringen Stellenwert. Aus dieser Tatsache ist im Konfliktfall zwischen ökonomischen und ökologieorientierten Beschaffungskriterien abzuleiten, daß der Handel seiner ökonomischen Zielerreichung den Vorrang einräumen wird.

Die Einschätzung der Bedeutung ökologieorientierter Testurteile zeigt exemplarisch das unterschiedliche Anforderungsprofil des Handels im Vergleich zur Konsumentensicht. So ist festzustellen, daß der Handel die Wichtigkeit der ökologieorientierten Produktanforderungen bis auf lediglich drei Ausnahmen deutlich geringer einschätzt als die Konsumenten.[224] Bei den Kriterien „Mehrwegverpackung", „glaubwürdige Entsorgungsgarantie der Hersteller" und „umweltorientierte Herstellerwerbung" übertrifft die Wichtigkeitseinschätzung des Handels die der Konsumenten. Bei diesen Kriterien handelt es sich um Tatbestände, die zu einer Entschärfung ökologieorientierter Konfliktpotentiale im vertikalen Marketing beitragen. Von daher kann die hohe Wichtigkeitseinschätzung des Handels nicht überraschen.

Bei der weiteren Interpretation der Ergebnisse ist festzustellen, daß der Handel seine Expertenrolle offenkundig nicht nutzt, höhere ökologieorientierte Anforderungen an die Hersteller zu richten als es die Konsumenten tun. Diese Tatsache ist den theoretischen Ausführungen zufolge überraschend und läßt im wesentlichen zwei Erklärungsansätze zu. Erstens kann die Abweichung durch eine Fehlwahrnehmung des Handels begründet werden, der die ökologieorientierten Produktanforderungen der Konsumenten unterschätzt. Hierdurch bestünde die Gefahr, daß der Handel seine ökologieorientierten Leistungen nicht marktgerecht ausrichtet und den Konsumentenanforderungen demzufolge lediglich ungenügend nachkommt. Allerdings wäre eine solche Gefahr nur dann evident, wenn man eine hohe Kaufverhaltensrelevanz der ökologieorientierten Produktanforderungen voraussetzt. Diese ist nach den konsumentenseitigen Ergebnissen jedoch nicht zwangsläufig gegeben.

Daher ist der zweite Erklärungsansatz realistischer, nach dem der Handel die Divergenz der Konsumenten zwischen bekundeter Wichtigkeit ökologieorientierter Produktanforderungen und deren tatsächlichen Bedeutung bereits erkannt hat. Dann allerdings ergibt sich die kritische Frage, warum der Handel sich überhaupt ökologieorientierte Profilierungschancen ausrechnet. In diesem Zusammenhang ist es denkbar, daß die Konsumenten ihrer Einschätzung einen kurzfristigen

---

[224] Dieses spiegeln auch die hohen Signifikanzniveaus in Abbildung 40 wider.

Zeithorizont zugrunde legen, während die Handelsunternehmen in längeren Perioden planen. Eine weitere Begründung kann darin liegen, daß die ökologieorientierten Profilierungschancen vom Handel weniger in einer ökologieorientierten Sortimentspolitik, sondern eher bei einer ökologieorientierten Ausgestaltung der weiteren Instrumente des Handelsmarketing gesehen werden.

Eine Analyse der ökologieorientierten Beschaffungskriterien innerhalb der drei ökologieorientierten Handelscluster bestätigt diesen Eindruck (vgl. Abbildung 41). Trotz der grundsätzlich unterschiedlichen Erfolgsbeurteilung einer Umweltprofilierung im Handel ergeben sich lediglich geringe und zumeist nicht signifikante Clusterunterschiede bei den ökologieorientierten Produktanforderungen. Tendenziell besteht das höchste ökologieorientierte Produktanforderungsniveau bei den Umweltaktivisten im Handel; während die geringsten Umweltanforderungen von Seiten der Umweltopportunisten gestellt werden.

Analysiert man über alle Cluster hinweg die Korrelationen zwischen den Erfolgsaussichten und den ökologieorientierten Produktanforderungen, so zeigt sich, daß von den ökologieorientierten Produktanforderungen insbesondere die Mehrwegverpackungen, das Umweltimage der Hersteller, Entsorgungsgarantien, umweltorientierte Werbung und Ökobilanzen mit den kurzfristigen Erfolgsaussichten hoch signifikant positiv korrelieren.[225] Dieses deutet darauf hin, daß der Handel bei den genannten Kriterien die höchsten Profilierungschancen für Elektrohersteller vermutet; gleichzeitig ist jedoch einschränkend darauf hinzuweisen, daß von der Mehrzahl dieser Kriterien ein direkter ökonomischer Nutzen für den Elektrohandel ausgeht. Mit steigendem Zeithorizont nehmen die Korrelationen und ihre Signifikanz deutlich ab.

---

[225] Die Korrelationskoeffizienten der genannten Kriterien mit den kurzfristigen Erfolgsaussichten schwanken in einem Wertebereich von 0,205 und 0,26.

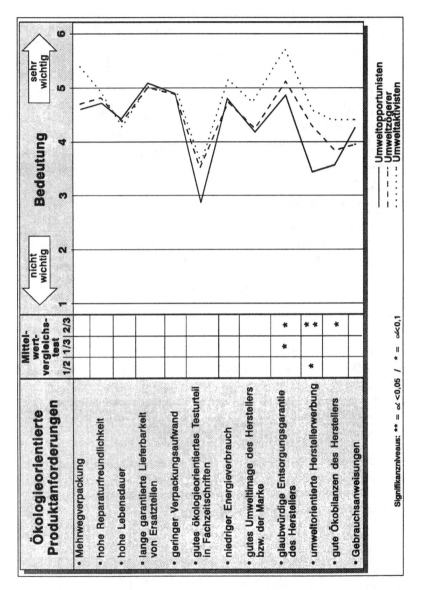

Abb. 41: Ökologieorientierte Produktanforderungen differenziert nach ökologieorientierten Handelsclustern

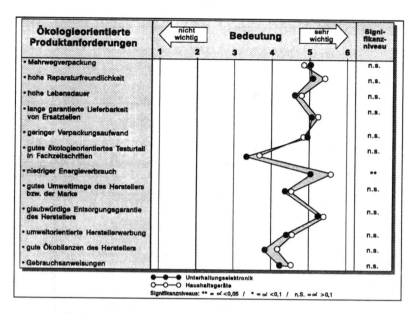

Abb. 42: Ökologieorientierte Produktanforderungen des Handels differenziert nach der Produktkategorie

Ein meßbarer Einfluß der Produktkategorie auf die Wichtigkeitseinschätzung ökologieorientierter Produktanforderungen kann - wie schon auf der Konsumentenseite - statistisch nicht ermittelt werden (vgl. Abbildung 42). Lediglich beim Energieverbrauch von Haushaltsgeräten wird eine signifikant höhere Beurteilung im Vergleich zu den Geräten der Unterhaltungselektronik erreicht. Somit kann die Hypothese **Hyp$_H$ Kat** als bestätigt angesehen werden.

Hieraus ist zu schließen, daß Hersteller, die sowohl Geräte der Unterhaltungselektronik als auch Haushaltsgeräte anbieten, eine für beide Produktkategorien weitgehend identische Profilierungskonzeption im vertikalen Marketing gegenüber ihren Absatzmittlern verfolgen können.[226]

---

[226] Diese Feststellung bezieht sich auf den Aufnahmezeitpunkt einer ökologieorientierten Profilierung. Dagegen ist im späteren Zeitablauf mit einer notwendigen Differenzierung der Profilierungskonzepte zu rechnen.

Faktoren (Eigenwert)	Indikatorvariablen	Faktorladungen (gerundet)	Varianz- erklärungsanteil
Gerätebezogene Umweltinformationen (2,997)	• Reparaturfreundlichkeit des Gerätes • Dauer der Lieferbarkeit von Ersatzteilen • Gebrauchsanweisungen • Testurteile in Fachzeitschriften	0,716 0,717 0,841 0,697	25,0%
Öko-Marketing des Herstellers (1,999)	• Umweltimage des Herstellers / der Marke • Entsorgungsgarantie des Herstellers • Umweltorientierte Werbung des Herstellers • Ökobilanzen des Herstellers	0,753 0,611 0,839 0,722	16,7%
Ressourcenverbrauch (1,467)	• Mehrwegverpackung • Verpackungsaufwand / -material • Energieverbrauch	0,640 0,595 0,767	12,2%
Erfahrungswert des Händlers (1,066)	• Lebensdauer des Gerätes	0,897	8,9%
Hauptkomponentenanalyse Kaiser-Meyer-Olkin-Kriterium 0,71		Σ	62,8%

Abb. 43: Faktoranalytische Verdichtung der ökologieorientierten Produktanforderungen des Handels

Um die Unabhängigkeit der ökologieorientierten Beschaffungskriterien zu überprüfen, sind diese in einem weiteren Analyseschritt mittels einer Faktorenanalyse zu verdichten. Die auf Grundlage der Korrelationsmatrix berechneten Testgrößen lassen hierfür eine gute Eignung erwarten.[227] In Abbildung 43 sind die Ergebnisse der explorativen Faktorenanalyse zusammengefaßt. Sie ermöglichen gleichzeitig einen weitergehenden Vergleich der ökologieorientierten Produktanforderungen der Konsumenten mit den ökologieorientierten Beschaffungskriterien des Handels.

Die nach dem Kaiser-Kriterium extrahierten vier Faktoren sind in der Lage, 62,8 % der Ausgangsvarianz zu erklären. Auf den ersten Faktor laden vier Variablen, die unmittelbar am Elektrogerät selbst festzumachen sind. Daher kann der erste

---

[227] Das Kaiser-Meyer-Olkin Maß beträgt 0,71 und ist damit als "ziemlich gut" einzustufen. Vgl. Backhaus, K. u.a., Multivariate Analysemethoden, a.a.O., S. 205. Aufgrund einer höheren Zahl von Missing Values bei den ökologieorientierten Produktanforderungen von Haushaltsgeräten (vgl. Frage 2 im Fragebogen), die sich damit begründen lassen, daß nicht alle befragten Händler auch Haushaltsgeräte führen, dienen die Produktanforderungen für Geräte der Unterhaltungselektronik (Frage 1) als Datengrundlage.

Faktor, der ein Viertel der gesamten Varianz erklärt, als Faktor der gerätebezogenen Umweltinformationen bezeichnet werden. Der zweite Faktor wird gebildet aus vier Variablen, die dem Öko-Marketing des Herstellers zuzurechnen sind. Der dritte Faktor beinhaltet den Ressourcenverbrauch bei der Verpackung und während der Nutzungsphase, während auf den letzten Faktor lediglich eine Variable hoch lädt. Es handelt sich dabei um die Lebensdauer des Elektrogerätes, die aus der Erfahrung der Händler eingeschätzt werden kann.

Ein Vergleich der handels- und konsumentenseitigen Faktorenanalysen zeigt trotz eines ungefähr gleich hohen Erklärungsanteils einen deutlichen Strukturunterschied.[228] Dieser besteht darin, daß der Handel bei einer ökologieorientierten Produktbeurteilung weniger in den Phasen des Kaufs, der Verwendung und der Entsorgung denkt, sondern eher eine Zusammenfassung der Produktanforderungen nach Informationsquellen zugrunde legt. Dies verdeutlicht auch die unterschiedliche Faktorenanzahl.

Als Fazit der Analyse ökologieorientierter Beschaffungskriterien im Handel ist für eine ökologieorientierte Profilierung aus Herstellersicht festzustellen, daß die unterschiedliche Erfolgsbeurteilung einer Umweltprofilierung durch die Handelssegmente nicht in unterschiedliche ökologieorientierte Produktanforderungen umgesetzt wird. Schließt man Validitätsprobleme bei der Erfassung der ökologieorientierten Basisstrategien als Begründung hierfür aus, so sehen die ökologieorientierten Handelscluster ökologieorientierte Profilierungschancen nicht im Rahmen ihrer Beschaffungsentscheidungen, sondern lediglich bei den anderen Marketinginstrumenten. Diese auch in den Expertengesprächen validierte Feststellung kann damit begründet werden, daß die in allen drei Handelsclustern hohe Skepsis gegenüber dem Umweltverhalten der Elektrohersteller auf die ökologieorientierten Beschaffungskriterien ausstrahlt.

Ein weiterer Grund kann darin bestehen, daß der Handel bei ökologieorientierten Produktinnovationen keine exklusive Distributionspolitik der Hersteller erwartet, da diese Großserienproduktionen unrentabel werden läßt. Für die ökologieorientierte Profilierung der Elektrohersteller ergibt sich aus der Analyse ökologieorientierter Beschaffungskriterien des Handels damit die Schlußfolgerung, daß eine segmentspezifisch ausgerichtete ökologieorientierte Produktpolitik - wie schon auf der Konsumentenseite - nicht empfohlen werden kann.

---

[228] Vgl. Abbildung 12 in Abschnitt 2.21 dieses Kapitels.

2.25 Ökologieorientierte Instrumenteausgestaltung auf der Absatzseite

Bei einer Analyse der **ökologieorientierten Sortimentspolitik** im Handel führen 75 % der befragten Handelsunternehmen nach eigenem Bekunden bereits ökologieorientierte Produkte in ihrem Sortiment (vgl. Abbildung 44). Die Aufnahme solcher Produkte in Kürze planen weitere 13,2 %. Händler, die auf absehbare Zeit keine Umweltprodukte aufnehmen wollen, machen knapp 10 % aus, während lediglich 1,8 % der Händler Umweltprodukte unbekannt sind.

Eine Betrachtung der clusterspezifischen Sortimentspolitik ergibt[229], daß die Umweltaktivisten tendenziell am weitesten mit der Aufnahme ökologieorientierter Produkte vorangeschritten sind. Nahezu alle Umweltaktivisten haben speziell markierte Umweltprodukte in ihrem Sortiment bzw. planen in Kürze ihre Aufnahme. Diese hohe Listungsquote zeigt, daß für die Umweltaktivisten eine ökologieorientierte Profilierung im Handel ohne ein ökologieorientiertes Sortiment wenig erfolgversprechend ist.

Allerdings belegt die weite Verbreitung ökologieorientierter Elektrogeräte auch bei den Umweltopportunisten und den Umweltzögerern, daß eine ökologieorientierte Sortimentspolitik aufgrund mangelnder Exklusivität nicht hinreichend für den Aufbau geschäftsstättenspezifischer Präferenzen und eine nachhaltig tragfähige Umweltprofilierung ist. Dabei ist in nächster Zukunft den Expertengesprächen zufolge mit einer weiteren Vereinheitlichung in den ökologieorientierten Handelssortimenten zu rechnen.

Als Ergebnis der Sortimentsanalyse ist das Fazit zu ziehen, daß sich die deutlichen Unterschiede bei den Erfolgsaussichten einer ökologieorientierten Profilierung zwischen den Handelssegmenten nicht wie erwartet in der ökologieorientierten Sortimentsgestaltung niedergeschlagen haben. Darüber hinaus sind nahezu allen Handelsunternehmen ökologieorientierte Elektrogeräte bekannt, so daß in keinem Handelssegment mit einem bedeutenden zusätzlichen Absatzpotential bei Händlern gerechnet werden kann, denen ökologieorientierte Elektrogeräte unbekannt sind.

---

[229] Aufgrund der Tatsache, daß die clusterspezifische Analyse keine signifikanten Unterschiede ergibt, lassen sich lediglich Tendenzen ableiten.

Ökologie-orientierte Sortimentspolitik	Umwelt-opportunisten	Umwelt-zögerer	Umwelt-aktivisten	über alle Befragten
Umweltprodukte bereits gelistet	66,7%	81%	82,6%	75%
Listung geplant	16,7%	10,3%	13%	13,2%
Keine Listung geplant	16,6%	7%	4,4%	10,0%
Umweltprodukte unbekannt	0,0%	1,7%	0,0%	1,8%
	Anteile in % vom Cluster			

Abb. 44: Ökologieorientierte Sortimentspolitik differenziert nach ökologieorientierten Handelsclustern

Einen Überblick über die **Verbreitung ökologieorientierter Serviceleistungen** im Elektrohandel gibt Abbildung 45.[230] Umweltorientierte Produktinformationen zählen bei knapp der Hälfte der Geschäfte zum regelmäßigen Inhalt von Beratungsgesprächen. Angesichts des hohen Stellenwerts der Beratung bei den ökologieorientierten Geschäftsanforderungen der Konsumenten[231] scheinen die hier vorhandenen Möglichkeiten zur Profilierung von vielen Handelsunternehmen noch nicht erkannt worden zu sein. Im Fall der fachkundigen Altgeräterücknahme, der wichtigsten Geschäftsanforderungen aus Sicht der Konsumenten, ergibt sich ein differenziertes Bild. So gehört die kostenlose Altgeräterücknahme bei gleichzeitigem Neukauf inzwischen weitgehend zum Standardserviceangebot im Elektrofachhandel. Wie die im Gegensatz dazu geringe Bereitschaft zur kostenlosen Rücknahme ohne Neukauf belegt, scheinen beim Verkauf von Neugeräten ausreichend Möglichkeiten zur Quersubventionierung dieses Services zu bestehen.

---

[230] Bei der Frage nach dem Angebot ökologieorientierter Serviceleistungen sind Mehrfachnennungen zugelassen.

[231] Vgl. hierzu und zur Bedeutung der Altgeräterücknahme aus Konsumentensicht Abschnitt 1.311 in diesem Kapitel.

Angebot ökologieorientierter Services	Umweltopportunisten	Umweltzögerer	Umweltaktivisten	Über alle Befragten
• Produktberatung über Umweltverträglichkeit	41,7%	48,3%	56,5%	48,6%
• Rücknahme von Altgeräten				
- kostenlos bei Neukauf	75,0%	77,6%	69,6%	73,3%
- gegen Gebühr bei Neukauf	50,0%	43,1%	43,5%	43,8%
- kostenlos ohne Neukauf	16,7%	5,2%	8,7%	8,6%
- gegen Gebühr ohne Neukauf	50,0%	41,4%	43,5%	39,0%
• Kostenlose Entsorgungsgarantie	25,0%	20,7%	21,7%	20,0%
• Entsorgungsgarantie gegen Gebühr	25,0%	15,5%	26,1%	17,1%

Angaben in % vom Cluster
Mehrfachnennungen möglich

Abb. 45: Ökologieorientiertes Serviceangebot differenziert nach ökologieorientierten Handelsclustern

Betrachtet man die Clusterunterschiede, so fällt auf, daß die Umweltaktivisten bisher am stärksten die Bedeutung einer ökologieorientierten Produktberatung erkannt und ausgebaut haben. Demgegenüber ist die Bereitschaft einer kostenlosen Altgeräterücknahme bei Neukauf in diesem Handelscluster lediglich unterdurchschnittlich ausgeprägt. Diese Tatsache deutet tendenziell darauf hin, daß die Umweltaktivisten eine Umweltprofilierung zur Erzielung eigenständiger Deckungsbeiträge verfolgen. Im Vergleich hierzu versprechen sich die Umweltopportunisten aus dem Angebot einer kostenlosen Rücknahme ohne entsprechenden Neukauf spätere Anschlußkäufe, die dann zu einer kalkulatorischen Kostendeckung der ökologieorientierten Services dienen. Trotz dieser tendenziellen Unterschiede ist insgesamt jedoch auch bei der Verbreitung ökologieorientierter Serviceleistungen im Elektrohandel ein überraschend homogenes Angebot zu konstatieren.

Die Neigung, zugunsten einer besonderen Umweltprofilierung bei der Gestaltung der **Preispolitik** auf Teile der Handelsspanne zu verzichten, ist in allen Handelsunternehmen gering ausgeprägt. Über 68 % der befragten Händler bekunden hierzu keinerlei Bereitschaft. Dieses Ergebnis überrascht zunächst angesichts der hohen Erfolgsaussichten, die von 95 % der Händler bei einer Umweltprofilierung gesehen werden. Offenkundig empfindet der Elektrofachhandel den Wettbewerb durch preisaggressive Vertriebsformen als so ausgeprägt, daß die Sicherung der Handelsspanne erste Priorität vor längerfristigen strategischen Überlegungen hat.

Als eine weitere Erklärung für diesen Widerspruch kann sozial erwünschtes Antwortverhalten bei der Frage nach den Erfolgsaussichten vermutet werden. Bei der Frage nach der Kalkulationsbereitschaft mit knapperer Handelsspanne jedoch ergeben sich unmittelbar persönliche Einbußen für den Geschäftsinhaber, so daß hier sozial erwünschtes Antwortverhalten in geringerem Ausmaß auftritt. Immerhin ist jedoch nahezu ein Drittel der Händler zu einer reduzierten Handelsspanne bereit.

Analysiert man die Bereitschaft zur Förderung einer ökologieorientierten Profilierung im Rahmen der Preispolitik innerhalb der Handelscluster, so lehnen mehr als 80 % der Umweltaktivisten eine geringere Handelsspanne entschieden ab. Hier wird erneut deutlich, daß die Umweltaktivisten eine Umweltprofilierung als ökonomisch tragfähig ansehen und eine entsprechende Vergütung ihrer ökologieorientierten Leistungen im Markt für durchsetzbar halten. Diese Feststellung gilt auch für die Umweltopportunisten, von denen lediglich ein Viertel zu einer Kalkulation mit knapperer Handelsspanne bereit wären. Demgegenüber erklären immerhin 43 % der Umweltzögerer, mittels knapperer Handelsspanne zu einer schnelleren Diffusion ökologieorientierter Produkte beitragen zu wollen. Diese vergleichsweise hohe Bereitschaft kann als Indiz dafür gewertet werden, daß einem höheren Umweltengagement der Umweltzögerer tatsächlich interne Umsetzungsbarrieren entgegenstehen. In einer solchen Situation ist die Preispolitik am ehesten flexibel anzupassen.

Bei einer abschließenden Würdigung des Einflusses der wahrgenommenen Erfolgsaussichten auf die ökologieorientierte Ausgestaltung der absatzmarktgerichteten Instrumente innerhalb der Handelscluster kann die Basishypothese Hyp_H **Erfolg** insgesamt gesehen nicht bestätigt werden. Die Ergebnisse zeigen, daß die Handelsunternehmen die Erfolgsaussichten einer ökologieorientierten Profilierung zwar unterschiedlich einschätzen; die Intensität der ökologieorientierten Ausgestaltung ihrer beschaffungs- und absatzmarktgerichteten Instrumente weist jedoch keine signifikanten Unterschiede auf. Diese Feststellung bedeutet, daß der über die Erfolgsaussichten einer ökologieorientierten Profilierung gemessenen ökologieorientierten Basisstrategie eine lediglich geringe Bedeutung bei der Erklärung der absatzmarktgerichteten ökologieorientierten Profilierungsmaßnahmen zukommt.

2.26 Einfluß der Unternehmensgröße auf die ökologieorientierte Basisstrategie im Handel

Die Ausprägungen der Größenindikatoren „Fläche" und „Umsatz" in den Handelsclustern sind Abbildung 46 zu entnehmen. Über alle Befragten ist mit einer Korrelation von $r=0,48$ eine hohe Beziehung beider Größenmaße zueinander festzustellen.

Die Mehrheit der Händler befindet sich in der Jahresumsatzklasse bis zu 500 TDM und bewirtschaftet eine Verkaufsfläche bis zu 100 Quadratmeter. Umsätze im Intervall von 500 TDM bis 1 Mio. DM erzielt ein Fünftel der Befragten und ein weiteres Fünftel darüber hinausgehende Umsätze. Lediglich 11 % der Befragten hat eine Verkaufsfläche zur Verfügung, die über 200 Quadratmeter hinausgeht.

Bei einer clusterspezifischen Analyse ergibt sich, daß die tendenziell umsatzstärksten Händler im Cluster der Umweltzögerer mit knapp einer Million DM durchschnittlichem Jahresumsatz liegen. Die anderen beiden Cluster erreichen einen Durchschnittsumsatz p.a. von ca. 760 TDM. Allerdings sind in diesen Clustern Handelsunternehmen mit einem Umsatz über 2 Mio. DM prozentual häufiger anzutreffen als im Cluster der Umweltzögerer, welches den vergleichsweise höchsten Homogenitätsgrad bei den Jahresumsätzen von allen Clustern aufweist. Hinsichtlich der Verkaufsfläche verfügen alle drei Cluster über eine annähernd gleiche Größenstruktur.

Angesichts dieser Ergebnisse läßt sich feststellen, daß die vermutete Beziehung **Hyp$_H$ Größ** von Unternehmensgröße und Umweltorientierung im Elektrofachhandel nicht bestätigt werden kann.

Ökologie-orientierte Handels-cluster	Jahresumsatz				Verkaufsfläche (in m²)		
	< 500TDM	500 TDM - 1 Mio DM	1 Mio DM - 2 Mio DM	> 2 Mio DM	< 100 m²	100 m² - 200 m²	> 200 m²
Umwelt-opportunisten	66,7%	8,3%	16,7%	8,3%	40,0%	40,0%	20,0%
Umwelt-zögerer	50,9%	29,8%	14,0%	5,3%	49,0%	41,2%	9,8%
Umwelt-aktivisten	56,5%	17,4%	17,4%	8,7%	47,6%	42,9%	9,5%
Über alle Befragten	58,8%	21,8%	13,4%	5,9%	50,0%	38,7%	11,3%

in % vom Cluster

Abb. 46: Organisationsdemographische Beschreibung der ökologieorientierten Handelscluster

2.3 Würdigung ökologieorientierter Profilierungschancen im Handel aus Herstellersicht

Bei der kritischen Würdigung der Ergebnisse der ökologieorientierten Handelssegmentierung rücken einerseits die hohe Heterogenität bei den wahrgenommenen Erfolgsaussichten einer ökologieorientierten Profilierung und andererseits die ausgeprägte Homogenität in der instrumentellen Ausgestaltung der ökologieorientierten Profilierungsinstrumente in den Mittelpunkt des Interesses. Zur Erklärung des vermeintlichen Widerspruchs zwischen Erfolgsaussichten und Instrumenteausgestaltung sind offenkundig Variablen heranzuziehen, die im vorliegenden Untersuchungskonzept trotz der umfangreichen Vorexplorationen keine Berücksichtigung gefunden haben.

Vor diesem Hintergrund kann ein plausibler Erklärungsansatz beim Handelssegment der Umweltaktivisten ansetzen. Die Umweltaktivisten können als ökologieorientierte Pioniere im Elektrohandel interpretiert werden, denen aufgrund ihrer Segmentgröße von nahezu einem Viertel aller Handelsunternehmen eine zentrale Orientierungsfunktion auch für die beiden anderen Handelssegmente zuzuschreiben ist. Die von den Umweltaktivisten auf der Beschaffungs- und der Absatzseite ergriffenen ökologieorientierten Maßnahmen resultieren aus der Überzeugung, langfristige Präferenzvorteile bei den Kunden aufbauen zu können. Die Umweltopportunisten orientieren sich schwerpunktmäßig an den ökologieorientierten Maßnahmen der Umweltaktivisten und nutzen auf diese Weise einen aus ihrer Sicht lediglich kurzfristigen Modetrend. Bei den zur Zeit noch skeptisch eingestellten Umweltzögerern schließlich wirkt sich der durch die beiden anderen Cluster aufgebaute ökologieorientierte Wettbewerbsdruck spürbar aus. Hier führen wettbewerbsbezogene Überlegungen dann zu einem dem Branchenstandard entsprechenden ökologieorientierten Leistungsprofil.[232]

Diese Ausführungen verdeutlichen, daß die ökologieorientierten Anpassungsmaßnahmen im Handel auf unterschiedliche Motivstrukturen zurückzuführen sind, die von den Herstellern bei der segmentspezifischen Ausgestaltung ihrer Distributions- und handelsbezogenen Kommunikationspolitik Beachtung finden sollten. Demgegenüber kann angesichts der hohen Homogenität im Marketing des Handels für alle weiteren handelsgerichteten Instrumente der Hersteller keine segmentspezifische Anpassung empfohlen werden.

Die wesentlichen Barrieren für eine vertikale Kooperation zwischen Elektroherstellern und dem Elektrohandel sind einerseits in einer hohen generellen Skepsis gegenüber dem Umweltschutzverhalten der Hersteller zu sehen. Diese wird nicht zuletzt dadurch gestützt, daß der Handel eine Vermarktung ökologieorientierter Innovationen in allen Vertriebsformen erwartet. Hierdurch ist der Aufbau einer exklusiven Umweltkompetenz im Sortiment nicht möglich. Andererseits bestehen deutliche Bedenken gegen eine Verringerung der Handelsspanne bei ökologieorientierten Elektrogeräten und eine Erhöhung der Kostenposition aufgrund zusätzlicher ökologieorientierter Operationen. Darüber hinaus erwartet der Elektrohandel spürbare ökologieinduzierte Kaufverhaltensänderungen nicht in allen, sondern lediglich selektiv in einigen ausgewählten Produktbereichen. Schließlich wird eine vertikale Kooperation im Umweltschutz dadurch erschwert, daß sich lediglich geringe Anhaltspunkte für eine organisationsdemographische Identifikation der ökologieorientierten Handelscluster ergeben haben. Insgesamt sind demnach auch die ökologieorientierten Profilierungschancen im Handel als gering einzustufen.

---

[232] Grundsätzlich können die ökologieorientierten Anstrengungen der Umweltzögerer auch aus umweltethischen Überlegungen begründet werden, die hier jedoch nicht weiter vertieft werden sollen.

C. Ökologieorientierte Marktbearbeitung in der Elektrobranche

Ausgangspunkt der folgenden Ausführungen bildet die Überlegung, daß eine absatzstufenübergreifende Erfassung ökologieorientierter Konsumenten- und Handelssegmente für eine ökologieorientierte Profilierung zwar notwendig, jedoch nicht hinreichend ist. So kann eine über die gesetzlichen Grundanforderungen hinausgehende ökologieorientierte Profilierung nur dann erfolgreich sein, wenn sie einerseits von den Abnehmern gewünscht wird und sich andererseits von den ökologieorientierten Aktivitäten konkurrierender Anbieter abhebt.

Basierend auf dem aus der Positionierung stammenden Grundgedanken der Differenzierung ist daher einerseits theoriegestützt aufzuzeigen, welche ökologieorientierten Marktbearbeitungsstrategien und ökologieorientierten Maßnahmen in ausgewählten Marketinginstrumenten grundsätzlich sinnvoll erscheinen. Andererseits ist eine empirische Bestandsaufnahme ökologieorientierter Profilierungsmaßnahmen in der Elektrobranche durchzuführen, um zu erkennen, inwieweit ökologieorientierte Differenzierungspotentiale von Elektroherstellern bereits genutzt werden.

1. Grundlegende Bearbeitungsstrategien für ökologieorientierte Konsumenten- und Handelssegmente

Angelehnt an den entscheidungsanalytischen Ansatz der Marktsegmentierung[1] erfolgt nach der Markterfassung mittels mathematisch-statistischer Verfahren die Planung der ökologieorientierten Marktbearbeitung. Dabei hat ein umweltaktiver Elektrohersteller in einem ersten Schritt noch vor der konkreten ökologieorientierten Marktbearbeitung zu entscheiden, mittels welcher Marktbearbeitungsstrategie die Konsumenten- und Handelssegmente bearbeitet werden sollen. Hierzu sind zunächst generelle Optionen von ökologieorientierten Marktbearbeitungsstrategien zu entwickeln und anschließend auf Grundlage der empirisch ermittelten Charakteristika der ökologieorientierten Segmente zu bewerten. Im Anschluß hieran erfolgt in einem zweiten Schritt die Planung ökologieorientierter Profilierungsmaßnahmen.

---

[1] Vgl. Bauer, E., Markt-Segmentierung, Stuttgart, 1977, S. 51 ff.; Freter, H., Marktsegmentierung, a.a.O., S. 109. Freter bezeichnet diesen Teilbereich der Marktsegmentierung auch als managementorientierten Ansatz. Vgl. derselbe, S. 15.

Unter dem Begriff Marktbearbeitungsstrategie ist ein an den ökologieorientierten Zielgruppen ausgerichteter bedingter, langfristiger und globaler Verhaltensplan zur Erreichung der Unternehmensziele zu verstehen.[2] Dabei lassen sich Marktbearbeitungsstrategien anhand der zwei Dimensionen „Differenzierungsgrad" und „Segmentabdeckung" systematisieren.[3]

Beim **Differenzierungsgrad** sind die beiden Grundoptionen undifferenzierte und differenzierte Marktbearbeitung zu unterscheiden. Bei undifferenzierter Marktbearbeitung werden die ökologieorientierten Profilierungsmaßnahmen eines Unternehmens standardisiert, um eine Konzentration auf die Gemeinsamkeiten in allen ökologieorientierten Zielsegmenten vorzunehmen. Demgegenüber betont die differenzierte Marktbearbeitung die inhaltlichen Unterschiede bei den ökologieorientierten Produkt- und Geschäftsanforderungen der Zielsegmente und entwickelt daher jeweils angepaßt an die spezifischen Segmentanforderungen ökologieorientierte Profilierungsmaßnahmen.

Die Dimension der **Segmentabdeckung** vertieft die Problemstellung, inwieweit sämtliche oder lediglich ausgewählte Segmente bearbeitet werden sollen. Die Komplexität der Entscheidungssituation wird dadurch erhöht, daß die Segmentabdeckung nicht nur auf der Konsumentenseite sondern auch auf der Handelsseite zu bestimmen ist.[4]

Ausgehend von den idealtypischen Grundformen der undifferenzierten und der differenzierten Marktbearbeitungsstrategie sowie der vollständigen bzw. teilweisen Segmentabdeckung lassen sich die optionalen Ausprägungsformen ökologieorientierter Marktbearbeitungsstrategien im vertikalen Marketing anhand zweier vier-Felder-Schemata systematisieren (vgl. Abbildung 47).

---

[2] Vgl. Meffert, H., Marketing, a.a.O., S. 55.

[3] Vgl. Freter, H., Marktsegmentierung, a.a.O., S. 111 und die dort zitierte Literatur.

[4] Vgl. Ahlert, D., Probleme der Abnehmerselektion und der differenzierten Absatzpolitik auf der Grundlage der segmentierenden Markterfassung, a.a.O., S. 107.

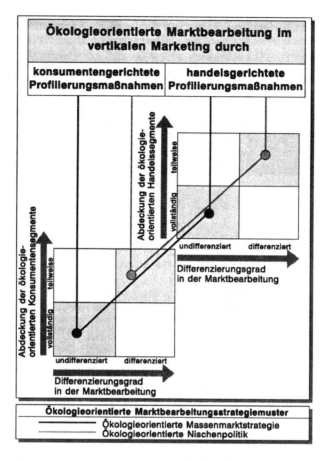

Abb. 47: Systematisierung ökologieorientierter Marktbearbeitungsstrategien von Konsumenten- und Handelssegmenten im vertikalen Marketing
(entwickelt aus: Freter, H., Marktsegmentierung, a.a.O., S. 110)

Als idealtypische Strategiemuster sind die beiden Extrempunkte ökologieorientierter Marktbearbeitungsstrategien in Abbildung 47 verzeichnet. Den geringsten Differenzierungsgrad verfolgt ein Elektrohersteller mit einer undifferenzierten Marktbearbeitung gegenüber allen ökologieorientierten Konsumenten- und Handelssegmenten. Diese Strategie kann als „ökologieorientierte Massenmarktstrategie" bezeichnet werden. Demgegenüber betreibt ein Hersteller eine „ökologieorientierte Nischenpolitik", wenn er eine ökologieorientierte Profilierung lediglich bei wenigen Absatzmittlersegmenten und ausgewählten Konsumentensegmenten anstrebt.[5] In Falle, daß ein Hersteller lediglich ein Handels- und ein Konsumentensegment bearbeitet, kann von einer „ökologieorientierten Konzentrationsstrategie" gesprochen werden.[6]

Die Festlegung einer geeigneten ökologieorientierten Marktbearbeitungsstrategie stellt ein komplexes Entscheidungsproblem dar. Als theoretisch geeignetes Entscheidungskriterium kann auf den prognostizierten Gewinn der verschiedenen Marktbearbeitungsstrategien zurückgegriffen werden.[7] Allerdings bereitet die segmentspezifische Erfassung der Kosten- und Ertragswirkungen verschiedener Marktbearbeitungsalternativen erhebliche Schwierigkeiten, da eine Vielzahl interner und externer Determinanten das quantitatives Entscheidungskalkül beeinflussen. Zu diesen meist qualitativen Determinanten zählen beispielsweise:

interne Determinanten:

- die Ressourcenausstattung des Unternehmens,
- die generelle Marktbearbeitungsstrategie,
- das aktuelle Produktprogramm,
- die aktuelle Vertriebsstruktur;

externe Determinanten:

- der Marktlebenszyklus,
- das generelle und ökologieorientierte Verhalten der Wettbewerber,
- die Verfügbarkeit geeigneter Absatzmittler,
- die Interdependenzen zwischen den ökologieorientierten Segmenten auf der Handelsseite,

---

[5] Vgl. Monhemius, K. Ch., Umweltbewußtes Kaufverhalten von Konsumenten, a.a.O., S. 272.

[6] Vgl. Meffert, H., Bruhn, M., Das Umweltbewußtsein von Konsumenten, a.a.O., S. 24.

[7] Vgl. Meffert, H., Marketing, a.a.O., S. 256. Diese Größe wird in aller Regel noch finanzmathematisch auf einen Zeitpunkt verdichtet.

- die Interdependenzen zwischen den ökologieorientierten Segmenten auf der Konsumentenseite,

- die Interdependenzen zwischen den Segmenten der Handels- und der Konsumentenseite.

In diesem Zusammenhang sind in der Marktsegmentierungsliteratur für die Fundierung der Zielgruppenauswahl und die Festlegung der Marktbearbeitungsstrategie inzwischen eine Vielzahl von Bewertungsverfahren und -kriterien entwickelt worden.[8] Allerdings werfen die vorgeschlagenen Lösungsansätze weiterhin eine Reihe von Problemen auf, so daß die Festlegung der ökologieorientierten Marktbearbeitungsstrategie und die Auswahl ökologieorientierter Marktsegmente mit einer großen Unschärfe belastet bleiben.[9]

Würdigt man vor diesem Hintergrund die vorliegende ökologieorientierte Konsumenten- und Handelsbefragung kritisch, so sprechen viele Indizien der beiden ökologieorientierten Segmentierungen gegen eine erfolgversprechende Umweltprofilierung in der Elektrobranche. Sollte ein Hersteller dennoch eine ökologieorientierte Profilierung beabsichtigen, so empfiehlt sich unter Vernachlässigung konkurrenzbezogener und unternehmensspezifischer Einflußfaktoren zunächst die in Abbildung 48 verzeichnete ökologieorientierte Marktbearbeitungsstrategie. Diese ist durch eine vollständige Abdeckung und undifferenzierte Bearbeitung der ökologieorientierten Konsumentensegmente kennzeichnet[10], während auf der Profilierungsebene „Handel" eine differenzierte Ansprache aller ökologieorientierten Handelssegmente empfohlen werden kann.

---

[8] Vgl. Bauer, E., Markt-Segmentierung als Marketing-Strategie, a.a.O., S. 121 ff.; Frömbling, S., Zielgruppenmarketing im Fremdenverkehr von Regionen, a.a.O., S. 222 f.; Büttner, H., Die segmentorientierte Marketingplanung im Einzelhandelsbetrieb, a.a.O., S. 265 ff.

[9] Vgl. Meffert, H., Marketing, a.a.O., S. 257 f.

[10] Vgl. zu einer ähnlichen Empfehlung Meffert, H., Bruhn, M., Das Umweltbewußtsein von Konsumenten, a.a.O., S. 25.

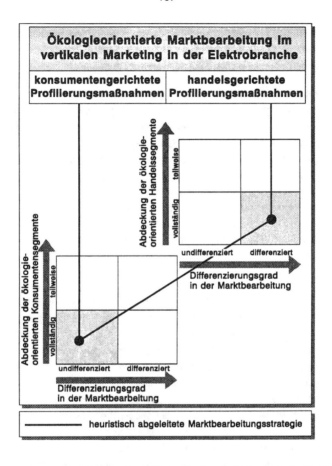

Abb. 48: Heuristisch abgeleitete Empfehlung für eine ökologieorientierte Marktbearbeitungsstrategie im vertikalen Marketing der Elektrobranche

Zur Begründung dieser heuristisch abgeleiteten Marktbearbeitungsstrategie kann auf die in der **Konsumentenbefragung** festgestellte geringe Kaufverhaltensrelevanz ökologieorientierter Produkt- und Geschäftsanforderungen in allen Clustern verwiesen werden. Darüber hinaus ist zu bedenken, daß sich lediglich diejenigen ökologieorientierten Anforderungen als trennscharf zwischen den ökologieorientierten Konsumentenclustern erwiesen haben, denen die geringste Kaufverhaltensrelevanz zuzubilligen ist. Des weiteren bestehen nicht unerhebliche soziodemographische Identifikationsschwierigkeiten der Konsumentensegmente. Schließlich sprechen die Unabhängigkeit der ökologieorientierten Produkt- und Geschäftsanforderungen von der Produktkategorie und die vergleichsweise geringen Clustergrößen gegen eine differenzierte Marktbearbeitung.

Für eine vollständige Abdeckung aller drei ökologieorientierten **Handelssegmente** spricht eine weitgehend übereinstimmende ökologieorientierte Instrumenteausgestaltung in allen Handelssegmenten. Des weiteren erleichtert die vollständige Abdeckung der ökologieorientierten Handelssegmente die Realisierung einer vollständigen Abdeckung der ökologieorientierten Konsumentensegmente, für die eine breite Distribution notwendig ist. Um für ökologieorientierte Profilierungsmaßnahmen im vertikalen Marketing eine breite Akzeptanz in allen Handelssegmenten zu erreichen, sollte eine differenzierte Segmentbearbeitung vorgenommen werden, um die heterogene Einschätzung der Erfolgsaussichten einer ökologieorientierten Profilierung aus Sicht der befragten Elektrohändler berücksichtigen zu können.

Nach der Selektion einer geeigneten ökologieorientierten Marktbearbeitungsstrategie kann in einem zweiten Schritt die Planung ökologieorientierter Profilierungsmaßnahmen erfolgen. Zur näheren Fundierung dieser Planungsstufe ist zunächst eine theoriegeleitete Analyse instrumenteller Ausgestaltungsmöglichkeiten einer ökologieorientierten Profilierung in der Elektrobranche notwendig. Anschließend ist eine empirische Bestandsaufnahme ökologieorientierter Profilierungsmaßnahmen in der Elektrobranche durchzuführen, um im Wettbewerbsumfeld vorhandene Differenzierungsmöglichkeiten zu erkennen. Hierbei lassen sich ferner Anhaltspunkte gewinnen, inwieweit die skeptische Einschätzung des ökologieorientierten Verhaltens der Elektrohersteller durch den Elektrohandel zu bestätigen ist. Des weiteren erlaubt diese empirische Bestandsaufnahme Rückschlüsse auf Umsetzungsbarrieren einer ökologieorientierten Profilierung aus Herstellersicht.

2. Theoriegeleitete Analyse instrumenteller Ausgestaltungsmöglichkeiten einer ökologieorientierten Profilierung in der Elektrobranche

Zur Analyse ökologieorientierter Profilierungsmaßnahmen der Elektrohersteller wird eine Strukturierung anhand des Marketing-Mix vorgenommen. Neben der ökologieorientierten Ausgestaltung der Produkt-, Distributions- und der Preispolitik wird vor dem Hintergrund der Elektronik-Schrott-Verordnung auch die Retrodistributionspolitik eingehender untersucht.[11]

2.1 Ökologieorientierte Produktpolitik

Die ökologieorientierte Produktpolitik wird vielfach als zentraler Kern ökologieorientierter Profilierungskonzepte bezeichnet, da sich gerade in der Produktpolitik offenbart, inwieweit die ökologieorientierten Produktanforderungen der Abnehmer von den Herstellern richtig erkannt und umgesetzt worden sind.[12] Allerdings ist ein beachtlicher Anteil der Konsumenten unzufrieden über das derzeitige ökologieorientierte Produktangebot in der Elektrobranche.[13] Die verschiedenen Ansatzpunkte für eine höhere Umweltfreundlichkeit lassen sich bei Zugrundelegung der Lebenszyklusphasen eines Produktes strukturieren in:[14]

- ökologieorientierte Neuproduktentwicklung,

- ökologieorientierte Verbesserungen von Produkt und Verpackung sowie

- Erhöhung der Recyclinganteile.

---

[11] Die Darstellung ökologieorientierter Ausgestaltungsmöglichkeiten im Marketing-Mix beschränkt sich auf die wichtigsten Parameter, um einen komprimierten Überblick zu geben. Auf eine Erhebung ökologieorientierter Kommunikationsmaßnahmen wurde daher aufgrund der geringen Kaufverhaltensrelevanz auf seiten der Konsumenten bewußt verzichtet. Vgl. Abschnitt 1.231 in Kapitel B. Sollte dennoch eine nähergehende Untersuchung der Umweltkommunikation durchgeführt werden, so bieten sich statt schriftlicher Befragungen z.B. separate Content-Analysen von ökologieorientierten Werbeanzeigen oder experimentelle Werbewirkungsanalysen an.

[12] Vgl. Bergmann, G., Umweltgerechtes Produkt-Design: Management und Marketing zwischen Ökonomie und Ökologie, Neuwied 1994, S. 17; Schäfer, H.B., Ökologische Produktpolitik - Kernstück moderner Umweltpolitik, in: Produkt und Umwelt: Anforderungen, Instrumente und Ziele einer ökologischen Produktpolitik, Hellenbrandt, S., Rubik, F. (Hrsg.), Marburg 1994, S. 43.

[13] Dieses ist das Ergebnis einer aktuellen Befragung von 2500 Konsumenten, bei der sich weniger als die Hälfte der Befragten "sehr zufrieden" oder "zufrieden" über das ökologische Warenangebot bei Haushaltsgeräten zeigte. Vgl. GfK (Hrsg.), Pressemeldung vom 15. Mai 1995, Nürnberg 1995, S. 2.

[14] Dabei steht im folgenden weniger die vollständige Erfassung sämtlicher Ansatzpunkte im Vordergrund, als vielmehr die exemplarische Verdeutlichung zentraler ökologieorientierter Profilierungsmaßnahmen in der Produktpolitik. Eine Systematisierung anhand der Lebenszyklusphasen eines Produktes hat sich bereits zur Untersuchung der ökologieorientierten Betroffenheit in der Elektrobranche bewährt. Vgl. Abschnitt 1.2 von Kapitel A.

Im Rahmen der **Neuproduktentwicklung** wird ein Großteil der später während Produktion, Nutzung und Entsorgung von Elektrogeräten entstehenden Umweltbelastungen technisch determiniert.[15] Daher kommt einer frühzeitigen Berücksichtigung ökologieorientierter Aspekte in dieser Phase eine besondere Rolle zu. Neben konstruktiven Verbesserungen zur Reduktion von Wasser- und Energieverbrauch bietet insbesondere eine Modulbauweise zahlreiche Möglichkeiten, eine höhere Reparaturfreundlichkeit bei gesenkter Lagerhaltung von Ersatzteilen zu erzielen.[16]

Darüber hinaus erleichtert eine Modulbauweise die Wiederaufbereitung gebrauchter Produkte[17], die durch gute Demontagemöglichkeiten und Verschleißindikatoren weiter gefördert wird. Besondere Relevanz besitzen in diesem Zusammenhang neuerdings Leasingkonzepte, die statt physischer Produkte den Kundennutzen in den Mittelpunkt stellen und es dem Hersteller bei Einhaltung vorgegebener Qualitätsstandards ermöglichen, seine Produkte mehrmals zu verwenden und gleichzeitig den Input natürlicher Ressourcen zu reduzieren.[18]

Bei der Neuproduktplanung lassen sich ferner Konzepte zur Lebensdauerverlängerung umsetzen.[19] Hierzu sind die jeweiligen Lebensdauern der Einzelkomponenten aufeinander abzustimmen und unter Berücksichtigung technischen Fortschritts ökologisch weiterzuentwickeln. Allerdings führt eine längere Gerätelebensdauer zu einem im Vergleich zur heutigen Situation geringeren Ersatzbedarf. Hieraus resultieren bei Annahme gleicher Gerätepreise Umsatzrückgänge, so daß

---

[15] Vgl. hierzu die umfangreiche Darstellung der Auswirkungen einer ökologieorientierten Produktentwicklung auf die Umweltverträglichkeit während der gesamten Lebenszyklusphasen eines Produktes bei Bennauer, U., Ökologieorientierte Produktentwicklung: Eine strategisch-technologische Betrachtung der betriebswirtschaftlichen Rahmenbedingungen, Heidelberg 1994, S. 118 ff.

[16] Vgl. Messer, R., Marketing von Elektro-Schrott, in: Marketing Journal, Heft 3, 1995, S. 191.

[17] Vgl. Horneber, M., Management des Entsorgungszyklus in der Elektronikindustrie, in: UWF, Heft 1, 1992, S. 53.

[18] Die Operationalisierung der Erhebung des Einsatzes umweltverträglicher Konzepte im Rahmen der Neuproduktplanung erfolgt anhand einer 6er-Skala, bei der die Befragten ankreuzen, inwieweit das jeweilige Konzept im eigenen Unternehmen verfolgt wird. Hierdurch wird eine Operationalisierung mit den Antwortkategorie „Ja" „Nein" vermieden, die sozial erwünschtes Antwortverhalten fördert. Vgl. Frage 11 im Herstellerfragebogen.

[19] Vgl. Stahel, W.R., Langlebigkeit und Materialrecycling: Strategien zur Vermeidung von Abfällen im Bereich der Produkte, 2. Aufl., Essen 1993.

bei Konzepten zur Lebensdauerverlängerung mitunter Konfliktsituationen zwischen ökonomischen und ökologischen Zielerreichungsgraden auftreten.[20]

Im Rahmen der **Produkt- und Verpackungsgestaltung** besteht die Möglichkeit, bereits eingeführte Angebote durch Modifikation an die neuesten Umwelterfordernisse anzupassen. Hierzu werden häufig umweltgefährdende Materialien durch weniger umweltschädliche ersetzt[21] oder Zusatzprodukte zur umweltorientierten Nachrüstung bereits verkaufter angeboten. Hinweise auf konkrete ökologieorientierte Verbesserungen ergeben sich ferner aus umweltorientierten Konsumenten- und Wettbewerberanalysen. Eine vergleichsweise leichte dennoch aber wichtige Integrationsmöglichkeit bietet die Aufnahme von umweltorientierten Gebrauchs- und Entsorgungshinweisen in Gebrauchsanweisungen.[22] Darüber hinaus lassen sich innerhalb der Verpackungspolitik neben der Verwendung umweltfreundlicher Verpackungsmaterialien auch Mehrwegverpackungen zur Belieferung des Groß- und Einzelhandels einsetzen. Schließlich können umweltfreundliche Elektroprodukte mit einer eigenen Umweltmarke kennzeichnet werden. Allerdings ist in den letzten Jahren in anderen Branchen eine große Zahl unternehmensspezifischer Umweltmarken auf den Markt gebracht worden, so daß der Verbraucher einerseits die Glaubwürdigkeit der Markierung grundlegend in Zweifel zieht und andererseits lediglich in geringem Ausmaß zwischen den verschiedenen Umweltmarken deutliche Leistungsunterschiede wahrnimmt.[23]

Bei der Operationalisierung der Umweltschutzmaßnahmen in der Produkt- und Verpackungsgestaltung erlaubt eine zeitliche Differenzierung die Abschätzung dynamischer Entwicklungsprozesse im ökologieorientierten Produktangebot der Elektrohersteller. Daher wird in zeitlicher Hinsicht nach drei Umsetzungsphasen "bereits eingeführt", "Einführung in diesem Jahr" und "Einführung in den nächsten fünf Jahren" sowie der Alternative "keine Einführung" unterschieden.[24]

---

[20] Vgl. Bänsch, A., Die Planung der Lebensdauer von Konsumgütern im Hinblick auf ökonomische und ökologische Ziele, a.a.O., S. 249 f.

[21] Vgl. hierzu die Bemühungen zur Erhöhung der Entsorgungsfreundlichkeit von Fernsehern. Vgl. Landeck, H., Konstruktion eines entsorgungsfreundlichen Farbfernsehgerätes der Loewe Opta GmbH, in: UWF, Heft 5, 1995, S. 64 ff.

[22] Vgl. Werner, K., Haushaltsgeräte zwischen Gebrauchstauglichkeit und Umweltverträglichkeit, a.a.O., S. 327.

[23] Vgl. Meffert, H., Kirchgeorg, M., Marktorientiertes Umweltmanagement, a.a.O., S. 222 ff.

[24] Vgl. Frage 9 im Herstellerfragebogen.

Darüber hinaus läßt sich aus der Erfassung produktspezifischer **Recyclinganteile** zum heutigen Zeitpunkt und in fünf Jahren erkennen, innerhalb welcher Produktbereiche die Hersteller in Zukunft eine ökologieorientierte Produktpolitik mit besonderen Anstrengungen vorantreiben werden.[25]

2.2 Ökologieorientierte Distributionspolitik

Einer ökologieorientierten Distributionspolitik ist bei ökologieorientierten Profilierungskonzepten im vertikalen Marketing ein besonderer Stellenwert einzuräumen. Zur Verringerung der umweltinduzierten Konfliktpotentiale im vertikalen System wurde bereits betont, daß eine Übereinstimmung von handels- und herstellerseitiger Basisstrategie im Umweltschutz notwendig ist.[26] Unter ökologieorientierten Profilierungsgesichtspunkten ist darüber hinaus eine Komplementarität in der vom Konsumenten wahrgenommenen Umweltkompetenz eines Herstellers und seiner Distributionspartner notwendig.[27] Hierdurch wird eine ganzheitliche Kompetenzwahrnehmung aufgebaut und die entsprechende Präferenzwirkung erhöht. Deshalb stehen im Mittelpunkt einer ökologieorientierten Distributionspolitik Maßnahmen zur Selektion geeigneter Absatzmittler sowie ökologieorientierte Unterstützungsleistungen zur Förderung und Verbesserung der Umweltkompetenz des Handels.

Zur Selektion und Akquisition geeigneter Absatzmittler ist aus Herstellersicht ein mehrstufiger Entscheidungsprozeß zu durchlaufen.[28] Zu Beginn dieses idealtypischen Prozesses ist zunächst in einer Grobselektion über die einzubeziehenden Vertriebsformen zu entscheiden. Dabei bildet die **Umweltkompetenz der Vertriebsformen** das zentrale ökologieorientierte Selektionskriterium.[29] Es kann angenommen werden, daß umweltaktive Hersteller bei ihren Profilierungskonzepten

---

[25] Eine differenzierte Bewertung von Recyclinganteilen anhand von Checklisten kann zur Berechnung von Materialkennzahlen führen. Vgl. Spath, D., Hartel, M., Der Weg zum schlanken "Öko"-Produkt, in: Logistik heute, Heft 6, 1994, S. 27 f.

[26] Vgl. hierzu Kapitel A Abschnitt 2.

[27] Vgl. Bänsch, A., Marketingfolgerungen aus den Gründen für den Nichtkauf umweltfreundlicher Konsumgüter, a.a.O., S. 374 f.

[28] Ahlert spricht dabei von horizontaler Selektion, die nach der Absatzkanalbreite und -tiefe untergliedert werden kann. Vgl. Ahlert, D., Distributionspolitik, a.a.O., S. 155 f.

[29] Daneben gehen regelmäßig eine Vielzahl weiterer Kriterien in die Selektionsentscheidung ein, die zu dem genannten ökologieorientierten Kriterium unter Umständen konfliktär sein können.

die Vertriebsform mit der höchsten Umweltkompetenz präferieren werden.[30] Bei der Beurteilung der Umweltkompetenz ist primär die Konsumentensicht ausschlaggebend. Allerdings kann der Erfolg ökologieorientierter Profilierungskonzepte dadurch beeinträchtigt werden, daß die Hersteller eine von den Konsumenten abweichende Kompetenzzuweisung vornehmen. Deshalb ist die Umweltkompetenzeinschätzung der Konsumenten mit derjenigen der Hersteller zu vergleichen.

Im zweiten Schritt, der Feinauswahl, sind innerhalb der ausgewählten Vertriebsform diejenigen Händler zu selektieren, die sich aufgrund einer offensiven Basisstrategie und darüber hinaus durch ihre ökologieorientierte Leistungsfähigkeit für eine ökologieorientierte Distribution eignen. Handelsunternehmen mit offensiver Basisstrategie konnten bereits durch die ökologieorientierte Handelssegmentierung identifiziert werden. Zur Beurteilung der ökologieorientierten Leistungsfähigkeit eines Handelsunternehmens ist in den Herstellergesprächen deutlich geworden, daß hierzu eine Bewertung anhand der Bereiche „Image", „Werbung", „Ladengestaltung", „Service", „Personal", „Sortiment", „Warenwirtschaft" und „Verwaltung" erfolgen kann. Sind die beiden Anforderungen, eine offensive Basisstrategie und eine hohe ökologieorientierte Leistungsfähigkeit, nicht erfüllt, so kann einem Handelsunternehmen auf lange Sicht keine hohe Umweltkompetenz zugeschrieben werden. Daher sind derartige Handelsunternehmen bei der ökologieorientierten Absatzmittlerselektion nicht weiter zu berücksichtigen.

Die Umweltkompetenz eines Handelsunternehmens unterliegt allerdings dynamischen Veränderungen, so daß Konstellationen denkbar sind, in denen ein Hersteller die Notwendigkeit sieht, mit **ökologieorientierten Unterstützungsleistungen** die Umweltkompetenz eines eigenen Absatzmittlers zu stärken. Dabei sind als Maßnahmen Entsorgungsservices für Altgeräte und Verpackungen, umweltorientierte Verkaufspersonalschulungen, Umweltberatung bei Betriebsführung, Warenpräsentation, Ladenbau und Sortimentsgestaltung sowie die kommunikative Unterstützung bei standortspezifischer Öko-Kommunikation einsetzbar.[31] Neben den beabsichtigten konsumentenseitigen Wirkungen eignen sich die

---

[30] Vgl. auch Bruhn, M., Integration des Umweltschutzes in den Funktionsbereich Marketing, a.a.O., S. 543.

[31] Zum Angebot ökologieorientierter Unterstützungsleistungen an den Fachhandel vgl. Jung, K.G., Grundig: Die Grundig-Umwelt-Initiative, a.a.O., S. 189 ff. Vgl. auch Schrimpf, M., Umweltgerechte Verkaufshelfer, in: dynamik im handel, Heft 8, 1992, S. 30 ff.; o.V., Gut für`s

genannten ökologieorientierten Unterstützungsleistungen gleichzeitig dazu, die Umweltkompetenz des Herstellers gegenüber dem Handel zu dokumentieren und eventuelle ökologieorientierte Konflikte zu reduzieren.

2.3 Ökologieorientierte Preispolitik

Der Preispolitik kommt bei der Durchsetzung ökologieorientierter Profilierungskonzepte eine zentrale Schlüsselrolle zu, da höhere Preise von Umweltprodukten als ein wesentlicher Grund für die Divergenz zwischen bekundetem Umweltbewußtsein der Konsumenten und ihrem tatsächlichen Umweltverhalten identifiziert werden konnten.[32] Darüber hinaus wird vom Handel vielfach beklagt, daß die Preise ökologieorientierter Produkte unrealistisch hoch sind, was zu einem steigenden ökologieorientierten Konfliktpotential führt.[33]

Allerdings ist zu berücksichtigen, daß die Produktion ökologieorientierter Produkte in der Regel auch zu höheren Kosten führt.[34] Dieses liegt u.a. darin begründet, daß langlebigere Bauteile verwendet werden und ein höherer konstruktiver Aufwand verursacht wird. Darüber hinaus werden ökologieorientierte Elektrogeräte vielfach in Serien mit kleinen Stückzahlen aufgelegt, die lediglich geringe stückbezogene Degressionseffekte erlauben.

Vor dem Hintergrund eines intensiven Anbieterwettbewerbs und einer geringen Branchenrendite werden Elektrohersteller mit einer offensiven ökologieorientierten Basisstrategie versuchen, diese erhöhten Kosten über die Handelsstufe an den Verbraucher weiterzugeben. Zur Höhe dieser notwendig erscheinenden Preiserhöhungen liegen nur vereinzelt veröffentlichte Daten vor, so daß eine primärstatistische Ermittlung notwendig ist.

Auge, schlecht für die Gesundheit? Ladenbau-Materialien unter der ökologischen Lupe, in: ehb, Heft 10, 1992, S. 914 ff.

[32] Vgl. stellvertretend Bänsch, A., Marketingfolgerungen aus den Gründen für den Nichtkauf umweltfreundlicher Konsumgüter, a.a.O., S. 364 f.

[33] Vgl. Wieselhuber, N., Stadlbauer, W., Ökologie-Management als strategischer Erfolgsfaktor: Untersuchungsbericht über die schriftliche Befragung von Industrieunternehmen in der Bundesrepublik Deutschland und Österreich, München 1992, S. 21.

[34] Vgl. Meffert, H., Kirchgeorg, M., Marktorientiertes Umweltmanagement, a.a.O., S. 241 f.

2.4 Ökologieorientierte Retrodistribution

Mit der Bezeichnung „ökologieorientierte Retrodistribution" sind im wesentlichen zwei ökologieorientierte Entscheidungsfelder angesprochen. Die Sammlung und Rückführung der Elektroaltgeräte[35] sowie das hochwertige Recycling[36] und die gefahrlose Deponierung verbleibender Reststoffe.[37]

Für die Rückführung wie auch für die Entsorgung sind aus Herstellersicht verschiedenartige Konzepte geeignet, die sich hinsichtlich ihrer Profilierungsmöglichkeiten voneinander unterscheiden.[38] So sind von den Herstellern weitgehend unabhängige Branchenlösungen und von Dritten betriebene Logistikkonzepte denkbar, die über eine an der Anzahl verkaufter Elektrogeräte orientierte Abgabe finanziert werden.[39] Demgegenüber besitzt eine herstellerspezifische Rückführung, z.B. über die Kennzeichnung der Rücknahmepunkte oder der Transport-Lkw, die höchsten Profilierungswirkungen.[40] In vergleichbarer Weise ist es möglich, die darauf folgenden Entsorgungsschritte der Demontage, Deponierung nicht verwertbarer Reststoffe, Weiterverwendung von Bauteilen, Wiederaufarbeitung

---

[35] Vgl. Bundesminister für Umwelt, Naturschutz und Reaktorsicherheit (Hrsg.) Arbeitspapier der Verordnung über die Vermeidung, Verringerung und Verwertung von Abfällen gebrauchter elektrischer und elektronischer Geräte, a.a.O., § 1. Die Elektronik-Schrott-Verordnung sieht vor, daß die einzurichtenden Sammelsysteme für den Endverbraucher leicht zu erreichen sind. Zu hierfür geeigneten Logistikkonzepten vgl. Wolf, H., Elektronikschrott - Wege der Verwertung und Lösungsansätze zur Logistik, in: UWF, Heft 1, 1992, S. 45 ff.

[36] Unter Recycling kann in einer allgemeinen Definition die Wiederverwendung von Materie und Energie verstanden werden. Vgl. den Definitionsüberblick zum Recycling von Rautenstrauch, C., Betriebliches Recycling: Eine Literaturanalyse, in: ZfB-Ergänzungsheft 2/93, S. 90 f.

[37] Vgl. hierzu Dutz, E., Femerling, C., Prozeßmanagement in der Entsorgung: Ansätze und Verfahren, in: DBW, Heft 2, 1994, S. 223 f. Daneben wird in Kürze eine „Informationstechnik-Altgeräte-Rahmenverordnung" erwartet, welche die Grundsätze Rückführung und Recycling ebenfalls beinhaltet. Vgl. VDMA (Hrsg.), Pressekonferenz zur Vorstellung der „Freiwilligen Maßnahmen der informationstechnischen Industrie zur Rücknahme und Verwertung gebrauchter IT-Altgeräte", Bonn 20. November 1995.

[38] Vgl. hierzu die ausführliche Darstellung alternativer Redistributionskanäle bei Stockinger, W., Probleme einer ökologisch orientierten Redistribution, a.a.O., S. 27 ff. Eine Bewertung idealtypischer Retrodistributionskanäle aus Herstellersicht findet sich bei Raabe, T., Die Elektronik-Schrott-Verordnung: Perspektiven einer aktiven, herstellerseitigen Redistributionspolitik, in: JdAV, Heft 3, 1993, S. 298 - 303.

[39] In diese Richtung gehen die Entsorgungskonzepte des ZVEI und des BDE. Vgl. ZVEI (Hrsg.), Memorandum zum Entwurf einer "Elektronik-Schrott-Verordnung", a.a.O., S. 7 ff.; ENTSORGA, BDE (Hrsg.), Kreislaufwirtschaft in der Praxis: Nr. 1 Elektrogeräte, a.a.O., S. 9 ff.

[40] Vgl. Hansen, U., Jeschke, K., Nachkaufmarketing: Ein neuer Trend im Konsumgütermarketing?, in: Marketing ZFP, Heft 2, 1992, S. 92.

und Wiedereinsatz in der Produktion selbständig, in Kooperation mit anderen Herstellern oder durch Fremdvergabe an Dritte zu regeln.

3. Empirische Bestandsaufnahme ökologieorientierter Profilierungsmaßnahmen in der Elektrobranche

3.1 Design der Herstellerbefragung

Zur ökologieorientierten Profilierungsanalyse auf der Herstellerseite wurde ein zweistufiges Forschungsdesign entwickelt. Hierbei konnten die Vorteile einer standardisierten schriftlichen Befragung mit denjenigen explorativer Expertengespräche verbunden werden. In einer ersten, explorativen Stufe wurden bei 5 ausgewählten Produzenten Gespräche auf Expertenebene geführt. Diese Diskussionen mit im Umweltmanagement verantwortlichen Unternehmensvertretern waren anhand eines Gesprächsleitfadens vorstrukturiert und wurden im Zeitraum Mai bis Anfang Juli 1993 durchgeführt. Bei einem Elektrohersteller, der aufgrund innovativer Ansätze im Umweltmanagement als ökologieorientierter Pionier bezeichnet werden kann, erfolgte ein zweites Gespräch im Juli 1995. Im Mittelpunkt der Expertengespräche standen die herstellerseitige Einschätzung mittel- bis langfristiger Marktentwicklungen sowie ökologieorientierte Strategien und Maßnahmen zur wettbewerbsgerichteten Profilierung und die Ableitung von Ansatzpunkten für Kooperationsmöglichkeiten mit dem Elektrohandel.

In einer zweiten Stufe, der schriftlichen Befragung, wurden sämtliche Lieferanten einer Einkaufskooperation des Elektrofachhandels angeschrieben und gebeten, einen Fragebogen zur Umweltorientierung in der Elektrobranche auszufüllen.[41] Von den Ende Juli 1993 angesprochenen 120 Lieferanten hatten nach einer Nachfaßaktion insgesamt 47 Elektroproduzenten auswertbare Fragebögen zurückgesandt, was einer Rücklaufquote von über 39 Prozent entspricht und eine gute Repräsentativität der Stichprobe für die Elektrobranche gewährleistet.[42] Allerdings mußte angesichts der geringen absoluten Fallzahl bei der Interpretation

---

[41] Der Fragebogen zur Herstellerbefragung ist im Anhang abgedruckt.

[42] Unter der Annahme, daß mit den 120 angeschriebenen bis auf 10 % alle Hersteller der Elektrobranche erfaßt sind, ergibt sich für Schätzungen von Anteilswerten auf Grundlage der Stichprobe ein Sicherheitsgrad von $(1-\alpha) = 0,90$ und eine Genauigkeit von $\Delta\theta = 0,1$. Vgl. Bleymüller, J., Gehlert, G., Gülicher, H., Statistik für Wirtschaftswissenschaftler, a.a.O., S. 90.

der Befragungsergebnisse aus Validitätsgründen auf die Bildung von Untergruppen verzichtet werden.

Der Rücklauf von Fragebögen weist eine gute Streuung über die verschiedenen Produktbereiche im Markt für Elektrogeräte auf. Schwerpunktmäßig dem Fernseherbereich lassen sich sechs Produzenten zurechnen. Videogeräte sind lediglich für einen Hersteller der zentrale Absatzbereich. Aus dem HiFi-Sektor stammen vier und aus der Autoradio-Sektor ein Anbieter. Drei Zubehörproduzenten befinden sich ebenfalls in der Stichprobe, sowie je drei Hersteller von Kommunikationstechnologien und dem Bereich der Elektrogroßgeräte. Zu den Elektrokleingeräteproduzenten sind zwei Unternehmen zu rechnen. Bei den anderen 24 Unternehmen handelt es sich um Anbieter mit zwei oder mehr Geschäftsfeldern in der Elektrobranche, die einzeln für sich genommen eine Umsatzbedeutung von weniger als 40 % besitzen.

Merkmal	Ausprägung in der Stichprobe (Durchschnittsgröße)
Mitarbeiterzahl	1885 Personen
Umsatz nach Vertriebsformen	
- Fachhandel	58 %
- Fachmärkte	19 %
- SB-Warenhäuser und Verbrauchermärkte	9 %
- Warenhäuser	9 %
- Versandhandel	5 %
Umsatzwachstum	16 % p.a.

Tab. 6: **Beschreibung der befragten Elektrohersteller**

Weitere Merkmale der in der Stichprobe vertretenen Elektrohersteller sind in Tabelle 6 zusammengefaßt. Die durchschnittliche Mitarbeiterzahl belegt, daß es sich überwiegend um Großunternehmen handelt.[43] Ihr hohes Umsatzwachstum ist auf den zusätzlichen Absatzmarkt in den neuen Bundesländern zurückzuführen und daher nicht typisch für die langfristige Entwicklung in der Elektrobranche.

---

[43] Allerdings beschäftigen 46 % der Unternehmen weniger als 100 Mitarbeiter. 34 % (20 %) der Elektrohersteller in der Stichprobe beschäftigen bis zu 2000 Mitarbeiter (mehr als 2000 Mitarbeiter).

3.2 Ökologieorientierte Produktpolitik

Die Umsetzung ökologieorientierter Ziele bei der **Produktentwicklung** stützt sich im wesentlichen auf zwei Konstruktionsprinzipien (vgl. Abbildung 49). Erstens scheinen den Herstellern Modulkonzepte nach dem Baukastenprinzip geeignet, um zu ökonomischen und ökologischen Effizienzsteigerungen in der Produktion und bei Reparaturen zu gelangen. Als zweites Konzept wird eine Verlängerung der Gerätelebensdauer angestrebt.[44] Allerdings zeigt der Profilverlauf, daß selbst bei diesen beiden Schwerpunkten noch deutliche Ansatzpunkte bestehen, das ökologieorientierte Aktivitätsniveau zu steigern.[45]

Vielfach - so zeigen die durchgeführten Expertengespräche - liegen für die Produktentwicklung bereits Entwicklungshandbücher vor, die vom verantwortlichen Konstrukteur die Beachtung ökologieorientierter Gesichtspunkte erfordern.[46] Demgegenüber erscheinen eine Wiederaufarbeitung gebrauchter Elektroprodukte und Vermietung mit automatischer Produktrücknahme erst auf lange Sicht umsetzbar.

Ein Vergleich der ökologieorientierten Planungskonzepte in der Neuproduktentwicklung mit den ökologieorientierten Produktanforderungen der Konsumenten zeigt, daß die Hersteller bei der Prioritätensetzung die Anforderungen der Konsumenten offenkundig zutreffend erfaßt haben.[47] Diese Aussage bezieht sich insbesondere auf die konsumentenseitigen Produktanforderungen „hohe Lebensdauer" und „niedriger Energieverbrauch". Hinsichtlich der ökologieorientierten Produktanforderungen des Handels[48] ist festzustellen, daß die vom Handel gewünschte hohe Reparaturfreundlichkeit durch die von den Herstellern verfolgte

---

[44] Anzumerken ist an diesem Punkt, daß lebensdauerverlängernde Maßnahmen unter sonst gleichen Bedingungen langfristig zu einem Rückgang der jährlichen Verkaufszahlen führen.

[45] Daneben streben nahezu alle Haushaltsgerätehersteller eine Reduktion des Wasserverbrauchs während der Nutzungsphase von Elektroprodukten an.

[46] So hat beispielsweise die Siemens AG mit der Siemens-Norm 36350 Konstruktionsrichtlinien für entsorgungsfreundliche Produkte veröffentlicht. Vgl. o.V., Für die Umwelt muß bezahlt werden: Interview mit Peter-Jörg Kühnel, in: Siemens Zeitschrift, Heft 5, 1993, S. 7. Vgl. auch den Entwurf der neuen VDI-Richtlinie 2243 VDI (Hrsg.), Recyclingorientierte Gestaltung technischer Produkte: VDI-Richtlinie 2243 (Entwurf), Düsseldorf 1994.

[47] Vgl. zu den ökologieorientierten Produktanforderungen der Konsumenten Abschnitt 1.221 in Kapitel B.

[48] Vgl. zu den ökologieorientierten Produktanforderungen des Handels Abschnitt 2.24 in Kapitel B.

Konzepte einer ökologieorientierten Neuproduktentwicklung	Standard-abweichung	trifft nicht zu 1		2	Konzept wird verfolgt 3		4	trifft sehr zu 5		6
• Modulkonzepte / Baukastenprinzip	1,82									
• Wiederaufbereitung gebrauchter Produkte	1,86									
• Konzepte zur Lebens-dauerverlängerung	1,58									
• Leasingkonzepte mit automatischer Produktrücknahme	1,17									

Abb. 49: Maßnahmen der ökologieorientierten Neuproduktentwicklung in der Elektrobranche

Modulbauweise gefördert wird. Damit entsprechen die ökologieorientierten Maßnahmen in der Produktentwicklung den Anforderungen der Konsumenten und des Handels weitgehend.

Die aktuell ergriffenen Umweltmaßnahmen bei bereits eingeführten Elektroprodukten zeigt Abbildung 50. **Schwerpunkte produktbezogener Veränderungen** liegen bei der Anpassung an bestehende Umweltvorschriften sowie bei der Substitution umweltgefährdender Materialien durch weniger umweltschädliche.[49] Fast die Hälfte der Befragten hat darüber hinaus bereits Gebrauchsanweisungen von Elektrogeräten mit ökologieorientierten Hinweisen versehen. Angesichts geringer Umsetzungskosten beabsichtigen innerhalb der nächsten Jahre sämtliche Hersteller eine Aufnahme ökologieorientierter Hinweise in Gebrauchsanweisungen.

---

[49] Diese Substitution vollzieht sich zumeist in enger Kooperation mit den Lieferanten. Vgl. Abbildung A12 im Anhang.

Ökologieorientierte Maßnahmen in der Produkt- und Verpackungspolitik	Umsetzungsstand			
	bereits realisiert	in diesem Jahr geplant	in den nächsten 5 Jahren geplant	nicht geplant
• Anpassung bestehender Produkte an Umweltschutz-Erfordernisse	63,0%	15,2%	21,8%	/
• Angebot von Zusatzprodukten zur umweltfreundlichen Nachrüstung bereits verkaufter Produkte	9,8%	2,4%	22,0%	65,8%
• Umweltorientierte Hinweise in den Gebrauchsanweisungen	47,6%	23,8%	28,6%	/
• Substitution umweltgefährdender Materialien durch umweltverträglichere	65,6%	13,9%	18,2%	2,3%
• Durchführung von Analysen über umweltorientiertes Konsumenten- und Wettbewerberverhalten	22,5%	20,0%	30,0%	27,5%
• Verwendung umweltfreundlicher Verpackungsmaterialien	78,3%	13,0%	8,7%	/
• Verwendung einer eigenen Umweltmarke	9,3%	9,3%	14,0%	67,4%
• Verwendung von Mehrwegverpackungen bei Belieferung a) des Großhandels	13,9%	2,8%	47,2%	36,1%
b) des Einzelhandels	17,9%	5,1%	41,1%	35,9%
	in % aller befragten Hersteller			

Abb. 50: Ökologieorientierte Maßnahmen in der Produkt- und Verpackungspolitik

Wenig gebräuchliche Maßnahmen - auch auf längere Sicht - sind die Einführung spezieller Umweltmarken sowie die Entwicklung und der Verkauf von nachrüstbaren Zusatzprodukten zur Verbesserung der Umweltqualität bereits verkaufter Elektrogeräte. Die geringe Verbreitung spezieller Umweltmarken zeigt sich auch an Frage 10 des Herstellerfragebogens nach der Deklaration umweltfreundlicher Geräte. Die von den Herstellern angegebenen Prozentwerte schwanken von 0 % bei Autoradios bis zu 17 % bei Zubehör. In einem Zeitraum von zwei Jahren erhöhen sich die Anteile kaum. Diese Feststellung kann vor dem Hintergrund der Konsumentenergebnisse als realistische Einschätzung geringer Erfolgsaussichten einer ökologieorientierten Markenpolitik in der Elektrobranche gewertet werden.

Auffällig ist ferner, daß lediglich wenige Hersteller Analysen über umweltorientiertes Konsumenten- und Wettbewerberverhalten durchführen. Hierdurch steigt bei der ökologieorientierten Umgestaltung von Elektrogeräten die Gefahr einer „ökologieorientierten Innovationsfalle". Offenkundig wird eine Umweltorientierung in der Produktpolitik noch überwiegend als technische und nicht marktbezogene Problemstellung aufgefaßt.

Zur Produktpolitik ist des weiteren auch die **Verpackungspolitik** zu rechnen. Hier zeigen sich die bisher größten Fortschritte in der Verwendung umweltfreundlicher Verpackungsmaterialien, wobei ein intensiverer Einsatz von Mehrwegverpackungen erst in einem Zeitraum von fünf Jahren zu erwarten ist. Die durchgeführten Herstellergespräche und verschiedene Umweltberichte bestätigen dieses Bild einer an ökologischen Kriterien orientierten Verpackungsoptimierung.[50] So konnten bei gleicher Belastbarkeit deutliche Einsparungen und Reduzierungen der Materialvielfalt erzielt werden. Allerdings haben die Konsumenten- und die Handelsbefragung gezeigt, daß verpackungsorientierten Umweltkriterien kein maßgeblicher Einfluß bei der Präferenzbildung bzw. Listungsentscheidung zuzubilligen ist, so daß die herstellerseitige Motivation zur ökologieorientierten Verbesserung der Verpackungspolitik vorrangig mit Kostenaspekten oder Fehlwahrnehmungen ökologieorientierter Konsumentenanforderungen zu begründen ist.

---

[50] Vgl. z.B. Philips GmbH (Hrsg.), Umweltschutz, Hamburg 1993, o.S.; Sony Deutschland GmbH (Hrsg.), Weltweit ökologische Verantwortung übernehmen: Von der Produktentwicklung bis zur Entsorgung, Presseinformation vom 27.8. 1993, o.S.; Bosch-Siemens Hausgeräte GmbH (Hrsg.), Umweltbericht 1992, München 1993, S. 9.

Produktbereich	Recyclinganteil	
	heute	in 5 Jahren
• Fernseher	41%	78%
• Video	35%	73%
• HiFi	38%	71%
• Henkelware	43%	81%
• Autoradios	40%	67%
• Zubehör	40%	70%
• Kommunikationselektronik	52%	75%
• Elektrokleingeräte	32%	68%
• Elektrogroßgeräte	60%	89%
	in % Materialanteil	

Abb. 51: Recyclinganteile bei Elektrogeräten heute und in fünf Jahren

Welche Rolle die Elektrohersteller produktpolitischen Anpassungen unter Umweltgesichtspunkten heutzutage und zukünftig beimessen, zeigt sich in der erwarteten, deutlichen Erhöhung des wiederverwendbaren bzw. wiederverwertbaren Materialanteils in Elektroprodukten (vgl. Abbildung 51). So bewegen sich nach Einschätzung der Hersteller die aktuellen **Wiederverwendungs-** bzw. **Weiterverwendungsgrade** je nach Produktkategorie zwischen 32 % und 60 %. Die Zahlen belegen, daß ein konsequentes Recycling von Elektrogeräten erst am Anfang steht.[51] Es wird hier allgemein in den kommenden fünf Jahren mit einer deutlichen Steigerung der Recyclinganteile auf 67 % bis 89 % gerechnet. Diese Entwicklung wurde in den Expertengesprächen mit dem zunehmenden ökologieorientierten Gesetzesdruck und nicht mit erwarteten Profilierungschancen begründet.

---

[51] Vgl. auch Miller, F., Das Ausschlachten von Altgeräten ist zu teuer, in: Handelsblatt vom 5.4. 1995, S. 27.

Produktbereiche	Standard-abweichung	keine Veränderung 1　　2	im Kaufverhalten 3　　4	starke Veränderung 5　　6
• Fernseher	1,34			
• Video	1,23			
• HIFI	1,12			
• Henkelware	1,17			
• Autoradio	1,27			
• Zubehör	1,33			
• Kommunikations-elektronik	1,21			
• Elektrokleingeräte	1,11			
• Elektrogroßgeräte	1,28			

Abb. 52: Erwartete umweltinduzierte Kaufverhaltensänderung in den Produktbereichen aus Herstellersicht

Bei der recyclinggerechten Gestaltung von Elektrogeräten erwarten die Hersteller innerhalb der nächsten fünf Jahre den größten Fortschritt bei Videogeräten und Elektrokleingeräten. Dennoch behalten Elektrogroßgeräte ihre Spitzenposition in recyclinggerechter Konstruktion. In dieser Produktkategorie wird ein beachtlicher Anteil wieder- bzw. weiterverwendbarer Materialien von 89 % erreicht. Die aus Herstellersicht hohe ökologieorientierte Bedeutung der Elektrogroßgeräte wird dadurch unterstrichen, daß hier die größten ökologieinduzierten Kaufverhaltensänderungen erwartet werden (vgl. Abbildung 52). Danach folgen die Bereiche Fernseher, Video, HiFi, Kommunikationselektronik sowie Elektrokleingeräte auf einem mittleren Niveau. Zur Zeit kaum von ökologieorientierten Kaufverhaltensänderungen der Konsumenten betroffen sind nach Herstellereinschätzung der Zubehörbereich, Autoradios und Henkelware.

Hinsichtlich der erwarteten Kaufverhaltensänderungen aufgrund ökologieorientierter Aspekte ist ein Vergleich zwischen der Sichtweise der Hersteller und des Handels aufschlußreich (vgl. Abbildung 53). Es zeigt sich, daß abgesehen von den Bereichen HiFi, Autoradio und Kommunikationselektronik der Handel eine stärkere Kaufverhaltensänderung erwartet als die Hersteller. Dieses gilt insbesondere für die zentralen Produktbereiche Fernseher und Elektrogroßgeräte, wobei der Mittelwertunterschied bei den Elektrogroßgeräten hoch signifikant ist.

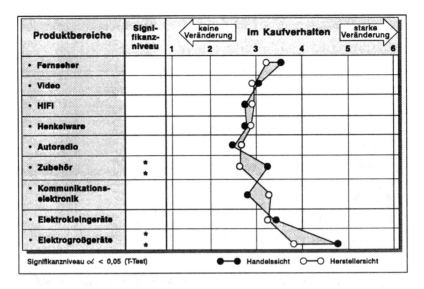

Abb. 53: Vergleich der erwarteten umweltinduzierten Kaufverhaltensänderungen aus Handels- und Herstellersicht

Aus den beobachteten Diskrepanzen können sich im Rahmen ökologieorientierter Profilierungskonzepte im vertikalen Marketing Konfliktpotentiale dann ergeben, wenn die höheren Erwartungen des Handels auf den Umsetzungswiderstand der Hersteller treffen, die in ihren Produktkonzeptionen lediglich von einer geringeren Änderung im ökologieorientierten Kaufverhalten ausgehen und denen vom Handel eine zu zögerliche Haltung vorgeworfen werden könnte. Hieraus können Zweifel an der Glaubwürdigkeit des ökologieorientierten Herstellerverhaltens erwachsen.

3.3 Ökologieorientierte Distributionspolitik

Ein Vergleich der herstellerseitigen Einschätzung der **Umweltkompetenz** verschiedener Vertriebsformen in der Elektrobranche zeigt, daß die Hersteller eindeutig dem Fachgeschäft die höchste Umweltkompetenz zusprechen (vgl. Abbildung 54).[52] In einer ökologieorientierten Mittelposition befinden sich das Warenhaus und der Versandhandel. Selbstbedienungswarenhäuser und Verbrauchermärkte verfügen nach übereinstimmender Einschätzung der Elektrogerätehersteller über die geringste Kompetenz in Umweltfragen.

Aus dieser Bewertung kann geschlossen werden, daß die Mehrzahl der Elektrohersteller bei der Grobauswahl ihrer Absatzmittler in der Betriebsform „Fachgeschäft" den idealen Partner für vertikale Profilierungskonzeptionen im Umweltbereich sehen. Hierauf deutet auch der mit 36 % vergleichsweise hohe Anteil von Herstellern hin, die mit mittelständischen Fachhandelskooperationen im Umweltschutz zusammenarbeiten.[53] Diese Vorteilsstellung des Fachhandels bei den Hersteller wird dadurch noch verstärkt, daß die Konsumenten nach den dargestellten empirischen Ergebnissen den Fachhandel als Einkaufsstätte für Elektrogeräte generell präferieren.[54]

Vor diesem Hintergrund kann ein Umweltpionier auf der Herstellerseite besondere Wettbewerbsvorteile dann erreichen, wenn es ihm gelingt, leistungsstarke Fachhändler in exklusive Umweltkonzepte[55] einzubinden. Die hierdurch gebundenen Fachhändler fallen dann als Partner für ökologieorientierte Kooperationen mit der Konkurrenz weitgehend aus.

---

[52] Die Bewertung der Vertriebsformenkompetenz wurde als arithmetisches Mittel aus der weitgehend identischen Beurteilung für die Produktbereiche Haushaltsgeräte und Unterhaltungselektronik gebildet; allerdings konnte sich der Versandhandel bei Haushaltsgeräten besser ökologieorientiert profilieren als das Warenhaus. Vgl. Abbildung A13 im Anhang.

[53] Vgl. Abbildung A12 im Anhang.

[54] Vgl. hierzu Kapitel B Abschnitt 1.241. Darüber hinaus bekunden diejenigen Konsumenten, die einen vergleichsweise hohen Stellenwert auf ökologieorientierte Produktanforderungen legen, ein überdurchschnittliches Anforderungsprofil bei den generellen Geschäftsanforderungen, welches der Fachhandel am ehesten erfüllen dürfte.

[55] Ein Beispiel hierfür stellt das sog. "Exklusiv-Konzept" von AEG dar. Im Rahmen dieser Konzeption gehören obligatorische Leistungsbestandteile zum Angebot sog. "Leistungshändler". Zum Full-Service-Programm zählen neben Anlieferung, Aufstellen und Ausrichten des Neugerätes u.a. die Mitnahme des Verpackungsmaterials (kostenlos) und der Abtransport des alten Gerätes (gegen Gebühr). Vgl. AEG Hausgeräte AG (Hrsg.), AEG Grün-Buch, Nürnberg 1993, S. 72 ff.

Vertriebsform	Standard-abweichung	gering Umweltkompetenz hoch					
		1	2	3	4	5	6
• Fachgeschäft	1,51						
• Warenhaus	1,38						
• Versandhandel	2,02						
• SB-Warenhaus / Verbrauchermarkt	1,12						
• Fachmarkt	1,27						

Abb. 54: Bewertung der ökologieorientierten Vertriebsformenkompetenz aus Herstellersicht

Allerdings wird eine ausschließlich auf den Fachhandel konzentrierte ökologieorientierte Profilierung dadurch gefährdet, daß die Konsumenten die Umweltkompetenz dieser Vertriebsform wesentlich geringer beurteilen (vgl. Abbildung 55). Es ist auffällig, daß die Hersteller die Umweltkompetenz des Fachhandels deutlich höher und die Kompetenz der SB-Warenhäuser und Verbrauchermärkte deutlich geringer einschätzen als die Konsumenten.

Aus dem Vergleich der Beurteilungsprofile ist der Schluß zu ziehen, daß die Hersteller eine ökologieorientierte Kompetenzposition des Fachhandels wahrnehmen, die von den Konsumenten in allen Segmenten in diesem Umfang nicht geteilt wird. Aus dieser Tatsache ergibt sich bei fachhandelsbezogenen Profilierungskonzepten die Notwendigkeit, die Umweltkompetenz dieser Vertriebsform gegenüber den Konsumenten zu stärken. Anderenfalls bestehen für andere Vertriebsformen Chancen, sich in der Wahrnehmung der Konsumenten als Umweltpionier zu profilieren und so die herstellerseitigen Aktivitäten im Fachhandel zu entwerten.

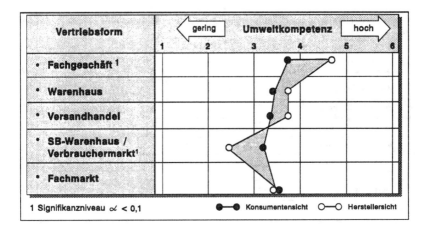

Abb. 55: Vergleich der Bewertung der ökologieorientierten Vertriebsformenkompetenz aus Hersteller- und Konsumentensicht

Bei der Feinselektion geeigneter Handelsunternehmen ist die Leistungsfähigkeit potentieller Absatzmittler in ökologierelevanten Bereichen eingehender zu untersuchen. Hierbei ist zu ermitteln, in welchen Bereichen die Elektrohersteller **Ansatzpunkte für eine ökologieorientierte Handelsprofilierung** sehen. Die Hersteller schätzen die ökologieorientierten Profilierungschancen des Handels in den Bereichen „Image" und „Werbung" am höchsten ein (Abbildung 56). Diese Einschätzung steht im deutlichen Widerspruch zur Bewertung ökologieorientierter Geschäftsanforderungen durch die Konsumenten, die clusterübergreifend einer ökologieorientierten Werbung von Geschäften skeptisch gegenüber stehen.[56] Das gleiche gilt für die handelsseitigen Marketinginstrumente „Ladengestaltung" und „Warenpräsentation".

Demgegenüber werden die ökologieorientierten Profilierungschancen des Handels beim Einkauf und der Sortimentsgestaltung im Vergleich zur Konsumentenbeurteilung von den Herstellern unterschätzt. Der geringe Beitrag einer ökologieorientierten Sortimentsgestaltung für eine ökologieorientierte Handelsprofilierung

---

[56] Vgl. zu den ökologieorientierten Geschäftsanforderungen der Konsumenten Abschnitt 1.222 in Kapitel B.

Ökologieorientierte Profilierungsbereiche im Handel	Standard-abweichung	geringes Profilierungspotential			hohes Profilierungspotential	
		1	2	3	4	5	6
• Verwaltung / Organisation	1,48						
• Warenwirtschaft	1,56						
• Einkauf / Sortiment	1,27						
• Personal	1,70						
• Serviceleistungen	1,41						
• Ladengestaltung / Warenpräsentation	1,38						
• Werbung	1,20						
• Image	1,14						

Abb. 56: Ansatzpunkte für eine Umweltprofilierung im Handel aus Herstellersicht

aus Herstellersicht ist als Indiz dafür zu werten, daß die Hersteller keine exklusive sondern eher eine breite Distribution ihrer ökologieorientierten Elektrogeräte anstreben, um in der Produktion kostengünstige Großserien auflegen zu können. Auch der Faktor der Personalqualität im Handel wird in seiner Bedeutung von den Herstellern überraschenderweise gering eingeschätzt, obwohl die Konsumentenbefragung in allen Clustern eine starke Ausrichtung an den Beratungsempfehlungen des Verkaufspersonals belegen. Aufgrund des geringen Individualnutzens und der schwach ausgeprägten Wahrnehmbarkeit für die Konsumenten kann die Tatsache hingegen nicht überraschen, daß die Hersteller in den für Konsumenten nicht einsehbaren Handlungsfeldern „Warenwirtschaft", „Organisation" und „Verwaltung" keine hoch ausgeprägten ökologieorientierten Profilierungschancen für den Handel erwarten.

Die Unterbewertung der konsumentenseitigen Anforderungen, z.B. der personalen Komponenten im Handel, durch die Elektrohersteller kann damit den Erfolg ökologieorientierter Profilierungskonzepte nachhaltig gefährden. Es besteht das Risiko, daß die Elektrohersteller im Rahmen der Feinselektion ihrer Absatzmittler Handelsunternehmen bevorzugen, die den ökologieorientierten Anforderungen der Konsumentensegmente nicht gerecht werden.

Die ökologieorientierten Unterstützungsleistungen der Hersteller zugunsten des Handels zeigt Abbildung 57. Neben der Entsorgung von Verpackungen über branchenweite Abkommen[57] werden umweltfreundliche Displays am meisten zur Profilierung gegenüber dem Handel genutzt. Danach folgt mit einem beachtlichen Abstand die Beratung über die umweltgerechte Sortimentsgestaltung, zu der sich ein Viertel der Befragten aktuell imstande sieht.

Alle anderen Serviceangebote erreichen zum heutigen Zeitpunkt keine ausgeprägte Verbreitung. Bezeichnend ist die geringe Bereitschaft der Hersteller, das Verkaufspersonal des Handels in Umweltfragen zu schulen. Mit Blick auf die konsumentenseitigen Geschäftsanforderungen könnten die Hersteller dem Handel hierdurch eine Unterstützung bieten, die nicht nur Akzeptanzgewinne beim Handel verspricht, sondern auch über die Wissensvermittlungsfunktion bei der Verkaufsberatung zu einer schnelleren Diffusion ökologieorientierter Produkte auf Konsumentenseite beiträgt.

Innerhalb der nächsten zwei Jahren bildet die Entsorgung von Altgeräten einen Schwerpunkt, der allerdings aufgrund der allgemein erwarteten Elektronik-Schrott-Verordnung dann beim Handel keine Profilierungswirkung mehr erzielt. Auffällig ist auch der vergleichsweise hohe Prozentsatz von Herstellern, die in Zukunft bereit sind, mit Öko-Bilanzen die Umweltqualität ihrer Produkte zu dokumentieren. Diese Maßnahme dürfte im Handel allenfalls bei den Umweltaktivisten auf eine gewisse Beachtung stoßen. Auf Konsumentenseite läßt sich hiermit am ehesten bei den undifferenzierten Umweltkäufer ein Profilierungsvorteil aufbauen. Demgegenüber versprechen sich die Hersteller offenkundig von Beratungen im ökologieorientierten Ladenbau keinerlei Profilierungsvorteil. Erneut fällt auf, daß die Hersteller Schulungen des Verkaufspersonals in ihrem Stellenwert unterschätzen. Anders ist der hohe Anteil von über 53 % der Hersteller, die überhaupt keine Verkaufspersonalschulungen planen, nicht zu erklären.

---

[57] Die Entsorgung von Transportverpackungen war bis 1993 über eine Kostenerstattung der Hersteller an die Händler geregelt. Vgl. o.V.; Hersteller zieren sich noch immer, in: ehb, Heft 5, 1992, S. 374 f. Inzwischen werden die Transportverpackungen über die Vereinigung für Wertstoffrecycling GmbH (VfW) entsorgt. Vgl. hierzu o.V., Lösung für braune Ware: Neuregelung für die Entsorgung von Transportverpackungen, in: LZ vom 6.8. 1993, S. 40. Verkaufsverpackungen werden branchenweit über das Duale System Deutschland entsorgt. Vgl. o.V., Abgerechnet wird zum Schluß, in: rf-brief vom 10.7. 1995, S. 3.

Umweltservice- angebot an den Handel	aktuell	Innerhalb der nächsten 2 Jahre geplant	nicht geplant
• Entsorgungsservice - Verpackungen - Altgeräte	62,7% 10,8%	14,0% 59,5%	23,3% 29,7%
• Verkaufspersonal- schulungen im Bereich Umweltschutz	11,6%	34,9%	53,5%
• Beratung in umwelt- orientierter Betriebs- führung	0,0%	12,5%	87,5%
• Beratung bei umwelt- orientierter Waren- präsentation	17,5%	32,5%	50,0%
• Beratung beim umwelt- orientierten Ladenbau	5,1%	5,1%	89,7%
• Unterstützung des Handels bei standortspezifischer Öko-Kommunikation	12,2%	24,4%	63,4%
• Beratung hinsichtlich umweltgerechter Sortimentsgestaltung	25,6%	39,5%	34,9%
• Bereitstellung von Öko- Bilanzen für eigene Produkte	4,8%	40,5%	54,7%
• Umweltfreundliche Displays/Merchandising	43,2%	43,2%	13,6%
	in % aller befragten Hersteller		

Abb. 57: Umweltserviceangebot der Hersteller an den Handel

Insgesamt ist damit bei den Elektroherstellern ein geringes Aktivitätsniveau bei der ökologieorientierten Unterstützung des Handels zu konstatieren. Insofern bestätigt sich die in der Handelsbefragung deutlich gewordene Skepsis gegenüber dem ökologieorientierten Herstellerverhalten. Offenkundig scheuen die Hersteller den hohen Kostenaufwand, der mit ökologieorientierten Profilierungsmaßnahmen gegenüber dem Handel verbunden ist.

3.4 Ökologieorientierte Preispolitik

Im Antwortverhalten der Hersteller ist die Tendenz zu beobachten, auf die Frage nach ökologieorientierten Preispotentialen nicht oder nur zum Teil zu antworten.[58] Hierdurch wurde die Zahl der validen Fälle auf sechs bis dreizehn pro Item deutlich reduziert. Diese Tatsache ist bei der Interpretation zu erwartender Preiserhöhungspotentiale in Tabelle 7 zu beachten.

Produktbereich	umweltorientiertes Preiserhöhungspotential
Fernseher	4,8 %
Video	4,7 %
HiFi	5,4 %
Henkelware	5,8 %
Autoradio	5,0 %
Zubehör	6,7 %
Kommunikationstechnik	4,8 %
Elektrokleingeräte	6,6 %
Elektrogroßgeräte	5,9 %

Tab. 7: Umweltorientierte Preispotentiale differenziert nach Produktbereichen

Die Elektrohersteller sehen bei ökologieorientierten Produktinnovationen Preiserhöhungsspielräume von fünf bis sechs Prozent. Es ist demnach zu erwarten, daß sie versuchen werden, in ungefähr diesem Niveau Preiserhöhungen gegenüber

---

[58] Bei der Operationalisierung zur Erfassung erwarteter Preiserhöhungspotentiale aufgrund von Neueinführungen umweltverträglicher Produkte wurde zunächst eine Filterfrage eingeschoben, ob höhere Preise aus Herstellersicht grundsätzlich durchsetzbar erscheinen. Beantworten die Hersteller diese Frage mit "ja", so wird konkret nach dem erwarteten Erhöhungsprozentsatz gefragt. Vgl. Frage 12 im Herstellerfragebogen.

dem Handel durchzusetzen.[59] Im Verhältnis Hersteller und Elektrohandel ist angesichts der mit ökologieorientierten Produktinnovationen verbundenen Preiserhöhungsabsichten der Hersteller mit einem nicht unbeträchtlichen Konfliktpotential zu rechnen, da die Händler einer Reduktion ihrer Handelsspanne zugunsten einer besonderen Umweltprofilierung nach den Ergebnissen der Handelsbefragung skeptisch gegenüberstehen. Damit ist aus Sicht des Handels zwingend eine Weitergabe der höheren Einstandspreise an die Konsumenten erforderlich. Dieses Vorhaben setzt jedoch die ohnehin geringe Kaufverhaltensrelevanz ökologieorientierter Produktanforderungen weiter herab und reduziert die insgesamt absetzbaren Gerätemengen nocheinmal.

3.5 Ökologieorientierte Retrodistribution

Hinsichtlich der **Rückführungslogistik** von Altgeräten, wie sie in der Elektronik-Schrott-Verordnung zur Erreichung weitgehend geschlossener Stoffkreisläufe vorgesehen ist, präferieren die Hersteller überwiegend ein branchenweites Retrodistributionssystem, während sie sich bei einem selbständig betriebenen System keinerlei Erfolgschancen ausrechnen (vgl. Abbildung 58).

In den Expertengesprächen auf Herstellerseite wurde dabei deutlich, daß die Differenzierungsmöglichkeiten einer selbständigen Rückführungslogistik zwar durchaus gesehen werden, diese für einzelne Hersteller jedoch angesichts hoher Investitionsvolumina und einer beträchtlichen Fixkostenbelastung als nicht realisierbar eingestuft werden.

---

[59] Der ermittelte Preiserhöhungskorridor deckt sich mit den wenigen verfügbaren Angaben zur ökologieorientierten Preispolitik in der Elektrobranche. Vgl. Gorille, C., Berge von Elektronikschrott: Entsorgung der Geräte wird zu Preiserhöhungen um fünf bis zehn Prozent führen, in: Die Welt vom 11.5. 1993, S. 12; o.V., Neue Kühlschränke ohne FCKW vorgestellt, in: FAZ vom 6.2. 1993, S. 16.

Beurteilung von Logistikkonzepten für die Altgeräterückführung	Standard-abweichung	gar nicht geeignet		Logistikkonzept		sehr geeignet	
		1	2	3	4	5	6
• herstellerunabhängiges, verkaufsmengenabhängig finanziertes System	1,96						
• Aufbau einer eigenen Rückführungslogistik							
- selbständig	1,35						
- Kooperation mit weiteren Herstellern	1,82						
- Kooperation mit dem Handel	1,62						
- herstellerinitiiertes, branchenweites Rückführungssystem	1,63						

Abb. 58: Beurteilung von Logistikkonzepten für Altgeräte aus Herstellersicht

Auf die Frage, in welcher Form die Hersteller nach dem Inkrafttreten der Elektronik-Schrott-Verordnung die **Entsorgung** bzw. das **Recycling** ihrer Produkte durchführen werden, gibt die Mehrheit der Hersteller an, eine Fremdvergabe der notwendigen Recyclingaktivitäten zu planen (vgl. Abbildung 59). Dieses gilt sowohl für die Sammlung und Demontage von Altgeräten als auch für die notwendige Deponierung der Reststoffe. Lediglich der Wiedereinsatz von Recyclingstoffen in der Produktion, die Weiterverwendung gebrauchter Bauteile und die Aufarbeitung gebrauchter Geräte zum Wiederverkauf wird in Zukunft auch in gewissem Umfang durch die Hersteller selbst übernommen.

Unter strategischen Gesichtspunkten bietet eine Fremdvergabe der Recyclingaktivitäten nur geringe Ansatzpunkte für eine ökologieorientierte Präferenzbildung auf der Abnehmerseite, da zu erwarten ist, daß die ausgelagerten Aktivitäten nach einem branchenweit gültigen Standard vollzogen werden. Insgesamt herrscht bei den Elektroherstellern hinsichtlich Entsorgung und Recycling von Elektrogeräten eine passive Haltung vor.

Entsorgungsschritt	Organisationsform		
	selbständig durch eigenes Unternehmen	in Kooperation mit anderen Herstellern	durch Vergabe an Fremdanbieter (Dienstleister)
• Sammlung von Altgeräten	15,2%	24,2%	54,5%
• Demontage von Altgeräten	12,1%	15,0%	48,5%
• Entsorgung (Deponierung) von Reststoffen	6,1%	15,2%	63,6%
• Weiterverwendung gebrauchter Bauteile	18,2%	15,2%	42,4%
• Wiedereinsatz von Recycling-Werkstoffen in der Produktion	33,3%	18,2%	36,4%
• Aufarbeitung gebrauchter Geräte zum Weiterverkauf	24,2%	9,1%	24,2%
	in % der Befragten		Mehrfachnennungen

Abb. 59: Geplante Organisationsform beim Recycling von Elektrogeräten

Die geringe Nutzung unternehmensspezifischer Ansatzpunkte für eine ökologieorientierte Profilierung bei der Rücknahme und beim Recycling von Elektroaltgeräten stehen im Widerspruch zur Konsumentenbefragung. Die Analyse der konsumentenseitigen Produkt- und Geschäftsanforderungen hat aufgezeigt, daß die Entsorgung von Altgeräten einen zentralen ökologieorientierten Profilierungsbereich im vertikalen Marketing darstellt. Zur Begründung dieser Vernachlässigung ist anzumerken, daß die z.Z. anfallenden Kosten für die Rücknahme und das Recycling von Elektrogeräten nach Herstellermeinung vom Markt nicht gedeckt werden.[60] Gestützt wird diese Ansicht durch die hohe Bereitschaft des Handel zu einer kostenlosen Altgeräterücknahme bei Neukauf, die zu einer entsprechenden Erwartungshaltung der Konsumenten geführt hat. Darüber hinaus fehlen geeignete Informationssysteme zur Planung und Steuerung der Entsorgung.[61] Des weiteren belegen die Erfahrungen aus der Verpackungsentsorgung, daß sich bei

---

[60] Vgl. Dorsten, M., Ist Marketing schrottreif ?, in: asw, Heft 9, 1992, S. 136; o.V., Der Kreislauf schließt sich, in: HB vom 11.10. 1994, S. 25.

[61] Vgl. Horneber, M., Management des Entsorgungszyklus in der Elektronikindustrie, a.a.O., S. 55.

der Entsorgung noch zahlreiche offene Fragen hinsichtlich Funktions- und Kostenverteilung ergeben, denen ein erhebliches Konfliktpotential im vertikalen Marketing zugesprochen werden muß.[62] Es ist daher zu vermuten, daß die Hersteller dieses Konfliktpotential trotz vorhandener Profilierungschancen scheuen und auf eine branchenweite Lösung der Rückführungslogistik sowie eine weitgehende Fremdvergabe der Recyclingaktivitäten setzen. Diese Auffassung ließ sich auch bei den durchgeführten Expertengesprächen erkennen.

4. Würdigung ökologieorientierter Profilierungschancen im Wettbewerbsumfeld der Elektrobranche

Als Fazit der Herstellerbefragung ist festzustellen, daß die meisten Unternehmen inzwischen die Relevanz einer stärkeren Umweltorientierung erkannt haben. Allerdings resultiert dieses weniger aus marktbezogenen Überlegungen als aus gesetzlichen Verpflichtungen heraus. Vor diesem Hintergrund deuten die erhobenen Daten darauf hin, daß innerhalb der Elektrobranche ökologieorientierte Innovationen lediglich in geringem Ausmaß zu verzeichnen sind. Statt dessen scheint eine Tendenz vorzuherrschen, die zu einer weitgehenden Nivellierung ökologieorientierter Maßnahmen in allen Marketinginstrumenten auf einem geringen Niveau führt. Angesichts dieser Grundtendenz bestehen für umweltinnovative Hersteller durchaus gute Chancen, über ökologieorientierte Marketingmaßnahmen zu einer Differenzierung im Wettbewerbsumfeld zu gelangen. Dabei sind mitunter erhebliche Diskrepanzen zu beachten, die sich bei einem Vergleich der handels- und konsumentenseitigen ökologieorientierten Produktanforderungen mit der aktuellen Ausgestaltung ökologieorientierter Marketinginstrumente der Hersteller offenbaren. Dieses gilt weniger für die Produktpolitik als für eine ökologieorientierte Distributionspolitik.

Abschließend ist festzuhalten, daß überwiegend kurzfristige Kostenüberlegungen die Hersteller davon abhalten, umweltinnovative Marketingmaßnahmen zu ergreifen. Als Begründung für diese Passivität kann auf der einen Seite auf die negativen Erfahrungen aus dem Bereich der Verpackungsentsorgung verwiesen werden. Auf der anderen Seite haben die Elektrohersteller offenbar die geringe Kaufverhaltensrelevanz ökologieorientierter Produkt- und Geschäftsanforderungen in allen Konsumentensegmenten richtig erkannt.

---

[62] Vgl. Meffert, H., Kirchgeorg, M., Marktorientiertes Umweltmanagement, a.a.O., S. 272 ff.

D. Zusammenfassung und Implikationen

1. Zusammenfassung und Würdigung der Untersuchungsergebnisse

Ausgangspunkt der vorliegenden Untersuchung bildete der aus entscheidungsorientierter Sicht wenig zufriedenstellende Forschungsstand zur ökologieorientierten Profilierung im vertikalen Marketing im allgemeinen sowie zur Erfassung ökologieorientierter Marktsegmente im besonderen. Angesichts dieser Forschungsdefizite war es die **generelle Zielsetzung** der Arbeit zu untersuchen, ob und gegebenenfalls wie Hersteller durch eine ökologieorientierte Gestaltung ihres Marketing-Mix eine Steigerung der abnehmerseitigen Präferenzen erreichen können. Dazu bildete die Elektrobranche aufgrund ihrer besonderen ökologischen Betroffenheit ein geeignetes Forschungsfeld.

Ausgehend von den zentralen **Besonderheiten einer ökologieorientierten Profilierung**:

- der Sicherstellung einer hohen Glaubwürdigkeit,

- der Gewährleistung einer funktions- und unternehmensübergreifenden Maßnahmenintegration,

- des ökologieinduzierten Konfliktpotentials im Verhältnis von Hersteller und Handel und

- der geringen Kaufverhaltensrelevanz ökologischer Produktmerkmale aufgrund von Divergenzproblemen

wurde als grundlegendes **empirisches Forschungsdesign** ein drei Ebenen-Ansatz entwickelt, der die Marktsegmentierungsphasen „Markterfassung" und „Marktbearbeitung" aus Herstellersicht integriert. Zur Markterfassung wurden einerseits ökologieorientierte Präferenztypen auf seiten der Konsumenten abgeleitet und andererseits ökologieorientierte Handelssegmente identifiziert. Im Vordergrund der Marktbearbeitung standen die Wahl einer geeigneten ökologieorientierten Marktbearbeitungsstrategie und eine aktuelle Bestandsaufnahme des Einsatzes ökologieorientierter Profilierungsmaßnahmen in der Elektrobranche.

Die in der repräsentativen **Konsumentenbefragung** untersuchten, theoretisch abgeleiteten Forschungshypothesen sind in Abbildung 60 zusammengefaßt. Es zeigt sich, daß der Präferenzbeitrag des Kriteriums „Umweltfreundlichkeit" eines Elektrogerätes im Zeitvergleich clusterübergreifend deutlich gestiegen ist. Allerdings ist diese Aussage dadurch zu relativieren, daß traditionelle Kaufentscheidungskriterien, wie z.b. eine hohe Qualität und Zuverlässigkeit, bei der Präferenzbildung gegenüber Haushaltsgeräten und Produkten der Unterhaltungselektronik weiterhin dominieren. Hinzu kommt, daß die aus Konsumentensicht bedeutendsten produktbezogenen Umweltkriterien, z.B. eine lange Lebensdauer und ein niedriger Energieverbrauch, ausnahmslos einen hohen Individualnutzen stiften und damit nicht zu den typischen Umweltkriterien zu rechnen sind.

Im Rahmen der Zielgruppenabgrenzung konnten auf Basis der ökologieorientierten Produkt- und Geschäftsanforderungen insgesamt 20 verschiedene Konsumentencluster identifiziert werden. Bei einer inhaltlichen Analyse dieser Konsumentengruppen ist bemerkenswert, daß immerhin 28,5 % der Befragten als Divergenztypen zu klassifizieren sind; d.h. ein einseitig ausgeprägtes Anforderungsprofil mit hohen ökologieorientierten Produktanforderungen und niedrigen ökologieorientierten Geschäftsanforderungen et vice versa zeigen.

Eine differenzierte Bearbeitung aller 20 Segmente ist aus wirtschaftlichen Gründen nicht empfehlenswert, so daß nach der Clusterbildung exemplarisch die vier größten Konsumentencluster eingehend untersucht wurden. Hierbei zeigt sich, daß zur Diskriminierung zwischen den Konsumentenclustern lediglich die ökologieorientierten Produkt- und Geschäftsanforderungen mit der geringsten Kaufverhaltensrelevanz geeignet sind. Darüber hinaus ist festzustellen, daß die selektiven und die anspruchsvollen Umweltkäufer, die Umweltkriterien einen überdurchschnittlichen Stellenwert beimessen, bei den generellen Produkt- und Geschäftsanforderungen gleichermaßen als anspruchsvoll zu bezeichnen sind.

Positiv auf die Berücksichtigung ökologieorientierter Produktanforderungen wirkt ökologieorientiertes Wissen bezüglich Umweltproblemen bei Elektrogeräten. Ebenfalls konnte bei den ökologieorientierten Konsumentenclustern nachgewiesen werden, daß Konsumenten mit überdurchschnittlich hohen ökologieorientierten Produktanforderungen offenkundig aufgrund erkannter Selbstverantwortung bereit sind, gewisse persönliche Unbequemlichkeiten, wie z.B. bei der nach Materialsorten getrennten Verpackungsentsorgung von Elektrogeräten, in Kauf zu nehmen.

Hypothese	Inhalt	Befund
Hyp Prod 1	Je zuverlässiger Konsumenten ökologieorientierte Produkteigenschaften einschätzen können, desto höher ist ihr Stellenwert bei der Präferenzbildung.	abgelehnt
Hyp Prod 2	Je höher der von einer ökologieorientierten Produktanforderung ausgehende Individualnutzen ist, desto höher ist ihre Wichtigkeit für die Präferenzbildung.	bestätigt
Hyp Gesch 1	Je größer der Beitrag einer ökologieorientierten Geschäftsanforderung für die Reduktion des wahrgenommenen ökologischen Kaufrisikos ist, desto höher ist die Wichtigkeit dieser Geschäftsanforderung für die Präferenzbildung.	bestätigt
Hyp Gesch 2	Nach den Bedeutungseinschätzungen ökologieorientierter Produkt- und Geschäftsanforderungen lassen sich zwei Kongruenz- und zwei Divergenztypen ermitteln. Während sich die Kongruenztypen bei den ökologieorientierten Produkt- und Geschäftsanforderungen durch ein durchgängig hohes bzw. niedriges Anforderungsniveau auszeichnen, räumen die Divergenztypen entweder den ökologieorientierten Produktanforderungen oder den ökologieorientierten Geschäftsanforderungen eine überdurchschnittliche Wichtigkeit ein.	bestätigt
Hyp Gen 1	In der Mehrzahl der Segmente übertreffen traditionelle Produktanforderungen das Kriterium „Umweltfreundlichkeit" hinsichtlich ihrer Wichtigkeit.	bestätigt
Hyp Gen 2	In der Mehrzahl der Segmente übertreffen traditionelle Geschäftsanforderungen das Kriterium „Umweltschutz-Anstrengungen des Geschäfts" hinsichtlich ihrer Wichtigkeit.	bestätigt
Hyp Gen 3	Je höher die Wichtigkeit der generellen Produktanforderungen als Kaufkriterien eingeschätzt werden, desto höher wird die Wichtigkeit der ökologieorientierten Produktanforderungen eingestuft.	bestätigt
Hyp Gen 4	Je höher die Wichtigkeit der generellen Geschäftsanforderungen als Kaufkriterien eingeschätzt werden, desto höher wird die Wichtigkeit der ökologieorientierten Geschäftsanforderungen eingestuft.	eingeschränkt bestätigt
Hyp Wiss	Mit zunehmendem Wissen um ökologische Probleme bei Elektrogeräten steigt die Wichtigkeit ökologieorientierter Produktanforderungen für die Präferenzbildung.	bestätigt
Hyp Verp	Je mehr die Konsumenten bereit sind, eine nach Stofffraktionen getrennte Entsorgung in Kauf zu nehmen, desto höher sind die ökologieorientierten Produktanforderungen ausgeprägt.	bestätigt
Hyp Kat 1	Bei der Präferenzbildung legen die Konsumenten ein übereinstimmendes ökologieorientiertes Anforderungsraster bei Haushaltsgeräten und Geräten der Unterhaltungselektronik an.	bestätigt
Hyp Kat 2	Die von den Konsumenten gestellten ökologieorientierten Geschäftsanforderungen unterscheiden sich bei Geräten der Unterhaltungselektronik und Haushaltsgeräten nicht.	bestätigt

Abb. 60: Zusammenfassung der Hypothesenbestätigung und -ablehnung aus der Konsumentenbefragung

Berücksichtigt man bei der Ergebnisinterpretation ferner, daß sozial erwünschtes Antwortverhalten auch in der vorliegenden Untersuchung nicht völlig auszuschließen ist und daß ökologieorientierte Produktalternativen vielfach teurer als konventionelle sind, so offenbart sich die Problematik einer ökologieorientierten Profilierung von Elektroherstellern. In diesem Zusammenhang werden die Schwierigkeiten einer ökologieorientierten Profilierung durch die Tatsache erhöht, daß sich die signifikanten soziodemographischen Unterschiede zwischen den Konsumentenclustern in differenzierte Marktbearbeitungskonzepte lediglich schwer umsetzen lassen.

Als zentrales Ergebnis der **Handelsbefragung** konnten drei ökologieorientierte Cluster identifiziert werden, die zwar unterschiedliche Basisstrategien im Umweltschutz verfolgen, aber die Erfolgsaussichten einer Umweltprofilierung des Elektrohandels ähnlich beurteilen. Allerdings unterscheiden sich diese Handelscluster maßgeblich in der Einschätzung, wann sich die Erfolgsaussichten tatsächlich realisieren lassen. Die größte, als „Umweltzögerer" bezeichnete Handelsgruppe geht von zur Zeit äußerst geringen Profilierungschancen aus, die sich jedoch auf langfristige Sicht deutlich erhöhen. Demgegenüber rechnen die „Umweltopportunisten" damit, daß sich die aktuell noch hohen Erfolgsaussichten einer Umweltprofilierung im Elektrohandel im Zeitablauf deutlich abschwächen. Eine dritte Gruppe, die „Umweltaktivisten", beurteilen die aktuellen wie auch die zukünftigen Erfolgsaussichten ausgesprochen positiv.

Die aus der ökologischen Gatekeeper-Rolle des Handels entwickelte Basishypothese, daß sich die verschiedenen Basisstrategien der Handelscluster in einer unterschiedlichen Integrationsintensität ökologieorientierter Aspekte in den beschaffungs- und absatzmarktgerichteten Instrumenten niederschlägt, hat sich nicht bestätigt. So ergaben sich bei den ökologieorientierten Beschaffungskriterien lediglich geringe Unterschiede zwischen den Clustern. Im Vergleich zu den ökologieorientierten Produktanforderungen der Konsumenten zeigte sich dabei in nahezu allen Anforderungen eine geringere Wichtigkeitsbeurteilung des Handels. Diese Tatsache ist damit zu begründen, daß der Handel die geringe Kaufverhaltensrelevanz ökologieorientierter Produktanforderungen auf der Konsumentenseite in seinem Antwortverhalten bereits antizipiert. Auch bei der ökologieorientierten Ausgestaltung absatzmarktgerichteter Instrumente, der ökologieorientierten Sortiments-, der ökologieorientierten Preispolitik und den ökologieorientierten Serviceleistungen, ist wider Erwarten eine ausgeprägte Homogenität zwischen den drei Handelsclustern festzustellen.

Wenn man die Validität der erhobenen Erfolgseinschätzungen einer ökologieorientierten Profilierung im Handel nicht grundsätzlich in Frage stellt, so ist die **Heterogenität** bei den Erfolgsaussichten und die **Homogenität** bei der ökologieorientierten Instrumenteausgestaltung Ausdruck unterschiedlicher Motivstrukturen in den drei Handelsclustern, wobei den Umweltaktivisten eine ökologieorientierte Leitfunktion zukommt. Sie streben mit der ökologieorientierten Ausgestaltung ihres absatzmarktgerichteten Marketinginstrumentariums langfristige Präferenzvorteile bei ihren Konsumenten an. Demgegenüber versuchen die Umweltopportunisten, indem sie sich an den ökologieorientierten Maßnahmen der Umweltaktivisten orientieren, einen aus ihrer Sicht nur noch kurzfristig tragfähigen Modetrend auszunutzen. Die Umweltzögerer schließlich verfolgen aufgrund wettbewerbsstrategischer Erwägungen eine an den Branchenstandard angepaßte ökologieorientierte Ausgestaltung ihrer Marketinginstrumente.

Das ökologieorientierte Herstellerverhalten wird nach übereinstimmender Einschätzung durch alle drei Handelscluster dadurch geprägt, daß die Hersteller ökologieorientierte Aktivitäten lediglich in dem Ausmaß durchführen, wie es umweltrelevante Gesetze bzw. Verordnungen vorschreiben. Darüber hinausgehende innovative Umweltaktivitäten der Elektrohersteller sind aus Handelssicht nicht zu verzeichnen, obwohl hierdurch nach Ansicht des Handels die Absatzchancen der Hersteller nachhaltig verbessert werden könnten. Ferner beklagen die Handelsunternehmen ein deutliches Informationsdefizit, welches aus einer zu geringen Informationsbereitschaft der Hersteller über die Umweltverträglichkeit ihrer Elektrogeräte resultiert. Dieses führt zu einer Erhöhung ökologieorientierter Konflikte und senkt zugleich die ökologieorientierte Kooperationsbereitschaft des Handels.

Daß die skeptische Haltung des Handels gegenüber den Elektroherstellern nicht unberechtigt ist, zeigen die Ergebnisse der **Herstellerbefragung**. So wird eine Umweltorientierung in der Neuproduktentwicklung, der Produkt- und der Verpackungsgestaltung sowie in der ökologieorientierten Retrodistribution noch überwiegend als technische Problemstellung und nicht als marktbezogene Profilierungschance aufgefaßt. Daher bewegen sich die empirisch ermittelten ökologieorientierten Aktivitäten vielfach lediglich auf einem geringen Niveau und entsprechen damit der auf seiten der Konsumenten festgestellten geringen Kaufverhaltensrelevanz ökologieorientierter Produktanforderungen. Angesichts des geringen ökologieorientierten Aktivitätsniveaus sind die Chancen für umweltinnovative Elektrohersteller, sich von den Wettbewerbern zu differenzieren, zunächst als grundsätzlich positiv einzuschätzen.

Bei ökologieorientierten Profilierungskonzepten im vertikalen Marketing sehen die Elektrohersteller im Fachhandel aufgrund seiner als hoch eingeschätzten Umweltkompetenz den idealen Kooperationspartner. Allerdings darf hierbei nicht übersehen werden, daß die Konsumenten keiner Vertriebsform eine überragende Umweltkompetenz zuerkennen. Darüber hinaus unterschätzen die befragten Hersteller den Stellenwert personaler Gesichtspunkte für die ökologieorientierte Einkaufsstättenwahl der Konsumenten; während sie die Bedeutung unpersönlicher Kommunikationsmaßnahmen für eine ökologieorientierte Handelsprofilierung überschätzen. Aus dieser Fehlwahrnehmung resultiert ein rudimentäres ökologieorientiertes Serviceangebot gegenüber dem Elektrohandel.

Bei einer Würdigung des **methodischen Vorgehens** der vorliegenden Arbeit ist eine wesentliche Stärke in der umfassenden ökologieorientierten Branchenanalyse zu sehen, die aus entscheidungsorientierter Sicht neben grundsätzlichen Implikationen für ökologieorientierte Marktbearbeitungsstrategien zahlreiche Detailinformationen zur ökologieorientierten Ausgestaltung der Marketinginstrumente aufzeigt. Ferner wird aufgrund einer spiegelbildlichen Operationalisierung wesentlicher Befragungsabschnitte eine inhaltliche Verknüpfung zwischen den drei empirischen Erhebungen ermöglicht, die zum Teil bedeutende Wahrnehmungsunterschiede zwischen Konsumenten, Handelsunternehmen und Herstellern aufdeckt.

Kritisch sind gewisse Vorbehalte gegenüber der zur Erhebung verwendeten Ratingskala vorzubringen. Eine Überbewertung der im Rahmen der Konsumentenbefragung erhobenen Anforderungen im Vergleich zur tatsächlichen Kaufverhaltensrelevanz ist nicht gänzlich auszuschließen. Darüber hinaus stehen alle kompositionellen Meßmodelle in einer Methodenkonkurrenz zu dekompositionellen Verfahren, wobei den letzteren von einigen Autoren eine höhere Realitätsnähe zugesprochen wird.[1] Des weiteren muß bei Befragungen in der Marketingforschung kritisch angemerkt werden, daß Befragte, die dem Untersuchungsthema ein hohes persönliches Interesse entgegen bringen, häufiger antworten als Personen mit geringerem Involvement.

Versucht man eine **zusammenfassende Würdigung** der vorliegenden Untersuchung, so ist festzustellen, daß gemessen an den aufgezeigten Forschungsdefizi-

---

[1] Vgl. z.B. Herker, A., Eine Erklärung des umweltbewußten Konsumentenverhaltens, a.a.O., S. 72; Fiala, K.H., Klausegger, C., Umweltorientiertes Konsumentenverhalten, a.a.O. S. 63.

ten der in dieser Untersuchung verwendete mehrstufige Forschungsansatz deutlich über bisherige Arbeiten hinausgeht. Die drei sich ergänzenden Befragungen bilden eine erste umfassende empirische Bestandsaufnahme ökologieorientierter Marktsegmente und ökologieorientierter Profilierungsmaßnahmen in der Elektrobranche, wobei der Repräsentativität der Konsumenten- und Handelsbefragung ein besonderes Gewicht zukommt.

2. Implikationen für eine ökologieorientierte Herstellerprofilierung

Angesichts einer hohen ökologischen Betroffenheit der Elektrobranche lassen sich aus den gewonnenen Ergebnissen die folgenden Implikationen für eine ökologieorientierte Profilierung im vertikalen Marketing ableiten:

- Unter ökonomischen Aspekten kann eine dominante ökologieorientierte Profilierung in der Elektrobranche nicht empfohlen werden. Weder auf Konsumenten- noch auf Handelsseite haben sich Abnehmersegmente ergeben, die ihre Kauf- bzw. Listungsentscheidung vorrangig ökologieorientiert ausrichten. Infolgedessen sind die ökonomischen Erfolgsaussichten einer dominanten ökologieorientierten Profilierung als äußerst gering einzustufen. Statt dessen belegt die vorliegende Untersuchung, daß einer ökologieorientierten Profilierungskonzeption zur Zeit ein **flankierender Stellenwert** zuzubilligen ist, der weniger auf marktbezogenen Überlegungen als vielmehr auf gesetzlichen Maßnahmen basiert. In der Elektrobranche bestehen demzufolge die höchsten Erfolgschancen weiterhin bei einer traditionellen qualitäts- und/oder preisorientierten Profilierung. Dabei sollten die komplementären Beziehungen zwischen einer qualitäts- und einer ökologieorientierten Profilierung durchaus genutzt werden, indem z.B. eine lange Lebensdauer der Geräte als Qualitätsmerkmal verdeutlicht wird.

- Im Rahmen einer **ökologieorientierten Marktbearbeitungsstrategie** sind aufgrund der clusterübergreifend geringen Kaufverhaltensrelevanz ökologieorientierter Anforderungen sowohl auf Konsumenten- als auch Handelsseite alle identifizierten Segmente im Sinne einer vollständigen Marktabdeckung zu bearbeiten. Hierbei empfiehlt sich bei den Konsumenten eine undifferenzierte Marktbearbeitung, da lediglich die ökologieorientierten Produktanforderungen mit der geringsten Kaufrelevanz zwischen den Clustern trennen. Demgegenüber sollten die Handelssegmente differenziert bearbeitet werden, um die Heterogenität in den wahrgenommenen Erfolgsaussichten einer Umweltprofilierung des Handels berücksichtigen zu können. Dabei ist es für die Hersteller weder auf der Konsumenten- oder noch der Handelsseite erforderlich, ihre ökologieorientierte Marktbearbeitungsstrategie nach der Produktkategorie zu differenzieren.

- Eine flankierende Umweltprofilierung in der Elektrobranche ist in Form eines **vertikal integrierten Ansatzes** als Kombination von push- und pullorientierten Umweltmaßnahmen zu realisieren. Dabei sollten trotz einer vollständigen Abdeckung der Handelssegmente den Absatzmittlern ökologieorientierte Mindeststandards vorgegeben werden, um negative Rückübertragungseffekte von Handelsunternehmen auf das ökologieorientierte Herstellerimage zu verhindern. Konzentriert sich ein umweltaktiver Hersteller dabei ausschließlich auf eine Vertriebsform, so ist zu beachten, daß bei den Konsumenten bisher noch keine Vertriebsform eine überragende Umweltkompetenz aufbauen konnte.

- Bei den **handelsgerichteten Profilierungsmaßnahmen** sind solche ökologieorientierten Herstellerleistungen einzusetzen, die zu einer Reduktion des ökologieorientierten Konfliktpotentials im vertikalen Marketing führen und damit die hoch ausgeprägte Skepsis gegenüber den Herstellern abbauen. Hierbei sind in erster Linie verstärkte Informationen über die Umweltfreundlichkeit von Elektrogeräten sowie glaubwürdige Entsorgungsgarantien zu nennen. Darüber hinaus bieten ökologieorientierte Schulungen des Verkaufspersonals für Elektrohersteller die Chance, einerseits das eigene Umweltengagement dem Handel gegenüber glaubhaft zu machen und andererseits die Umweltkompetenz des Handelsunternehmens gegenüber den Konsumenten zu stärken. Hierdurch wird der Handel seinerseits in die Lage versetzt, mittels kompetenter Informationen das von den Konsumenten wahrgenommene ökologieorientierte Kaufrisiko zu reduzieren und im Beratungsgespräch den ökologieorientierten Wissensstand der Konsumenten zu verbessern. Wie die Konsumentenbefragung belegt hat, führt dieses zu einer stärkeren Berücksichtigung ökologieorientierter Produktanforderungen beim Kauf. Eine an der Größe der Handelsunternehmen ausgerichtete Differenzierung der genannten handelsgerichteten Profilierungsmaßnahmen ist nach den Befragungsergebnissen und aus Glaubwürdigkeitsgründen nicht empfehlenswert.

- Zur **konsumentenseitigen Profilierung** bieten sich vorrangig ökologieorientierte Maßnahmen an, die Individual- und Sozialnutzen kombinieren. Hierbei ist z.B. an eine verlängerte Gerätelebensdauer und hohe Reparaturfreundlichkeit zu denken, die zusammen mit einer Garantieverlängerung einen für jeden Konsumenten nachvollziehbaren Zusatznutzen in den Bereichen „Zuverlässigkeit" und „geringe Reparaturkosten" generiert. Daneben können endverbrauchergerichtete Kommunikationsmaßnahmen den ökologieorientierten Wissensstand der Konsumenten verbessern und hierüber eine stärkere Berücksichtigung ökologieorientierter Produktanforderungen durch die Konsumenten fördern. Auch Maßnahmen, die zu einer ökologieorientierten Selbstbindung des Herstellers führen, wie z.b. regelmäßige, unabhängige Umweltaudits, sind grundsätzlich geeignet, konsumentenseitig vorhandene Glaubwürdigkeitsdefizite zu überwinden.

- Unter **Wettbewerbsaspekten** ist als zentrale Implikation der Untersuchung festzuhalten, daß aufgrund des geringen Aktivitätsniveaus durchaus ökologieorientierte Differenzierungschancen vorhanden sind. Bei ihrer Nutzung ist jedoch darauf zu verweisen, daß eine ökologieorientierte Profilierung den ökonomischen Unternehmenszielen genügen sollte, damit umweltaktive Hersteller nicht auf anderen Wettbewerbsfeldern bedeutende Kostennachteile hinnehmen müssen. Ist diese Bedingung erfüllt, so ist im Produktwettbewerb positiven ökologieorientierten Testurteilen eine bedeutende Rolle zuzubilligen. Sie reduzieren bei der integrierten Beurteilung der Umweltqualität alternativer Elektrogeräte durch die Konsumenten die Komplexität der Kaufentscheidungssituation maßgeblich. Einerseits aggregieren sie eine Vielzahl ökologieorientierter Produktanforderungen, andererseits beinhalten sie einen relativen Konkurrenzvergleich, der die Vorzüge einer hohen Aktualität mit denen geringer Kosten verbindet. Daher ist bei der Neuproduktentwicklung und bei der Produktgestaltung zu überprüfen, inwieweit ökologieorientierte Kriterien unabhängiger Warentestinstitutionen berücksichtigt werden können.

- Angesichts der zahlreichen Planungs- und Abstimmungserfordernisse bei einer ökologieorientierten Profilierung ergibt sich für umweltaktive Hersteller die Notwendigkeit, eine **Organisationsstruktur** zu entwickeln, die dieses komplexe, produktbezogene Schnittstellenproblem effizient und flexibel zu lösen vermag. Dabei sollte eine integrierte Berücksichtigung handels- und konsumentenbezogener Umweltanforderungen erfolgen. Neben diesen externen Belangen sind zusätzlich interne Koordinationsaufgaben wahrzunehmen. Zur Ausfüllung dieses anspruchsvollen Anforderungsprofils scheinen Produktmanager und Key-Account-Manager aufgrund ihrer vergleichsweise engen spezifischen Ausrichtung ungeeignet. Statt dessen könnte das **Category-Manage-**

ment mit der Steuerung und Koordination ökologieorientierter Profilierungsaufgaben betraut werden. Diese Organisationsalternative hat den Vorteil einer integrierten Verbindung ökologieorientierter Konsumenten- und Handelsanforderungen, und schafft gleichzeitig die für interne Abstimmungsprozesse erforderliche Durchsetzungsbasis. Des weiteren besitzt diese Einbindungsalternative Vorteile beim Controlling der Profilierungsaktivitäten, da im Category-Management die zu einem effizienten Controlling notwendigen Informationsströme in geeigneter Weise gebündelt werden können.

Die ökologieorientierte Dynamik in der Elektrobranche wird auch zukünftig durch die von staatlicher Seite ergriffenen Umweltvorschriften geprägt sein. Daher liegen die ökologieorientierten Herausforderungen für die Elektrohersteller in zwei zentralen marktbezogenen Aktionsfeldern. Auf der einen Seite sind die staatlichen Umweltvorschriften möglichst kostengünstig zu erfüllen, um gegenüber dem Wettbewerb keine Kostennachteile zu erleiden. Auf der anderen Seite kann der ökologieorientierte Bewußtseinswandel der Konsumenten zweifelsohne durch umweltinnovative Profilierungsmaßnahmen seitens der Elektrohersteller genutzt werden, wobei das grundsätzliche Spannungsfeld zwischen Individual- und Sozialnutzen erhalten bleibt. Insofern ist es entscheidend, ökologieorientierten Sozialnutzen mit individuellem Nutzen zu kombinieren und auf diese Weise erlebbar zu machen.

3. Implikationen für die Forschung

Aus der vorliegenden Bestandsaufnahme ökologieorientierter Marktsegmente und ökologieorientierter Profilierungsmaßnahmen in der Elektrobranche ergeben sich interessante Ansatzpunkte für zukünftige Forschungsbemühungen. Die Weiterentwicklung der ökologieorientierten Profilierungsforschung kann sich dabei sowohl in inhaltlicher als auch in methodischer Hinsicht vollziehen.

- Die der Arbeit zugrundeliegenden **kaufverhaltenstheoretischen Überlegungen** lassen sich auf der Ebene der Produktwahl durch die Einbeziehung weiterer intra- und interpersoneller Variablen ausbauen. Hierbei verdienen als intrapersonelle Variablen z.B. das wahrgenommene ökologische Kaufrisiko und die ökologieorientierte Preisbereitschaft einer vertiefenden Betrachtung, um zu einer wirklichkeitsgetreueren Abbildung des Kaufs langlebiger Produkte zu gelangen. Von der Integration familien- und bezugsgruppenorientierter Variablen können gerade mit Blick auf mehr dem Sozial- als dem Individualnutzen zuzurechnende ökologieorientierte Produkt- und Geschäftsanforderungen aufschlußreiche Ergebnisse erwartet werden. Des weiteren bietet es sich an, die nach dem Kauf ansetzenden ökologieorientierten Profilierungsphasen explizit unter dem Aspekt der Kundenbindung näher zu analysieren. Darüber hinaus ist eine Replizierung der Studie mit aktualisierten ökologieorientierten Produktanforderungen, z.B. durch die Neuaufnahme von Umweltzeichen und Umwelt-Zertifikaten, sinnvoll, um mittels eines Zeitvergleichs die Dynamik in den ökologieorientierten Umweltanforderungen und den ökologieorientierten Marktsegmenten abschätzen zu können. Schließlich sind von einer international ausgerichteten Untersuchung wichtige Ergebnisse zu Standardisierungspotentialen in der ökologieorientierten Marktbearbeitung zu erhoffen.

- Angesichts der Tatsache, daß ein Haupteinsatzgebiet von Elektrogeräten der **gewerbliche Bereich** darstellt, ist zur Fundierung ökologieorientierter Profilierungsmaßnahmen aus Sicht der Elektrohersteller zu untersuchen, welche ökologieorientierten Produkt- und Geschäftsanforderungen von dieser Abnehmergruppe gestellt werden, welcher Stellenwert diesen bei organisationalen Beschaffungsentscheidungen zukommt und inwiefern sich geeignete Ansatzpunkte für eine ökologieorientierte Marktsegmentierung gewerblicher Abnehmer ergeben. Ferner bietet sich ein direkter Vergleich mit den konsumentenseitigen Ergebnissen der vorliegenden Arbeit an, um Implikationen für eine standardisierte bzw. differenzierte ökologieorientierte Marktbearbeitung der beiden Abnehmergruppen aufzeigen zu können.

- Bei der **ökologieorientierten Einkaufsstättenwahl** ist die Beziehung zwischen Produktpräferenzen und Einkaufsstättenwahl tiefergehend zu analysieren. Hierbei sind aufbauend auf der vorgestellten ökologieorientierten Konsumententypologie weiterführende Hypothesen über Determinanten der Umweltkompetenz eines Handelsunternehmens zu entwickeln. Von hoher Bedeutung sind ferner Analysen zur Klärung der Fragestellung, ob die Konsumenten bei der ökologieorientierten Einkaufsstättenwahl gewisse ökologieorientierte Mindeststandards voraussetzen. In diesem Zusammenhang sollte insbesondere die Erklärung und Beschreibung der ökologieorientierten Divergenztypen in den Mittelpunkt rücken, um die Stabilität und wirtschaftliche Attraktivität dieser Konsumentensegmente zu untersuchen und gegebenenfalls differenzierte ökologieorientierte Profilierungsmaßnahmen abzuleiten.

- Auch im Untersuchungsbereich des **ökologieorientierten Handelsverhaltens** zeigen sich gewisse Forschungsdefizite. Es stellt sich die Frage, wie neben dem Fachhandel die weiteren Vertriebsformen die Erfolgsaussichten einer Umweltprofilierung einschätzen, welche ökologieorientierten Basisstrategien sie verfolgen und mit welcher Intensität sie ihr absatz- und beschaffungsseitiges Instrumentarium ökologieorientiert umgestaltet haben. Es sollten dabei vor allem solche Vertriebsformen berücksichtigt werden, die in den letzten Jahren ein vergleichsweise starkes Umsatzwachstum zu verzeichnen hatten und denen in Zukunft überdurchschnittliche Wachstumschancen eingeräumt werden. Darüber hinaus besteht methodenbezogener Forschungsbedarf bei der Operationalisierung ökologieorientierter Basisstrategien im Handel und ihrer Erklärung. Schließlich sollten ökologieorientierte Faktoren Eingang in die im Handelsbereich zunehmend verbreitete Erfolgsfaktorenforschung finden, um den Erfolgsbeitrag einer Umweltorientierung im Handel situationsgerecht zu analysieren.

- Ein weiteres in der Forschung bislang wenig beachtetes Gebiet sind Fragestellungen des **Timings einer ökologieorientierten Profilierung** aus Herstellersicht. Trotz der zur Zeit geringen Erfolgsaussichten einer vorrangig ökologieorientierten Profilierung in der Elektrobranche, ist es denkbar, daß die in einer frühen Phase belegte Position eines Umweltpioniers auf längere Sicht überdurchschnittlich positive Gesamterfolgsbeiträge erwirtschaftet. Deshalb sind angelehnt an die allgemeine Forschung zum Timing von strategischen und operativen Entscheidungen zunächst Einflußfaktoren der ökologieorientierten Timingentscheidung zu systematisieren und empirisch zu validieren. In einer späteren Konkretisierungsstufe könnten ökologieorientierte Kosten- und Ertragskomponenten gegenübergestellt und hinsichtlich ihrer zeitlichen Elastizität miteinander verglichen werden, um zu einem als idealtypisch zu bezeichnenden Optimierungsansatz des Timings der ökologieorientierten Profilierungsentscheidung zu gelangen.

- Schließlich verdienen die in der vorliegenden Arbeit weitgehend ausgeklammerten **Implementierungsaspekte einer ökologieorientierten Profilierung** eine intensivere Beachtung. Es sind theoretisch geeignete organisationsstrukturelle und ablauforganisatorische Optionen zu generieren sowie empirisch zu validieren. Vor diesem Hintergrund sind insbesondere die notwendigen Abstimmungsprozesse im vertikalen Marketing mit dem Handel zu analysieren. In einem erweiterten Kontext sind ferner z.B. bei Recyclingsystemen auch Entsorgungspartner und Lieferanten einzubeziehen.

- Unter vorrangig methodischen Gesichtspunkten sind die Unterschiede und eventuellen **Kombinationsmöglichkeiten von kompositionellen und dekompositionellen Analysemethoden** zur Erfassung von ökologieorientierten Präferenzen eingehender zu untersuchen. Hierbei gilt es, die jeweiligen Vorteile der Verfahren so zu kombinieren, daß ein fundierter Einblick in die ökologieorientierten Anforderungen der Konsumenten und des Handels gewonnen wird und gleichzeitig eine hohe Realitätsnähe gewahrt bleiben kann.

Abstract

"Ecology-oriented profiling in vertical marketing - exemplified by the electrical appliances sector"

Recent years have seen a steadily increasing concern for ecological issues in many branches in the wake of statutory directives, environmentally oriented consumer demands and competitive pressure deriving from ecology-oriented trailblazer enterprises. Against this background, the present study aims to present a comprehensive theoretical and empirical analysis of approaches to ecology-oriented profiling in vertical marketing from the manufacturer's standpoint. In this context the high degree of concern shown by the electrical appliances sector for ecological issues is detailed in Chapter 1 with reference to the general specificities of ecology-oriented profiling.

With respect to the achievement of ecology-oriented profiling with indirect distribution, differentiated assessment of ecology-oriented segments is undertaken in Chapter 2 on both the consumer and the trade side. For consumer segmentation, recourse is taken to ecology-oriented product and business demands. Factors contributing to necessary segment detailing are general product and business demands, ecology-oriented know-how and socioemographic criteria. Overall, the findings of the survey suggest that opportunities for ecology-oriented profiling are to be rated with reserve in all consumer segments.

The subsequent ecology-oriented trade segmentation is based on the ecology-oriented basic strategy of those dealers whose operationalization is based on the prospects of success offered by ecology-oriented profiling. Clustering reveals three ecology-oriented trade segments whose expectations of success are in some cases diametrically opposed. For competitive reasons, however, a virtually uniform ecology-oriented standard has crystallized with respect to both purchasing and sales instruments. Nor can the predicted impact of corporate size on ecology-oriented basic strategy be confirmed. For these reasons, manufacturers of electrical appliances are recommended to confine segment-specific differentiation of ecology-oriented marketing instruments to commercially oriented communication.

Chapter 3 provides an in-depth assessment of strategic and operative aspects of ecology-oriented marketing on the electrical appliances sector. Empirical recording of ecology-oriented profiling measures on this sector reveals that the number of ecology-oriented innovations introduced to date is small despite the relevance of stronger environmental orientation having meanwhile been recognized by manufacturers.

Anhang I:

Ergänzende Abbildungen

Abbildungsverzeichnis des Anhangs I:

Abb. A1: Synopse betriebswirtschaftlicher Profilierungsbegriffe 213
Abb. A2: Ausgewählte Arbeiten zum ökologieorientierten Marketing
im vertikalen Wettbewerb 216
Abb. A3: Systematisierung der Produktbereiche in der Elektrobranche 221
Abb. A4: Korrelationsmatrix der ökologieorientierten
Produktanforderungen 222
Abb. A5: Korrelationsmatrix der ökologieorientierten
Geschäftsanforderungen 223
Abb. A6: Varianzkriterium zur Bestimmung der
Konsumentenclusterzahl auf Grundlage ökologieorientierter
Geschäftsanforderungen 224
Abb. A7: Auswahlkriterien beim Kauf von Elektrogeräten 225
Abb. A8: Wichtigkeit genereller Geschäftsanforderungen
im Zeitvergleich 226
Abb. A9: Produktspezifische Kaufabsichten innerhalb
der nächsten zwei Jahre differenziert nach
ökologieorientierten Konsumentenclustern 227
Abb. A10: Varianzkriterium zur Bestimmung der Handelsclusterzahl
auf Grundlage wahrgenommener Erfolgsaussichten einer öko-
logieorientierten Profilierung 228
Abb. A11: Diskriminanzanalytisch ermittelte Klassifikationsmatrix
zur Überprüfung der Handelstypenbildung auf Grundlage
wahrgenommener Erfolgsaussichten 229
Abb. A12: Kooperationspartner von Elektroherstellern im Umweltschutz 230
Abb. A13: Bewertung der Umweltkompetenz verschiedener
Vertriebsformen aus Herstellersicht differenziert
nach der Produktkategorie 230

Begriff (Autor/Jahr)	Explikation	Differenzierungen/ Kommentare
Unternehmens- profilierung Tietz / 1980	• Unternehmensprofilierung kommt in verschiedenen Marketing- und Managementstrategien zum Ausdruck • Zu den profilierungsrelevanten Marketingkonzepten zählen die Marketingphilosophie, die Segmentierung, die Marktausschöpfungs- strategie, die Internationalisierungs- und die Kooperationsstrategie • Profilierung ist ausgehend von einem Ist-Profil ein Prozeß zur Erreichung eines geplanten Soll-Profils, das aus den Anforderungen der Kunden zu entwickeln ist • Marktforschungsinformationen kommt im Rahmen der Unternehmens- profilierung ein zentraler Stellenwert zu	• Unterscheidung von Ist- und Soll-Profil • Ist-Profil prägt den Unternehmenscode (Unternehmensidentität) • Unternehmungsprofilierung beruht u.a. auf dem situativen Ansatz
Profilierung der Unternehmungs- und Management- philosophie Bleicher / 1994	• Jedes Unternehmen hat die Aufgabe, ein eigenes Profil zu definieren • Unternehmensprofilierung schafft die Grundlage für ein gemeinsames Handeln der Mitarbeiter • Operationalisierung der Unternehmensprofile anhand von acht Skalen der Unternehmungs- und Managementphilosophie • Explizite Berücksichtigung ökologischer Aspekte • Profilierung hat prozessualen Charakter	• Basiskonzept zur Profilierung ist das St. Gallener Management- Konzept • Der Ansatz ist der situativen Organisationstheorie zuzurechnen
Marken- profilierung Meffert / 1992	• Markenpositionierung und -profilierung werden in einen Prozeß integriert • Ausgangspunkt zur Markenprofilierung bildet die Marktsegmentierung • Strategien zur Markenprofilierung sind die Nischenstrategie, die Einbeziehung einer neuen Eigenschaftsdimension sowie die Schaffung eines psychologischen Zusatznutzens • Markenprofilierung kann auch mit ökologischen Produkteigenschaften erreicht werden	• Übertragung und Erweiterung des Ansatzes auf ökologie- orientierte Profilierungskonzepte
Angebots- profilierung Becker / 1993	• Angebotsprofilierung wird durch die Kommunikationspolitik eines Unternehmens erreicht • Ziel ist die Schaffung eines "marktadäquaten Profils" für die Produkte	• Aufgabe der Angebotspolitik ist die Entwicklung marktfähiger Produkte • die Distributionspolitik hat für eine ausreichende Verfüg- barkeit zu sorgen
Marken- profilierung Gussek / 1992	• Alle Marketing Mix-Instrumente können grundsätzlich zur Marken- profilierung beitragen • Einteilung der Instrumente nach ihrer Profilierungsbedeutung erfolgt situativ mittels AHP Verfahren in vier Instrumenteklassen • Heuristische Abgrenzung zwischen den Profilierungsklassen • Die Profilierungsbedeutung wird aus Herstellersicht gemessen	• Verwendung des Begriffes "Marke" synonym zu "Geschäftsfeld" • Grundlage bildet der situative Ansatz • Empirische Untersuchung der Markenprofilierung mittels 206 Interviews bei Konsumgüter- herstellern

Herstellerorientierte Profilierungsansätze

Abb. A1: Synopse betriebswirtschaftlicher Profilierungsbegriffe (Teil 1)

Begriff (Autor/Jahr)	Explikation	Differenzierungen/ Kommentare
Profil-Marketing Oehme / 1992	• Absatzpolitische Maßnahmen zur Generierung eines unverwechselbaren Erscheinungsbildes • Ziel ist die Steigerung der akquisitorischen Wirkung • Einbeziehung branchen- und situationsspezifischer Faktoren notwendig • Innovationen bieten zahlreiche Ansatzpunkte für Profil-Marketing • Wesentlicher Problembereich beim Profil-Marketing bildet die Einschätzung des Konsumentenverhaltens, kann aber durch Marktsegmentierung abgeschwächt werden	• Die Standortpolitik, die Sortimentsgestaltung und die Preispolitik werden explizit ausgeklammert
Betriebstypenprofilierung Heinemann / 1989	• Profilierung besteht aus zwei Bestandteilen, der Inside-Out-, und der Outside-In-Profilierung • Die Abgrenzung, Wahl und Differenzierung von Geschäftsfeldern rechnen zur Inside-Out-Profilierung • Zur Outside-In-Profilierung tragen sämtliche Marketing-Mix-Instrumente bei, dabei können emotions- und kognitionsdominante Strategien verfolgt werden	• Empirische Analyse der Inside-Out- und Outside-In-Profilierung (Erhebungsjahr 1988) • Kombinierte Handels- und Konsumentenbefragung mit Schwerpunkt auf der Profilierung textiler Einzelhandelsgeschäfte
Verkaufsstellenprofilierung Rudolph / 1993	• Basis für eine Profilierung bildet die Positionierung • Entwicklung eines Profilierungsmodells, das Muß-, Soll- und Kannleistungen umfaßt • Ausgestaltung der Profilierungsdimensionen hat sich an der segmentspezifischen Nutzenwahrnehmung der Kunden zu orientieren • Differenzen zwischen Soll- und Ist-Profil verdeutlichen den Handlungsbedarf • Profilierung vollzieht sich durch Schwerpunktsetzung im Marketing-Mix	• Empirische Befragung von Experten und Konsumenten im Lebensmittelhandel
Betriebstypenprofilierung Wöllenstein / 1994	• Gestaltungskonzept von Handelsbetrieben zur Sicherung von Wettbewerbsvorteilen und Erfolgspotentialen • Kerndimensionen einer Profilierung im Handel sind die Erlebnis-, Service- und Leistungsorientierung	• Primär- und sekundärstatistische Analyse in vertraglichen Vertriebssystemen des Automobilhandels

Abb. A1: Synopse betriebswirtschaftlicher Profilierungsbegriffe (Teil 2)

Fundstellenlegende zur Abbildung A1:

Tietz, B.,	Strategien zur Unternehmensprofilierung, in: Marketing ZFP, Heft 4, 1980, S. 251 ff.
Bleicher, K.,	Normatives Management: Politik, Verfassung und Philosophie des Unternehmens, Frankfurt, New York 1994, S. 80 ff.
Meffert, H.,	Strategien zur Profilierung von Marken, in: Marke und Markenartikel, Dichtl, E., Eggers, W. (Hrsg.), München 1992, S. 133 f. und Meffert, H., Strategische Unternehmensführung und Marketing, Wiesbaden 1988, S. 115 ff.
Gussek, F.,	Erfolg in der strategischen Markenführung, Wiesbaden 1992, S. 327 ff.
Oehme, W.,	Handels-Marketing: Entstehung, Aufgabe, Instrumente, 2. Aufl., München 1992, S. 344 ff.
Heinemann, G.,	Betriebstypenprofilierung und Erlebnishandel, Wiesbaden 1989, S. 12 ff.
Rudolph, T.C.,	Positionierungs- und Profilierungsstrategien im europäischen Einzelhandel, St. Gallen 1993, S. 153 ff.
Wöllenstein, S.,	Betriebstypenprofilierung in vertraglichen Vertriebssystemen: Eine Analyse von Einflußfaktoren und Erfolgswirkungen auf der Grundlage eines Vertragshändlersystems im Automobilhandel, Diss., Münster 1995.

Autor(-en)/ Quellen-Hinweis	Untersuchungs-schwerpunkte	Zentrale Ergebnisse	Untersuchungs-methoden
Hansen 1988 - 1992 (1)	• Untersuchung der Stellung des Handels als "ökologischer Gatekeeper" • Durchführung einer Chancen- und Risikenanalyse bei einer Umweltorientierung des Handels • Systematisierung und Beschreibung von Ansatzpunkten eines Umweltmanagement im Handel	• Handel entscheidet im wesentlichen Ausmaß über die Diffusion ökologischer Konzepte • Entwicklung einer Typologie von umweltorientierten Handelsunternehmen • Ökologische Sortimente führen zur Betriebstypendiversifikation • Ökologieorientierte Nachkaufaktivitäten bieten dem Handel zusätzliche Innovationspotentiale • Informationsprobleme erschweren dem Handel die Beurteilung ökologischer Produktqualitäten • Ökologieorientierte Eigenmarken bieten Profilierungspotentiale für den Handel	Literaturbezogene Argumentation gestützt durch Beispiele
Meffert/ Burmann 1991 (2)	• Systematisierung ökologieorientierter Konfliktpotentiale • Darlegung ökologieorientierter Handlungsparameter aus Handelssicht • Ableitung von Auswirkungen auf die vertikale Funktionsverteilung	• Ökologieorientierte Konfliktpotentiale im vertikalen Marketing werden determiniert durch die jeweils verfolgten Basisstrategien im Umweltschutz • Schlüsselproblem für Handel und Hersteller ist die Prognose des umweltorientierten Konsumentenverhaltens • Umweltschutzaufgaben sind kooperativ zu lösen • Die Glaubwürdigkeit des Handels bemißt sich insbesondere an der Sortiments- und Abfallstrategie • Funktions- und Einflußzuwachs auf Seiten des Handels absehbar	Literaturbezogene Argumentation gestützt durch Beispiele
Steger/ Philippi 1992 (3)	• Systematisierung eines absatz- und beschaffungswirtschaftlichen Umweltmanagement im Handel	• Umweltorientierte Potentiale erfordern eine ausgeprägte Marktforschung zu den Bereichen Konsumenten, Industrie und Wettbewerb • Umweltschutz nur effizient durch Kooperation von Handel und Hersteller erreichbar • Machtaspekte spielen eine wesentliche Rolle für die Gestaltung eines Öko-Sortiments im Handel • Möglichkeiten zu effizienten Umweltlösungen durch Orientierung an der Direkten Produkt-Rentabilität • Bedeutung der ökologischen Gate-Keeper Position darf nicht überschätzt werden	Literaturbezogene Argumentation gestützt durch Beispiele

Theoretisch-konzeptionelle Arbeiten

Abb. A2: Ausgewählte Arbeiten zum ökologieorientierten Marketing im vertikalen Wettbewerb (Teil 1)

Autor(-en) Quellen-Hinweis	Untersuchungs-schwerpunkte	Zentrale Ergebnisse	Untersuchungs-methoden
A.C. Nielsen/ Institut für Marketing (4)	• Messung der ökologieorientierten Betroffenheit im vertikalen Vergleich • Vergleich ökologieorientierter Strategien des Handels und der Hersteller • Erhebung ökologieorientierter Maßnahmen • Analyse der erwarteten Funktionsverteilung durch Umweltschutzaktivitäten	• Höchste ökologieorientierte Betroffenheit im vertikalen Marketing durch Umweltgesetze • Kleinere Hersteller sind in besonderer Weise durch ökologieorientierte Forderungen des Handels betroffen • Ökologieorientierte Konflikte steigen deutlich an • Mehrzahl der Handels - und Herstellerunternehmen ist im Umweltschutz defensiv eingestellt • Die vertikale Kooperationsbereitschaft ist bei den Herstellern deutlich stärker ausgeprägt als beim Handel • Fehlende Entsorgungssysteme und eine geringe Preisbereitschaft erschweren die Durchsetzung ökologieorientierter Strategien • Vertikale Kooperationen im Umweltschutz führen 65% der Befragten durch • Handelsunternehmen verspüren ein starkes Informationsdefizit zur Beurteilung der Umweltqualität von Produkten • Kosten- und Technologiebarrieren hemmen ökologieorientierte Kooperationen	Befragung von 127 Unternehmen; davon 49 Handelsunternehmen; ein Drittel der Befragten ist der Elektrobranche zuzurechnen; Befragungsjahr 1992
Belz 1995 (5)	• Absatzstufenübergreifende Analyse ökologischer Belastungen und Ansprüche • Entwicklung einer ökologischen Lebensmitteltypologie • Ansatz zur Ableitung einer "ökologischen Wettbewerbskonzeption"	• Differenzierung zwischen aktuellen, latenten und potentiellen ökologieorientierten Wettbewerbsfeldern • Kooperationen im Umweltschutz zwischen Handel und Herstellern sind situativ auszugestalten und können effizienzsteigernd wirken • Verstärkung des Öko-Wettbewerbs in vertikalen Systemen zu erwarten	Exploration und Deskription auf Grundlage des situativen Forschungsansatzes mittels dreier Fallstudien aus der Lebensmittelbranche (induktives Vorgehen); Untersuchungszeitraum 1992 - 1994

Empirische Untersuchungen

Abb. A2: Ausgewählte Arbeiten zum ökologieorientierten Marketing im vertikalen Wettbewerb (Teil 2)

Autor(-en)/ Quellen-Hinweis	Untersuchungs-schwerpunkte	Zentrale Ergebnisse	Untersuchungs-methoden
Umweltbundesamt (Hrsg.) 1991 (6)	• Einschätzung des ökologieorientierten Verhaltens der Konsumenten und der Hersteller aus Handelssicht • Integration von ökologieorientierten Aspekten in Unternehmensgrundsätze, -philosophie, -strategie und Maßnahmen • Einsatz von Umweltinformationssystemen	• Marktpotential umweltverträglicher Produkte nach Handelseinschätzung noch nicht ausgeschöpft • Wachsendes Marktsegment von Kunden, bei denen ökologische Kriterien kaufrelevant sind • Handel nimmt sehr hohes Informationsbedürfnis der Konsumenten wahr • Handel sieht kein ausreichendes Angebot umweltverträglicher Produkte • Handel schätzt die Abgabepreise der Hersteller für umweltverträglichere Produkte als sehr hoch ein • Lieferverweigerung bei Umweltprodukten erwartet der Handel nicht • Kooperationen in der ökologieorientierten Gestaltung von Verpackungen und Recycling ist bereits die Regel • Umweltschutz wichtiges Kriterium der Lieferantenauswahl und des Sortimentsaufbaus • Deutliche Defizite beim Einsatz von Umweltinformationssystemen	• Standardisierte Interviews von 19 Handelsunternehmen (davon 8 Großhändler) • Befragungsergebnisse haben aufgrund der Stichprobenzahl und einer großen Heterogenität der Befragten lediglich Tendenzcharakter
Trapp 1993 (7)	• Durchführung einer ökologischen Branchenanalyse • Aufzeigen von Ansatzpunkten für Wettbewerbsvorteile im vertikalen Marketing	• Hersteller und noch stärker Handelsunternehmen stehen einer Ökologieorientierung von einigen Ausnahmen abgesehen ignorant gegenüber • Handelsunternehmen und Konsumenten können die tatsächliche Umweltqualität von Elektroprodukten anhand der z.Z. verfügbaren Informationen nur schwer beurteilen • Ökologieorientierte Fragestellungen führen zu einer Erweiterung der Handelsfunktionen aber zu keinen zusätzlichen Konflikten • Vertikale Kooperationen im Umweltschutz können die Effizienz und Effektivität von Herstellern und Handelsunternehmen steigern und besitzen eine hohe Wettbewerbsrelevanz	• Sekundär- und primärstatistische Untersuchung anhand von 31 Expertengesprächen im Bereich der Konsumelektronik Befragungsjahr (1992): • Aufbereitung von 20 Kurzfallstudien

Empirische Untersuchungen

Abb. A2: Ausgewählte Arbeiten zum ökologieorientierten Marketing im vertikalen Wettbewerb (Teil 3)

Autor(-en) Quellen-Hinweis	Untersuchungs- schwerpunkte	Zentrale Ergebnisse	Untersuchungs- methoden
Kull (1995) (8)	• Untersuchung der Stellung des Handels als Diffusionsagent ökologischer Innovationen • Typenbildung von Handelsunternehmen auf Grundlage subjektiver Einschätzungen auf den Dimensionen Verantwortungs- übernahme und ökologische Grundausrichtung • Typenbildung von verantwortlichen Umweltschutzmanagern auf den Dimensionen Verantwortungs- übernahme und privates Einkaufsverhalten	• Handel sieht sich selbst als ökologischer Gatekeeper • Informationsdefizite sind nach Ansicht des Handels verantwortlich für Umweltprobleme • Mangelnde Produktverfügbarkeit und fehlende Informationen erschweren eine Umorientierung im Handel • Interne Barrieren bestehen im Fehlen einer gesicherten Entscheidungsgrundlage trotz großer Informationsflut • Eine ökologiebezogene Zusammenarbeit besteht beim Austausch von Umweltinformationen mit dem Hersteller • Es können vier ökologieorientierte Handlungstypen im Handel identifiziert werden, von denen lediglich 20% der Befragten als Vorreiter im Umweltschutz tätig sind • Bei allen Handelsunternehmen existieren ökologie- orientierte Einkaufsrichtlinien, die lediglich bei 40% der Handelsunternehmen in strenger Form vollzogen werden • Weniger als 10% der Hersteller konnten sich ökologie- orientierten Forderungen des Handels widersetzen • Handel erwartet bei der Listung ökologieorientierter Produktinnovationen kommunikative Unterstützung durch Hersteller- und POS-Werbung • Eine Entwicklung zu ökologieorientierten Betriebs- formen wird nicht erwartet	• 26 persönliche Interviews mittels standardisierten Fragebogen und Interviewleitfaden bei Handelsunter- nehmen aus dem Top50-Unternehmen im Food-Bereich • Separate Dokumen- tation von 3 Fall- studien im Handel in Arbeitspapier Nr. 34

Empirische Untersuchungen

Abb. A2: Ausgewählte Arbeiten zum ökologieorientierten Marketing im vertikalen Wettbe- werb (Teil 4)

Nummer in Abbildung A2	Fundstelle
(1)	Hansen, U., Umweltmanagement im Handel, in: Handbuch des Umweltmanagements, Steger, U. (Hrsg.), München 1992, S. 733 - 755 sowie ihre früheren Ausführungen
(2)	Meffert, H., Burmann, Chr., Umweltschutzstrategien im Spannungsfeld zwischen Hersteller und Handel: Ein Beitrag zum vertikalen Umweltmarketing, Arbeitspapier Nr. 66 der Wissenschaftlichen Gesellschaft für Marketing und Unternehmensführung e.V., Meffert, H., Wagner, H., Backhaus, K. (Hrsg.), Münster 1991
(3)	Steger, U., Philippi, C., Die "gate-keeper"-Funktion des Handels im Hinblick auf umweltverträgliches Wirtschaften, in: Handelsforschung 1991: Erfolgsfaktoren und Strategien, Trommsdorff, V. (Hrsg.), Wiesbaden 1992, S. 193 - 209
(4)	A.C. Nielsen GmbH, Institut für Marketing (Hrsg.), Umweltschutzstrategien im Spannungsfeld zwischen Handel und Hersteller, Frankfurt, Münster 1992
(5)	Umweltbundesamt (Hrsg.), Berichte 11/91: Umweltorientierte Unternehmensführung - Möglichkeiten zur Kostensenkung und Erlössteigerung - Modellvorhaben und Kongress, Berlin 1991, hier insbesondere S. 617 - 662
(6)	Belz, F., Ökologie und Wettbewerbsfähigkeit in der Schweizer Lebensmittelbranche, Bern, Stuttgart, Wien 1995
(7)	Trapp, J.E., Wettbewerbsvorteile durch vertikales Öko-Marketing: Dargestellt am Beispiel der Konsumelektronik, Diss., St. Gallen 1993
(8)	Kull, S., Der Handel als Diffusionsagent ökologischer Innovationen: Ergebnisse einer empirischen Untersuchung bei den Top-50-Unternehmen des Lebensmitteleinzelhandels, Lehr- und Forschungsbericht Nr. 33 des Lehrstuhls Markt und Konsum der Universität Hannover, Hannover 1995

Systematisierung der Produktbereiche in der Elektrobranche	
1. Unterhaltungselektronik	
Audio-Bereich	• Heim-Stereo-Geräte (Tuner, Verstärker, Receiver, Kassettendecks, Kompaktanlagen, Platten- und CD-Spieler, Lautsprecherboxen) • General-Audio-Geräte[1] (Kofferradios, Uhrenradios, Radiorekorder, Stereo-Pockets) • Tonträger • Zubehör
Video-Bereich	• Videorecorder • Videoplayer • Camcorder • Videokassetten
2. Haushaltsgeräte	
Elektrogroßgeräte	• Kochgeräte (Herde, Mikrowellen, Dunstabzugshauben) • Kältegeräte (Kühlschränke, Gefrierschränke, Kombinationen) • Geschirrspülmaschinen • Waschgeräte (Vollautomaten, Schleudern, Trockner, Bügelmaschinen)
Elektrokleingeräte	• Bodenpflege • Personal Care • Küchengeräte • Back- und Bratgeräte • Kochen/Wärmen • Bügeleisen • Heizkissen/-decken

Abb. A3: **Systematisierung der Produktbereiche in der Elektrobranche**

---

[1] Tragbare Geräte werden auch als Henkelware bezeichnet.

Korrelations-koeffizient nach Pearson	Mehrweg-ver-packung	hohe Reparatur-freund-lichkeit	hohe Lebens-dauer	lange garantierte Lieferbar-keit von Ersatz-teilen	gerin-ger Ver-packungs-aufwand	gutes ökologie-orientiertes Testurteil in Fachzeit-schriften	niedriger Energie-verbrauch	gutes Um-weltimage des Her-stellers bzw. der Marke	glaubwür-dige Ent-sorgungs-garantie des Her-stellers	umwelt-orientierte Hersteller-werbung	gute Öko-bilanzen des Her-stellers
Mehrwegverpackung	1										
hohe Reparatur-freundlichkeit	0,2877	1									
hohe Lebensdauer	0,1729	0,5808	1								
lange garantierte Lieferbarkeit von Ersatzteilen	0,2057	0,5809	0,6286	1							
geringer Verpackungs-aufwand	0,4969	0,3058	0,2781	0,3387	1						
gutes ökologieorien-tiertes Testurteil in Fachzeitschriften	0,2677	0,2412	0,2493	0,2900	0,3601	1					
niedriger Energie-verbrauch	0,2142	0,4404	0,5958	0,4701	0,3556	0,3072	1				
gutes Umweltimage des Herstellers bzw. der Marke	0,4347	0,2682	0,2562	0,2587	0,4016	0,4324	0,3389	1			
glaubwürdige Ent-sorgungsgarantie des Herstellers	0,4373	0,2900	0,3372	0,3343	0,4946	0,3443	0,3830	0,5894	1		
umweltorientierte Herstellerwerbung	0,4067	0,2140	0,1533	0,2358	0,3834	0,3663	0,2229	0,6349	0,5303	1	
gute Ökobilanzen des Herstellers	0,4285	0,2365	0,1575	0,2243	0,4006	0,3889	0,2291	0,6395	0,5671	0,6834	1

Alle Korrelationen hochsignifikant $\alpha < 0,001$

Abb. A4: Korrelationsmatrix der ökologieorientierten Produktanforderungen

Korrelations-koeffizient nach Pearson	breite Auswahl umweltfreundl. Geräte	Hinweis auf umweltfreundl. Geräte	Hervor-hebung umweltfreundl. Geräte im Regal	Zusammen-stellung umweltfreundl. Geräte in einer "Öko-Ecke"	Ladenge-staltung als "Öko-Geschäft"	Umwelt-orientierte Aktionen	Angebot gebrauchter Elektrogeräte	Hervor-hebung umweltfreundl. Geräte in d. Werbung	Über-prüfung+Garantie fachkundiger Entsorgung	Angebot umwelt-orientierter Services
breite Auswahl umweltfreundlicher Geräte	1									
Hinweis auf umweltfreundliche Geräte	0,7963	1								
Hervorhebung umweltfreundlicher Geräte im Regal	0,6790	0,7277	1							
Zusammenstellung umweltfreundl. Geräte in einer "Öko-Ecke"	0,4822	0,5180	0,6093	1						
Ladengestaltung als "Öko-Geschäft"	0,5053	0,5181	0,6036	0,7282	1					
umweltorientierte Aktionen	0,5577	0,5645	0,6126	0,6364	0,6934	1				
Angebot gebrauchter Elektrogeräte	0,1839	0,1941	0,2283	0,2712	0,3435	0,3606	1			
Hervorhebung umweltfreundlicher Geräte in der Werbung	0,5549	0,5943	0,6555	0,5437	0,5756	0,6349	0,3189	1		
Überprüfung+Garantie fachkund. Entsorgung	0,5382	0,5608	0,5281	0,3500	0,3391	0,4253	0,1952	0,5230	1	
Angebot umwelt-orientierter Services	0,4739	0,4829	0,4877	0,4360	0,4046	0,4875	0,2398	0,4633	0,5316	1

Alle Korrelationen hochsignifikant $\alpha < 0,001$

Abb. A5: Korrelationsmatrix der ökologieorientierten Geschäftsanforderungen

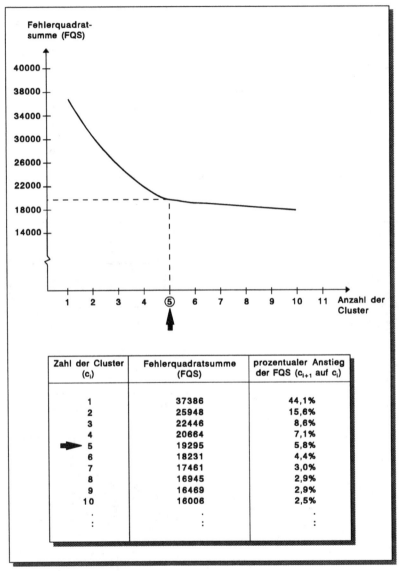

Abb. A6: Varianzkriterium zur Bestimmung der Konsumentenclusterzahl auf Grundlage ökologieorientierter Geschäftsanforderungen

RANG	Wichtigste Gründe für die Geräteauswahl	Antworthäufigkeit in %
1	Niedriger Wasserverbrauch	77,3
2	Zuverlässigkeit, lange Lebensdauer	72,8
3	Niedriger Verbrauch an Wasser, Wasch- oder Spülmitteln	65,3
4	Umweltverträglichkeit	56,0
5	Gute Gebrauchseigenschaften, Bedienungsfreundlichkeit	53,9
6	Zuverlässiger Kundendienst	48,3
7	Günstiger Anschaffungspreis	44,3
8	Markenqualität	42,1
9	Gute Testergebnisse	41,8
10	Gutes Design/Aussehen	11,3

Anmerkung: Umfrage bei 75.000 Haushaltskunden 1991

Abb. A7: Auswahlkriterien beim Kauf von Elektrogeräten (Quelle: VDEW e.V. Hrsg., Ergebnisse der Haushaltskundenbefragung 1991, Frankfurt am Main 1992, S. 48)

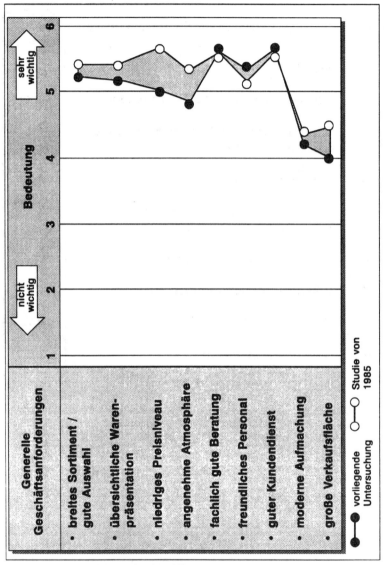

Abb. A8: Wichtigkeit genereller Geschäftsanforderungen im Zeitvergleich

Kaufabsicht innerhalb der nächsten 2 Jahre im Produktbereich...	Konsumentenanteil mit Kaufabsicht innerhalb Gesamtstichprobe (= Basiswert)	Index der Kaufabsicht beim			
		Durchschnittlichen Umweltkäufer	Selektiven Umweltkäufer	Anspruchs- vollen Umwelt- käufer	Umwelt- ignoranten Käufer
Unterhaltungselektronik					
Fernsehgerät	21,1%	120	87	103	84
Videorecorder	19,2%	104	94	95	82
Hifi-Anlage	14,1%	85	65	70	125
tragbares Radio	12,2%	83	40	102	57
Autoradio	10,6%	127	61	78	99
Mobiltelefon, Fax, Anrufbeantworter	8,9%	99	93	96	99
Haushaltsgeräte					
Waschmaschine	15,5%	75	103	79	148
Wäschetrockner	5,8%	78	143	124	136
Geschirrspülautomat	6,5%	129	98	92	58
Kühlschrank	17,2%	100	115	48	90
Mikrowelle	13,6%	64	129	96	152
Elektrische Kleingeräte	39,4%	93	112	98	125
Globaler Bewertungsindex		96	96	89	107

Abb. A9: Produktspezifische Kaufabsichten innerhalb der nächsten zwei Jahre differenziert nach ökologieorientierten Konsumentenclustern

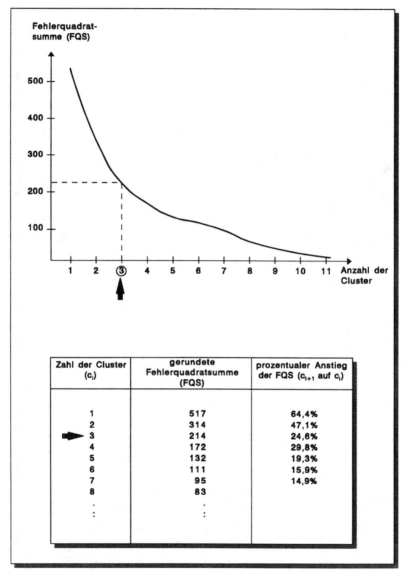

Abb. A10: Varianzkriterium zur Bestimmung der Handelsclusterzahl auf Grundlage wahrgenommener Erfolgsaussichten einer ökologieorientierten Profilierung

	Umwelt-opportunisten	Umwelt-zögerer	Umwelt-aktivisten
Umwelt-opportunisten	83,3%		16,7%
Umwelt-zögerer		96,6%	3,4%
Umwelt-aktivisten			100%

Anteil richtig klassifizierter Fälle = 95,51%

(Zeilen: Durch Clusteranalyse vorgegebene Gruppenzugehörigkeit; Spalten: Durch Diskriminanzfunktionen geschätzte Gruppenzugehörigkeit)

Abb. A11: Diskriminanzanalytisch ermittelte Klassifikationsmatrix zur Überprüfung der Handelstypenbildung auf Grundlage wahrgenommener Erfolgsaussichten

Kooperation im Umweltschutz mit ...

• Verbraucherschutzgruppen	23,4%	• Firmenanwohner	6,4%
• Behörden Verwaltung	34,0%	• Lieferanten	48,9%
• Einzelhandelsverband	17,0%	• andere Hersteller	29,8%
• Einkaufskooperation des Handels	36,2%	• Medien	14,9%
• Großhandel	23,4%	keine Zusammenarbeit im Umweltschutz	27,7%
• Einzelhandel	29,8%		

in % aller Hersteller — Mehrfachnennungen

Abb. A12: Kooperationspartner von Elektroherstellern im Umweltschutz

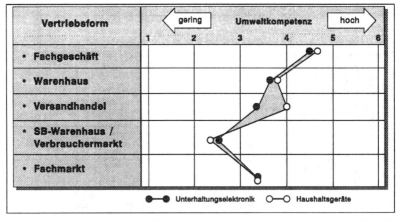

Abb. A13: Bewertung der Umweltkompetenz verschiedener Vertriebsformen aus Herstellersicht differenziert nach der Produktkategorie

Anhang II:

Fragebögen der empirischen Untersuchung

Fragebogen zur Konsumentenbefragung
Unterhaltungselektronik/Haushaltsgeräte

> 1. Jetzt möchte ich mit Ihnen über Produkte der Unterhaltungselektronik sprechen. Zu den Produkten der Unterhaltungselektronik gehören Fernsehgeräte, Videorecorder, CD-Player, Radios und HiFi-Anlagen. Haben Sie schon mal davon gehört oder gelesen, daß solche Produkte der Unterhaltungselektronik mit Umweltproblemen in Zusammenhang gebracht wurden?

Ja, auf jeden Fall   o
Ja, vielleicht   o
Nein, eigentlich nicht   o
Nein, auf keinen Fall   o

> Überlegen Sie bitte einmal, um welche Produkte der Unterhaltungselektronik es dabei ging, und mit welchen Umweltproblemen sie in Verbindung gebracht wurden!

_____

_____

> 2. Wenn Sie persönlich Produkte der Unterhaltungselektronik kaufen wollen, wie wichtig sind Ihnen dann die folgenden Anforderungen? Sagen Sie es bitte jeweils mit Hilfe einer 6er-Skala, wobei 1 bedeutet 'das ist mir überhaupt nicht wichtig' und die 6 bedeutet 'das ist mir sehr wichtig'. Mit den Werten dazwischen können Sie Ihr Urteil abstufen.

Int.: Bitte Liste 50 vorlegen

Wie wichtig ist Ihnen...

	überhaupt nicht wichtig				sehr wichtig	
	1	2	3	4	5	6
- hohe Qualität	o	o	o	o	o	o
- angesehener Markenname	o	o	o	o	o	o
- günstiger Preis	o	o	o	o	o	o
- Zuverlässigkeit	o	o	o	o	o	o
- lange Lebensdauer	o	o	o	o	o	o
- Reparaturfreundlichkeit	o	o	o	o	o	o
- Umweltfreundlichkeit	o	o	o	o	o	o

(Frage 2 Fortsetzung)

Wie wichtig ist Ihnen... überhaupt   sehr
                      nicht wichtig   wichtig
                       1   2   3   4   5   6

- Wirtschaftlichkeit (z.B. niedri-
  ger Stromverbrauch, etc.)   o   o   o   o   o   o
- ansprechendes Design/ Aussehen o   o   o   o   o   o
- in Deutschland hergestellt o   o   o   o   o   o
- technisch auf dem neuesten
  Stand   o   o   o   o   o   o
- einfache Bedienung   o   o   o   o   o   o
- umfassende Garantieleistungen o   o   o   o   o   o

3. Wenn man Produkte der Unterhaltungselektronik kaufen will, kann man das in verschiedenen Arten von Geschäften tun. Wie wichtig ist es Ihnen, daß ein Geschäft, in dem Sie solche Produkte kaufen, die folgenden Punkte erfüllt? Sagen Sie es bitte wieder mit Hilfe dieser Skala.

Int.: Bitte Liste 50 vorlegen   überhaupt   sehr
                              nicht wichtig   wichtig
Wie wichtig ist Ihnen...   1   2   3   4   5   6

- ein breites Sortiment, gute Auswahl   o   o   o   o   o   o
- eine übersichtliche Warenpräsentation   o   o   o   o   o   o
- ein niedriges Preisniveau   o   o   o   o   o   o
- eine angenehme Atmosphäre   o   o   o   o   o   o
- eine fachlich gute Beratung   o   o   o   o   o   o
- die Freundlichkeit des Personals   o   o   o   o   o   o
- die Attraktivität der Geschäftsräume   o   o   o   o   o   o
- ein unverwechselbarer Stil   o   o   o   o   o   o
- die Umweltschutz-Anstengungen
  des Geschäfts   o   o   o   o   o   o
- ein guter Kundendienst   o   o   o   o   o   o
- eine moderne Aufmachung   o   o   o   o   o   o
- eine natürlich-ökologische
  Ladengestaltung   o   o   o   o   o   o
- eine große Verkaufsfläche   o   o   o   o   o   o

(Frage 3 Fortsetzung)

	überhaupt nicht wichtig				sehr wichtig	
Wie wichtig ist Ihnen...	1	2	3	4	5	6
- ein bequem erreichbarer Standort	o	o	o	o	o	o
- gute Parkmöglichkeiten	o	o	o	o	o	o

4. Jetzt möchte ich noch einmal gesondert auf die Umweltanstrengungen von Geschäften eingehen, in denen man Produkte der Unterhaltungselektronik kaufen kann. Wie wichtig sind Ihnen die folgenden Punkte? Sagen Sie es bitte wieder mit Hilfe dieser Skala.

Int.: Bitte Liste 50 vorlegen

	überhaupt nicht wichtig				sehr wichtig	
Wie wichtig ist es Ihnen,...	1	2	3	4	5	6
-daß es eine breite Auswahl umweltfreundlicher Produkte im Geschäft gibt	o	o	o	o	o	o
-daß die Verkäufer/-innen Sie stets auf umweltfreundliche Produkte hinweisen	o	o	o	o	o	o
-daß umweltfreundliche Produkte in den Regalen besonders hervorgehoben werden	o	o	o	o	o	o
-daß alle umweltfreundlichen Produkte in einer "Öko-Ecke" zusammengestellt werden	o	o	o	o	o	o
-daß die Ladengestaltung schon von weitem deutlich macht, daß es ein "Öko-Geschäft" ist	o	o	o	o	o	o
-daß häufig interessante umweltorientierte Aktionen durchgeführt werden	o	o	o	o	o	o
-daß auch gebrauchte Produkte angeboten werden	o	o	o	o	o	o

(Frage 4 Fortsetzung)

Wie wichtig ist es Ihnen,...

	überhaupt nicht wichtig					sehr wichtig
	1	2	3	4	5	6
-daß umweltfreundliche Produkte in der Werbung des Handels besonders hervorgehoben werden	o	o	o	o	o	o
-daß das Geschäft die tatsächliche Entsorgung und das richtige Recycling der von ihm zurückgenommenen Verpackungen und Altgeräte selbst überprüft und garantiert	o	o	o	o	o	o
-daß umweltorientierte Serviceleistungen, wie z.B.Verbrauchsmessungen beim Kunden zu Hause, angeboten werden	o	o	o	o	o	o

5. Bitte beurteilen Sie nun die Umweltschutz-Anstrengungen der im folgenden genannten Arten von Geschäften mit dieser Skala. Die 1 bedeutet, daß diese Art von Geschäften sehr wenig für den Umweltschutz tut und die 6 bedeutet, daß diese Art von Geschäften sehr viel für den Umweltschutz tut.

Int.: Bitte Liste 51 vorlegen

	tut sehr wenig					tut sehr viel
	für den Umweltschutz					
	1	2	3	4	5	6
a) Fachgeschäfte	o	o	o	o	o	o
b) Warenhäuser (Karstadt, Kaufhof etc.)	o	o	o	o	o	o
c) Versandhandel (Quelle, Otto etc.)	o	o	o	o	o	o
d) SB Warenhäuser/Verbrauchermärkte (Massa, Realkauf, Allkauf, Plaza, Divi, Globus)	o	o	o	o	o	o
e) Fachmärkte (Media Markt, Saturn Hansa, Schürmann, Pro-Markt,Schaulandt etc.)	o	o	o	o	o	o

6. Was machen Sie mit Verpackungen, die beim Kauf von Produkten der Unterhaltungselektronik anfallen? Was von dieser Liste trifft auf Sie zu?

Int.: Bitte Liste 52 vorlegen

	Trifft zu	Trifft nicht zu
- Ich bewahre die Verpackungen neu gekaufter Geräte sorgfältig auf, damit ich sie wieder benutzen kann, wenn ein Garantiefall oder eine Reparatur fällig ist	o	o
- Ich trenne die Verpackungen nach den verschiedenen Bestandteilen und entsorge sie getrennt (z.B. Papier in den Altpapiercontainer)	o	o
- Ich gebe die Verpackungen komplett in die Mülltonne	o	o
- Ich lasse die Verpackung im Geschäft oder gebe sie dem Monteur wieder mit	o	o
- Ich stelle die Verpackungen zur nächsten Sperrmüllsammlung	o	o

7. **Stellen Sie sich nun bitte vor, Sie wollten zwei Produkte der Unterhaltungselektronik, z.B. zwei Fernsehgeräte, hinsichtlich ihrer Umwelt- freundlichkeit miteinander vergleichen. Wie wichtig sind Ihnen die folgenden Punkte für die Beurteilung der Umweltfreundlichkeit von Geräten? Sagen Sie es bitte wieder mit Hilfe dieser Skala.**

```
                         überhaupt              sehr
                        nicht wichtig          wichtig
                         1   2   3   4   5   6
```

Wie wichtig ist es Ihnen,...

- die wiederverwendbare Mehrwegverpackung
  der Geräte   o   o   o   o   o   o
- eine hohe Reparaturfreundlichkeit
  der Geräte   o   o   o   o   o   o
- eine hohe Lebensdauer   o   o   o   o   o   o
- eine lange garantierte Lieferbarkeit
  von Ersatzteilen   o   o   o   o   o   o
- ein geringer Verpackungsaufwand   o   o   o   o   o   o
- ein gutes ökologieorientiertes Testurteil
  in Fachzeitschriften   o   o   o   o   o   o
- ein niedriger Energieverbrauch   o   o   o   o   o   o
- ein gutes Umweltimage des Herstellers
  bzw. der Marke   o   o   o   o   o   o
- eine glaubwürdige Entsorgungsgarantie
  des Herstellers   o   o   o   o   o   o
- eine umweltorientierte Werbung
  des Herstellers   o   o   o   o   o   o
- gute Ökobilanzen des Herstellers   o   o   o   o   o   o
- Sonstige Punkte: _____   o   o   o   o   o   o

8.	Wenn Sie ein Produkt der Unterhaltungselektronik, z.B. einen Fernseher kaufen wollten, in welcher Art von Geschäften würden Sie das wahrscheinlich tun? Bitte nennen Sie nur eine Geschäftsart von dieser Liste.

a) Fachgeschäfte   o
b) Warenhäuser (Karstadt, Kaufhof etc.)   o
c) Versandhandel (Quelle, Otto etc.)   o
d) SB Warenhäuser/Verbrauchermärkte (Massa,
   Realkauf, Allkauf, Plaza, Divi,
   Globus etc.)   o
e) Fachmärkte (Media Markt, Saturn Hansa,Diehl,
   Schürmann, Pro-Markt,Schaulandt etc.)   o

9.	Wann haben Sie zum letzten Mal ein elektrisches Haushaltsgerät gekauft? Was von dieser Liste trifft zu?

- 1992 zu Weihnachten   o
- im letzten halben Jahr   o
- im letzten Jahr   o
- vor zwei Jahren   o
- vor drei bis fünf Jahren   o
- ist mehr als fünf Jahre her   o

10.	Haben Sie vor, die folgenden Produkte der Unterhaltungselektronik neu zu kaufen und falls ja, noch in diesem Jahr oder in 1 bis 2 Jahren?

	Neukauf in diesem Jahr	Neukauf in 1 bis 2 Jahren	kein Neukauf
Fersehgerät	o	o	o
Videorecorder	o	o	o
HiFi-Anlage	o	o	o
tragbares Radio	o	o	o

(Frage 10 Fortsetzung)

	Neukauf in diesem Jahr	Neukauf in 1 bis 2 Jahren	kein Neukauf
Autoradio	o	o	o
Mobiltelefon, Fax, Anrufbeantworter	o	o	o

11. Bitte nennen Sie mir nun noch alle Hersteller von Produkte der Unterhaltungselektronik, die sich Ihrer Meinung nach besonders für die Umweltfreundlichkeit ihrer Produkte und Verpackungen einsetzen. Welche Hersteller von elektrischen Produkte der Unterhaltungselektronik sind Ihnen in letzter Zeit wegen ihrer Anstrengungen für den Umweltschutz aufgefallen?

1. _____
2. _____
3. _____

Anmerkung:
Bei der <u>Haushaltsgerätebefragung</u> wurden jeweils die Beispielsgeräte in den Fragen ausgewechselt. Ansonsten wurden die Fragen weder formal noch inhaltlich abgewandelt. Lediglich in Frage 10 wurden folgende Produktbeispiele erhoben: Waschmaschine, Wäschetrockner, Geschirrspülautomat, Kühlschrank, Mikrowelle und Elektrische Kleingeräte.

Fragebogen zur Fachhandelsbefragung

Fachhandelskompetenz im Umweltschutz

Zur Bearbeitung des Fragebogens möchten wir Ihnen noch einige Hinweise geben.

Bei einigen Fragen sollen Sie anhand einer Punkteskala z.B. die Wichtigkeit einer Aussage bewerten. Im nachfolgenden Beispiel können Punkte zwischen 1 (unwichtig) und 6 (sehr wichtig) vergeben werden. Mit den Werten dazwischen können Sie Ihr Urteil abstufen.

Beispiel 1:

Zur Verringerung des Hausmüllaufkommens können verschiedene Maßnahmen getroffen werden. Beurteilen Sie, wie wichtig Ihnen die folgenden Maßnahmen erscheinen, um das Hausmüllaufkommen zu begrenzen.

	unwichtig					sehr wichtig
	1	2	3	4	5	6
- Einführung von Mehrwegverpackungen	o	o	o	⊠	o	o
- ..usw.	o	o	o	o	o	o

Bei anderen Fragen werden z.B. nur ein oder zwei Antwortmöglichkeiten vorgegeben. Kreuzen Sie bei solchen Fragen bitte das jeweils Zutreffende an.

Zu einigen Fragen werden Sie gebeten, Ihre individuellen Antworten handschriftlich in den dafür vorgesehenen Zeilen zu vermerken. Im nachfolgenden Beispiel haben wir eine solche Frage dargestellt.

Beispiel 2:

Welche umweltverträglichen Produkte im Bereich weiße Ware führen Sie in Ihrem Sortiment?

1. *Kühlschrank ohne FCKW*  2. ....

Für Ihre Mitarbeit möchten wir uns an dieser Stelle herzlich bedanken!

1. Nehmen wir einmal an, Sie sollen zwei Geräte aus dem Bereich *braune Ware* (z.B. Fernseher) dahingehend beurteilen, welches von beiden umweltverträglicher ist. Geben Sie für die nachfolgend aufgeführten Kriterien an, wie wichtig diese für Ihre Beurteilung sind. Geben Sie bitte für jedes Kriterium, seiner Wichtigkeit entsprechend, Punktwerte zwischen 1 (unwichtig) und 6 (sehr wichtig) an.

	unwichtig				sehr wichtig	
	1	2	3	4	5	6
- Mehrwegverpackung	o	o	o	o	o	o
- Reparaturfreundlichkeit des Gerätes	o	o	o	o	o	o
- Lebensdauer des Gerätes	o	o	o	o	o	o
- Dauer der Lieferbarkeit von Ersatzteilen	o	o	o	o	o	o
- Verpackungsaufwand/-material	o	o	o	o	o	o
- Gebrauchsanweisungen	o	o	o	o	o	o
- Testurteile in Fachzeitschriften	o	o	o	o	o	o
- Energieverbrauch	o	o	o	o	o	o
- Umweltimage des Herstellers/der Marke	o	o	o	o	o	o
- Entsorgungsgarantie des Herstellers	o	o	o	o	o	o
- Umweltorientierte Werbung des Herstellers	o	o	o	o	o	o
- Ökobilanzen des Herstellers	o	o	o	o	o	o

2. Nehmen wir einmal an, Sie sollen zwei Geräte aus dem Bereich *weiße Ware* (z.B. Waschmaschinen) dahingehend beurteilen, welches von beiden umweltverträglicher ist. Geben Sie für die nachfolgend aufgeführten Kriterien an, wie wichtig diese für Ihre Beurteilung sind. Geben Sie bitte für jedes Kriterium, seiner Wichtigkeit entsprechend, Punktwerte zwischen 1 (unwichtig) und 6 (sehr wichtig) an.

	unwichtig				sehr wichtig	
	1	2	3	4	5	6
- Mehrwegverpackung	o	o	o	o	o	o
- Reparaturfreundlichkeit des Gerätes	o	o	o	o	o	o
- Lebensdauer des Gerätes	o	o	o	o	o	o
- Dauer der Lieferbarkeit von Ersatzteilen	o	o	o	o	o	o
- Verpackungsaufwand/-material	o	o	o	o	o	o
- Gebrauchsanweisungen	o	o	o	o	o	o
- Testurteile in Fachzeitschriften	o	o	o	o	o	o
- Energieverbrauch	o	o	o	o	o	o
- Umweltimage des Herstellers/der Marke	o	o	o	o	o	o
- Entsorgungsgarantie des Herstellers	o	o	o	o	o	o
- Umweltorientierte Werbung des Herstellers	o	o	o	o	o	o
- Ökobilanzen des Herstellers	o	o	o	o	o	o

3. Sind Sie der Meinung, daß es für ein RF- bzw. Elektrofachgeschäft erfolgversprechend sein könnte, den Umweltschutz besonders in den Vordergrund zu stellen? Bewerten Sie bitte die Erfolgsaussichten durch die Vergabe von Punkten zwischen 1 (Erfolgsaussichten klein) und 6 (Erfolgsaussichten groß).

Nein   o   (weiter mit Frage 4)

Ja, und ich bewerte die Erfolgsaussichten   o

	klein					groß
	1	2	3	4	5	6
- kurzfristig	o	o	o	o	o	o
- mittelfristig (1-2 Jahre)	o	o	o	o	o	o
- langfristig	o	o	o	o	o	o

4. Bieten Sie in Ihrem Sortiment zur Zeit Produkte an, die als besonders umweltfreundlich deklariert sind? (Zutreffendes ankreuzen!)

                                         ja

- Ja, ich führe solche Produkte.   o   (weiter mit Frage 5)

- Nein, aber ich beabsichtige solche Produkte demnächst
in mein Sortiment aufzunehmen.   o   (weiter mit Frage 5)

- Nein, und ich werde solche Produkte in absehbarer Zeit
auch nicht in mein Sortiment aufnehmen.   o   (weiter mit Frage 6)

- Nein, ich kenne keine solchen Produkte.   o   (weiter mit Frage 6)

5. In welchen Warengruppen führen Sie solche Produkte bzw. planen Sie die Aufnahme dieser Produkte in Ihr Sortiment? Falls Sie in den nachfolgend aufgeführten Warengruppen solche besonders umweltfreundlichen Produkte führen bzw. führen werden, kreuzen Sie bitte "ja" an und nennen Sie als Beispiel ein exemplarisches Produkt einschließlich Hersteller.

Warengruppe	ja	Produkt- und Herstellerbezeichnung
-Fernseher	o	....
-Video	o	....
-HiFi	o	....
-Henkelware	o	....
-Autoradio	o	....
-Zubehör	o	....
-Kommunikationselektronik	o	....
-Elektrokleingeräte	o	....
-Elektrogroßgeräte	o	....
-Sonstiges:	o	....

6. Denken Sie einmal an die besonderen Stärken Ihres Betriebs im Vergleich zu Ihren Wettbewerbern (z.B. breite Auswahl, große Verkaufsfläche, leistungsfähige Werkstatt, interessante Werbung usw.)! Wie wichtig ist dabei der Umweltschutz für Ihren Betrieb heute? Nennen Sie bitte die Stärken Ihres Betriebs und kreuzen Sie den entsprechenden Rangplatz an. Ordnen Sie dabei auch dem Umweltschutz, entsprechend seiner Wichtigkeit, einen Rangplatz zu.

Stärke des eigenen Betriebs	Rang 1	Rang 2	Rang 3	Rang 4
....	o	o	o	o
....	o	o	o	o
....	o	o	o	o
Umweltschutz	o	o	o	o

7. Welche der nachfolgend aufgeführten Serviceleistungen im Umweltschutz bieten Sie zur Zeit an? Geben Sie darüber hinaus an, für welche Waren(gruppen) Sie diese Leistungen erbringen.

Serviceleistung	ja	Waren(gruppen)
Produktberatung über Umweltverträglichkeit	o	....
Rücknahme von Altgeräten		
- Kostenlos bei Neukauf	o	....
- Gegen Gebühr bei Neukauf	o	....
- Kostenlos ohne Neukauf	o	....
- Gegen Gebühr ohne Neukauf	o	....
Kostenlose Entsorgungsgarantie	o	....
Entsorgungsgarantie gegen Gebühr	o	....
Sonstiges:	o	....

8. Welche umweltfreundlichen Produkte bzw. Produktvarianten würden Sie sich von Unterhaltungselektronik- und Elektrogeräteherstellern möglichst bald wünschen? Nennen Sie die drei für Sie wichtigsten Produkte jeweils für braune und weiße Ware.

braune Ware   weiße Ware

1. ....   1. ....
2. ....   2. ....
3. ....   3. ....

9. Wird sich Ihrer Meinung nach durch die neuen Umweltgesetze das Kaufverhalten Ihrer Kunden in den nächsten 1-2 Jahren ändern? Beurteilen Sie die Veränderungen getrennt für jeden Ihrer Sortimentsbereiche.

	trifft nicht zu				trifft sehr zu	
Erwartete Verhaltensänderung	1	2	3	4	5	6
-Fernseher	o	o	o	o	o	o
-Video	o	o	o	o	o	o
-HiFi	o	o	o	o	o	o
-Henkelware	o	o	o	o	o	o
-Autoradio	o	o	o	o	o	o
-Zubehör	o	o	o	o	o	o
-Kommunikationselektronik	o	o	o	o	o	o
-Elektrokleingeräte	o	o	o	o	o	o
-Elektrogroßgeräte	o	o	o	o	o	o
-Sonstiges:	o	o	o	o	o	o

10. Beurteilen Sie das Verhalten der Industrie hinsichtlich umweltverträglicher Produkte und umweltorientierter Serviceleistungen. Inwieweit treffen die folgenden Aussagen Ihrer Meinung nach zu?

	trifft nicht zu				trifft sehr zu	
	1	2	3	4	5	6
- Die Hersteller stellen dem Handel zu wenig Informationen über die Umweltverträglichkeit Ihrer Produkte zur Verfügung	o	o	o	o	o	o
- In den nächsten Jahren werden die Hersteller wahrscheinlich zahlreiche wirklich umweltverträgliche Produktneuheiten auf den Markt bringen.	o	o	o	o	o	o
- Die meisten bislang angebotenen Produkte könnten von den Herstellern ohne große Probleme durch umweltverträgliche Varianten ersetzt werden.						
braune Ware	o	o	o	o	o	o
weiße Ware	o	o	o	o	o	o
- Die Industrie tut im Umweltschutz meist nur das was das Gesetz vorschreibt.	o	o	o	o	o	o
- Hersteller mit umweltverträglichen Produkten haben zukünftig bessere Absatzchancen als die Wettbewerber.	o	o	o	o	o	o

11. Nehmen wir einmal an, Sie könnten für Ihren Betrieb durch den Verkauf von besonders umweltverträglichen Produkten ein herausragendes Umweltimage aufbauen. Wären Sie bereit, den Verkauf von besonders umweltverträglichen Produkten zu fördern, auch wenn diese mit etwas knapperer Handelsspanne kalkuliert wären?

	stimmt	stimmt nicht
-Nein, wäre grundsätzlich nicht dazu bereit	o	o
-Ja, wäre uneingeschränkt dazu bereit	o	o
-Ja, aber nur für folgende Warengruppen		
-Fernseher	o	o
-Video	o	o
-HiFi	o	o
-Henkelware	o	o
-Autoradio	o	o
-Zubehör	o	o
-Kommunikationselektronik	o	o
-Elektrokleingeräte	o	o
-Elektrogroßgeräte	o	o
-Sonstiges:	o	o

Fragebogen zur Herstellerbefragung

Ökologieorientierung in der Elektrobranche

Zur Bearbeitung des Fragebogens möchten wir Ihnen noch einige Hinweise geben.

Bei einigen Fragen sollen Sie anhand einer Punkteskala angeben, inwieweit eine Aussage Ihrer Meinung nach zutrifft. Im nachfolgenden Beispiel können Punkte zwischen 1 (trifft nicht zu) und 6 (trifft sehr zu) vergeben werden. Mit den Werten dazwischen können Sie Ihr Urteil abstufen.

Beispiel 1:

Zur Verringerung des Hausmüllaufkommens können verschiedene Maßnahmen getroffen werden. Beurteilen Sie, inwieweit die Aussagen über folgende Maßnahmen zutreffend sind.

	trifft nicht zu					trifft sehr zu
	1	2	3	4	5	6
- Die Einführung von Mehrwegverpackungen würde das Hausmüllaufkommen wesentlich verringern.	o	o	o	X	o	o

Bei anderen Fragen werden z.B. nur ein oder zwei Antwortmöglichkeiten vorgegeben. Kreuzen Sie bei solchen Fragen bitte das jeweils Zutreffende an.

Zu einigen Fragen werden Sie gebeten, Ihre individuellen Antworten handschriftlich in den dafür vorgesehenen Zeilen zu vermerken. Im nachfolgenden Beispiel haben wir eine solche Frage gestellt.

Beispiel 2:

Welche umweltverträglichen Produkte im Bereich weiße Ware werden von Ihnen produziert bzw. geliefert?

1. ......Kühlschrank ohne FCKW ....   2. ....

Für Ihre Mitarbeit möchten wir uns an dieser Stelle herzlich bedanken !

Wichtige Anmerkung:

Bitte beantworten Sie die folgenden Fragen nur im Hinblick auf Ihren Geschäftsbereich
Unterhaltungselektronik bzw. Haushaltsgeräte.

1. Welche Bedeutung hat Ihrer Meinung nach ein über die gesetzlichen Vorschriften hinausgehendes Umweltengagement, um sich Wettbewerbsvorteile zu verschaffen?

	Trifft nicht zu 1	2	3	4	Trifft sehr zu 5	6
- Eine Umweltorientierung ist von sehr hoher Bedeutung						
- kurz- und mittelfristig (bis 2 Jahre)	o	o	o	o	o	o
- langfristig (> 2 Jahre)	o	o	o	o	o	o
- Eine Umweltorientierung bietet nur dann Wettbewerbsvorteile, wenn man so schnell wie möglich damit beginnt	o	o	o	o	o	o
- Eine Umweltorientierung ist nur in Marktnischen erfolgversprechend	o	o	o	o	o	o
- Eine Umweltorientierung führt lediglich in Deutschland zu Wettbewerbsvorteilen	o	o	o	o	o	o

2. Wie beurteilen Sie vor dem Hintergrund der Verpackungs-Verordnung und der geplanten Elektronik-Schrott-Verordnung die folgenden Aussagen?

	Trifft nicht zu 1	2	3	4	Trifft sehr zu 5	6
- Hinsichtlich der Elektronik-Schrott-Verordnung sind von uns entsprechende Lösungskonzepte bereits erarbeitet.	o	o	o	o	o	o
- Die Umweltschutz-Bestimmungen wollen wir zukünftig verstärkt in Zusammenarbeit mit dem Handel lösen.	o	o	o	o	o	o

	Trifft nicht zu					Trifft sehr zu
	1	2	3	4	5	6
- Die Umweltschutz-Bestimmungen machen es erforderlich, zukünftig intensiver mit Lieferanten zu kooperieren.	o	o	o	o	o	o
- Der Hersteller kann sich zukünftig nur dann profilieren, wenn er neben umweltverträglichen Produkten auf allen Stufen seiner Vertriebskanäle (z.B. Großhandel, Einzelhandel) ökologische Kompetenz beweist.	o	o	o	o	o	o
- Wenn die Elektronik-Schrott-Verordnung in heutiger Form in Kraft tritt, wären wir zum Rückzug aus betroffenen Geschäftsfeldern gezwungen.	o	o	o	o	o	o
- Technische Umweltschutz-Innovationen sollten grundsätzlich in alle Produkte des Herstellers einfließen.	o	o	o	o	o	o

3. Welche Anpassungsmaßnahmen hat der Entwurf zur Elektronik-Schrott-Verordnung bisher bei Ihnen ausgelöst? (1. Referentenentwurf am 11.7.1991 veröffentlicht)

	keine Anpassungen				große Anpassungen	
	1	2	3	4	5	6
- Anpassungen unserer Unternehmensziele	o	o	o	o	o	o
- Strategieänderung:						
- vor dem 11.7.1991	o	o	o	o	o	o
- nach dem 11.7.1991	o	o	o	o	o	o
- Wir haben in einzelnen Marketing-Bereichen Veränderungen vorgenommen:						
- Kommunikationspolitik	o	o	o	o	o	o
- Preispolitik	o	o	o	o	o	o
- Distribution/Logistik	o	o	o	o	o	o
- Produktpolitik	o	o	o	o	o	o

4. Welche Logistikkonzepte sind zur Rückführung von Altgeräten aus Ihrer Sicht am geeignetsten?

	gar nicht geeignet 1	2	3	4	5	sehr geeignet 6
- herstellerunabhängiges, verkaufsmengenabhängig finanziertes System	o	o	o	o	o	o
- Aufbau einer eigenen Rückführungslogistik:						
- selbständig	o	o	o	o	o	o
- Kooperation mit weiteren Herstellern	o	o	o	o	o	o
- Kooperation mit dem Handel	o	o	o	o	o	o
- herstellerinitiiertes, branchenweites Rückührungssystem	o	o	o	o	o	o

5. Wieviel Prozent der Materialien Ihrer aktuellen Produkte können heute bzw. in den nächsten 5 Jahren einer Wiederverwendung- oder Weiterverwertung zugeführt werden?

	heute	in 5 Jahren
- Fernsehen	____ %	____ %
- Video	____ %	____ %
- HiFi	____ %	____ %
- Henkelware	____ %	____ %
- Autoradios	____ %	____ %
- Zubehör	____ %	____ %
- Kommunikationstechnik	____ %	____ %
- Elektrokleingeräte	____ %	____ %
- Elektrogroßgeräte	____ %	____ %

6. In welcher Form werden Sie nach Inkrafttreten der Elektronik-Schrott-Verordnung die Entsorgung bzw. das Recycling Ihrer Produkte durchführen? (Mehrfachnennungen möglich)

	selbstständig durch eigenes Unternehmen	in Kooperation mit anderen Herstellern	durch Vergabe an Fremdanbieter (Dienstleister)
-Sammlung von Altgeräten	o	o	o
-Demontage von Altgeräten	o	o	o
-Entsorgung (Deponierung) von Reststoffen	o	o	o
-Weiterverwendung gebrauchter Bauteile	o	o	o
-Wiedereinsatz von Recycling-Werkstoffen in der Produktion	o	o	o
-Aufarbeitung gebrauchter Geräte zum Weiterverkauf	o	o	o
- Sonstiges....................	o	o	o

7. Inwieweit wird sich Ihrer Meinung nach in den nächsten 2 Jahren das Kaufverhalten der Kunden durch die neuen Umweltgesetze verändern?

	keine Veränderung					starke Veränderung
	1	2	3	4	5	6
- Fernsehen	o	o	o	o	o	o
- Video	o	o	o	o	o	o
- HiFi	o	o	o	o	o	o
- Henkelware	o	o	o	o	o	o
- Autoradios	o	o	o	o	o	o
- Zubehör	o	o	o	o	o	o
- Kommunikationstechnik	o	o	o	o	o	o
- Elektrokleingeräte	o	o	o	o	o	o
- Elektrogroßgeräte	o	o	o	o	o	o

8. Welche ökologieorientierte Strategie verspricht aus Ihrer Sicht sehr hohe, welche hingegen nur sehr geringe Erfolgspotentiale?

	sehr geringe Erfolgspotentiale					sehr hohe Erfolgspotentiale
	1	2	3	4	5	6
- Umweltorientierte Diversifikation in neue Geschäftsfelder	o	o	o	o	o	o
- Ökologieorientierte Qualitätsführerschaft	o	o	o	o	o	o
- Ökologieorientierte Kostenführerschaft	o	o	o	o	o	o
- Umweltbezogene Konzentration auf ein Nischensegment	o	o	o	o	o	o
- Sonstiges...	o	o	o	o	o	o

9. Welche Umweltschutzmaßnahmen haben Sie bei der Gestaltung Ihres Produktangebotes und Ihrer Verpackungspolitik bereits eingeführt?

	bereits eingeführt	in diesem Jahr	in den nächsten 5 Jahren	sicher nicht
- Anpassung bestehender Produkte an Umweltschutz-Erfordernisse	o	o	o	o
- Angebot von Zusatzprodukten zur umweltfreundlichen Nachrüstung bereits verkaufter Produkte	o	o	o	o
- Umweltorientierte Hinweise in den Gebrauchsanweisungen	o	o	o	o
- Substitution umweltgefährdender Materialien durch umweltverträglichere	o	o	o	o
- Durchführung von Analysen über umweltorientiertes Konsumenten- und Wettbewerberverhalten	o	o	o	o
- Verwendung umweltfreundlicher Verpackungsmaterialien	o	o	o	o
- Verwendung einer eigenen Umweltmarke	o	o	o	o

	bereits einge- führt	in diesem Jahr	in den nächsten 5 Jahren	sicher nicht
- Verwendung von Mehrwegverpackungen:				
a) bei Belieferung des Großhandels	o	o	o	o
b) bei Belieferung des Einzelhandels	o	o	o	o
- Sonstiges _____	o	o	o	o

10. Bieten Sie in Ihrem Sortiment zur Zeit Produkte an, die als besonders umweltfreundlich deklariert sind?

	aktuelles Angebot	Angebot in 1-2 Jahren	Umweltfreundliches Produkt:
- Fernsehen	o	o	_____
- Video	o	o	_____
- HiFi	o	o	_____
- Henkelware	o	o	_____
- Autoradios	o	o	_____
- Zubehör	o	o	_____
- Kommunikationstechnik	o	o	_____
- Elektrokleingeräte	o	o	_____
- Elektrogroßgeräte	o	o	_____

11. Inwieweit verfolgen Sie bei Ihrer Neuproduktentwicklung umweltverträgliche Konzepte?

	Trifft nicht zu 1	2	3	4	Trifft sehr zu 5	6
- Modulkonzepte/Baukastenprinzip	o	o	o	o	o	o
- Wiederaufarbeitung gebrauchter Produkte	o	o	o	o	o	o
- Konzepte zur Lebensdauerverlängerung	o	o	o	o	o	o
- Leasingkonzepte mit automatischer Produktrücknahme	o	o	o	o	o	o
- Reduktion von Wasser- und Energieverbrauch in der Nutzungsphase	o	o	o	o	o	o
- Sonstiges: _____	o	o	o	o	o	o

12. Bitte geben Sie an, in welchem Umfang Preiserhöhungen bei umweltverträglichen Produkten durchsetzbar sind.

	Höhere Preise durchsetzbar		Preiserhöhung
	Nein	Ja	um ...% realisierbar
- Fernsehen	o	o	_____ %
- Video	o	o	_____ %
- HiFi	o	o	_____ %
- Henkelware	o	o	_____ %
- Autoradios	o	o	_____ %
- Zubehör	o	o	_____ %
- Kommunikationstechnologie	o	o	_____ %
- Elektrokleingeräte	o	o	_____ %
- Elektrogroßgeräte	o	o	_____ %

13. Was sollte insbesondere der Handel tun, um sich im Umweltschutz als besonders kompetenter Partner der Industrie zu profilieren?

_____

_____

_____

14. In welchen Bereichen kann sich der Handel mit einer besonderen Umweltorientierung die größten Wettbewerbsvorteile verschaffen?

	Trifft nicht zu					Trifft sehr zu
	1	2	3	4	5	6
- Verwaltung/Organisation	o	o	o	o	o	o
- Warenwirtschaft	o	o	o	o	o	o
- Einkauf/Sortiment	o	o	o	o	o	o
- Personal	o	o	o	o	o	o
- Serviceleistungen	o	o	o	o	o	o
- Ladengestaltung/Warenpräsentation	o	o	o	o	o	o
- Werbung	o	o	o	o	o	o
- Image	o	o	o	o	o	o

15. Unter welchen Voraussetzungen würden Sie Ihre umweltfreundlichen Produkte exklusiv über einen bestimmten Vertriebskanal bzw. über ein bestimmtes Handelsunternehmen vertreiben? Welche umweltorientierten Anforderungskriterien müßte ein solches Handelsunternehmen erfüllen?

_____

_____

_____

_____

16. Welche Vertriebsform hat aus Ihrer Sicht in Ihrer Branche die höchste Einkaufsstättenkompetenz im Umweltschutz? Bitte unterscheiden Sie nach den Bereichen Unterhaltungselektronik und Haushaltsgeräte.

	geringe Kompetenz				sehr hohe Kompetenz	
	1	2	3	4	5	6
Unterhaltungselektronik						
- Fachgeschäfte	o	o	o	o	o	o
- Warenhaus (Karstadt, Kaufhalle u.a.)	o	o	o	o	o	o
- Versandhandel						
- SB Warenhäuser/Verbrauchermärkte (Massa, Realkauf u.a.)	o	o	o	o	o	o
- Fachmarkt (Media, Saturn, Schürmann u.a.)	o	o	o	o	o	o
Bereich Haushaltsgeräte						
- Fachgeschäfte	o	o	o	o	o	o
- Warenhaus (Karstadt, Kaufhalle u.a.)	o	o	o	o	o	o
- Versandhandel	o	o	o	o	o	o
- SB Warenhäuser/Verbrauchermärkte (Massa, Realkauf u.a.)	o	o	o	o	o	o
- Fachmarkt (Media, Saturn, Schürmann u.a.)	o	o	o	o	o	o

17. Welche umweltorientierten Services bieten Sie zur Zeit dem Handel an? Welche Services planen Sie in den nächsten 2 Jahren dem Handel anzubieten.

	Aktuelles Angebot	Angebot in 2 Jahren	kein Angebot geplant
- Entsorgungsservices			
- Verpackungen	o	o	o
- Altgeräte	o	o	o
- Verkaufspersonalschulungen im Bereich Umweltschutz	o	o	o
- Beratung in umweltorientierter Betriebsführung	o	o	o
- Beratung bei umweltorientierter Warenpräsentation	o	o	o
- Beratung beim umweltorientierten Ladenbau	o	o	o
- Unterstützung des Handels bei standortspezifischer Öko-Kommunikation	o	o	o
- Beratung hinsichtlich umweltgerechter Sortimentsgestaltung	o	o	o
- Bereitstellung von Öko-Bilanzen für eigene Produkte	o	o	o
- Umweltfreundliche Displays/Merchandising	o	o	o
- Sonstiges: _____	o	o	o

18. Mit wem arbeiten Sie zur Zeit im Umweltschutz zusammen? (Mehrfachnennungen möglich)

- Zur Zeit führen wir im Umweltschutz nur eigene Maßnahmen durch   o

Zusammenarbeit im Umweltschutz mit ...

- Verbraucherschutzgruppen	o	- Lieferanten	o
- Behörden/Verwaltung	o	- Großhandel	o
- Einzelhandelsverband	o	- Einzelhandel	o
- Firmenanwohner	o	- andere Hersteller	o
- Einkaufskooperationen des Handels	o	- Medien (Zeitungen, Lokalradio, etc.)	o

- Sonstige: _____

19. Wieviele Mitarbeiter beschäftigen Sie?

_____

20. Wenn Sie an die Entwicklung Ihres Unternehmens in den vergangenen fünf Jahren denken, wie hoch war das durchschnittliche Umsatzwachstum und wie hoch war das durchschnittliche Gewinnwachstum?

Das durchschnittliche Wachstum der letzten fünf Jahre betrug beim...

Umsatz _____%   und beim Gewinn _____%.

21. Vermerken Sie bitte, wie sich Ihr Umsatz auf die verschiedenen Vertriebsformen im Elektrohandel verteilt.

- Fachgeschäfte _____%

- Warenhaus _____%

- Versandhandel _____%

- SB Warenhäuser/Verbrauchermarkt _____%

- Fachmarkt _____%

22. Bitte tragen Sie abschließend die Verteilung Ihres Umsatzes auf die verschiedenen Produktbereiche ein.

Umsatzanteil:

- Fernsehen _____%

- Video _____%

- HiFi _____%

- Henkelware _____%

- Autoradios _____%

- Zubehör _____%

- Kommunikationstechnologie _____%

- Elektrokleingeräte _____%

- Elektrogroßgeräte _____%

Vielen Dank für Ihre Mitarbeit!

Literaturverzeichnis:

A.C. Nielsen GmbH, Institut für Marketing (Hrsg.), Umweltschutzstrategien im Spannungsfeld zwischen Handel und Hersteller, Frankfurt, Münster 1992.

Aaker, D.A., Day, G.S., Marketing Research, Third Edition, New York u.a. 1986.

Abell, D.F., Defining the business, Englewood Cliffs 1980.

Adamik, P., Kluge Designer denken mit, in: HB vom 1.3. 1995, S. B 12.

Adelt, P., Bach, D., Wahrgenommene Kaufrisiken bei ökologisch gestalteten Produkten - dargestellt am Produktbereich Waschmittel, in: Markenartikel, Heft 4, 1991, S. 148 - 154.

AEG Hausgeräte AG (Hrsg.), AEG Grün-Buch, Nürnberg 1993.

AEG Hausgeräte GmbH (Hrsg.), Katalog Elektroherde, Dunstabzugshauben 1995, Nürnberg 1995.

Ahlert, D., Probleme der Abnehmerselektion und der differenzierten Absatzpolitik auf der Grundlage der segmentierenden Markterfassung, in: Der Markt, Heft 2, 1973, S. 103 - 113.

Ahlert, D., Vertikale Kooperationsstrategien im Vertrieb, in: ZfB, Heft 1, 1982, S. 62 - 93.

Ahlert, D., Distributionspolitik: Das Management des Absatzkanals, 2. Auflage, Stuttgart, Jena 1991.

Ahlert, D., Flexibilitätsorientiertes Positionierungsmanagement im Einzelhandel - Herausforderungen an freie, kooperierende und integrierte Handelssysteme, in: Marktorientierte Unternehmensführung im Umbruch: Effizienz und Flexibilität als Herausforderungen des Marketing, Bruhn, M., Meffert, H., Wehrle, F. (Hrsg.), Stuttgart 1994, S. 279 - 300.

Ahlert, D., Backhaus, K., Meffert, H. (Hrsg.), Automobilmarketing aus Hersteller-, Handels- und Zulieferperspektive: Dokumentation des Hauptseminars zum Marketing und Distribution & Handel vom 17./18. Dezember 1992, Münster 1993.

Algermissen, J., Das Marketing der Handelsbetriebe, Würzburg, Wien 1981.

Andritzky, K., Die Operationalisierbarkeit von Theorien zum Konsumentenverhalten, Berlin 1976.

Angerer, G., Bätcher, K., Bars, P., Verwertung von Elektronikschrott: Stand der Technik, Forschungs- und Technologiebedarf, Berlin 1993.

Arbeitskreis "Integrierte Unternehmensplanung" der Schmalenbach-Gesellschaft - Deutsche Gesellschaft für Betriebswirtschaft e.V. (Hrsg.), Grenzen der Planung - Herausforderungen an das Management, in: zfbf, Heft 9, 1991, S. 811 - 829.

Ausschuß für Begriffsdefinitionen aus der Handels- und Absatzwirtschaft (Hrsg.), Katalog E - Begriffsdefinitionen aus der Handels- und Absatzwirtschaft, 4. Auflage, Köln 1995.

Axel Springer Verlag AG (Hrsg.), Audio/Video, Hamburg 1993.

Axel Springer Verlag AG (Hrsg.), Elektro-Haushaltsgeräte, Hamburg 1993.

Backhaus, K., Investitionsgütermarketing, 3. Auflage, München 1992.

Backhaus, K. u.a., Multivariate Analysemethoden: Eine anwendungsorientierte Einführung, 7. Auflage, Berlin u.a. 1994.

Balderjahn, I., Das umweltbewußte Konsumentenverhalten: Eine empirische Studie, Berlin 1986.

Bänsch, A., Marketingfolgerungen aus den Gründen für den Nichtkauf umweltfreundlicher Konsumgüter, in: JdAV, Heft 4, 1990, S. 360 - 379.

Bänsch, A., Käuferverhalten, 5. Auflage, München, Wien 1993.

Bänsch, A., Marketing für umweltfreundliche(re) Konsumgüter: Prinzipielle Möglichkeiten und Grenzen, in: UWF, Heft 2, 1993, S. 13 - 18.

Bänsch, A., Die Planung der Lebensdauer von Konsumgütern im Hinblick auf ökonomische und ökologische Ziele, in: JdAV, Heft 3, 1994, S. 232 - 256.

Bauche, K., Segmentierung von Kundendienstleistungen auf investiven Märkten, Frankfurt am Main 1993.

Bauer, E., Markt-Segmentierung als Marketing-Strategie, Berlin 1976.

Bauer, E., Markt-Segmentierung, Stuttgart 1977.

Bauer, F., Datenanalyse mit SPSS, Berlin 1984.

Bauknecht Hausgeräte GmbH (Hrsg.), Ballerina-Wäschetrockner: Kondensations- undAblufttrockner, Stuttgart o.J.

BBE (Hrsg.), Branchenreport Unterhaltungselektronik, Köln 1991.

Becker, J., Markenartikel und Verbraucher, in: Marke und Markenartikel, Dichtl, E., Eggers, W. (Hrsg.), München 1992, S.97 - 127.

Becker, J., Marketing-Konzeption: Grundlagen des strategischen Marketing-Managements, 5. Auflage, München 1993.

Behrends, C., Von der Vision zur Praxis: Die Steuerung von Sortiment und Warenwirtschaft im Handel, in: LZ vom 3.6. 1994, S. 58 - 63.

Belz, Ch., Konstruktives Marketing, Savosa, St. Gallen 1988.

Belz, Ch., Leistungssysteme zur Profilierung auswechselbarer Produkte im Wettbewerb, in: Der Markt, Nr. 105, 1988, S. 60 - 68.

Belz, F., Distributive Öko-Leistungssysteme in der Lebensmittelbranche, in: Thexis, Heft 3/94, S. 34 - 38.

Belz, F., Ökologie und Wettbewerbsfähigkeit in der Schweizer Lebensmittelbranche, Bern, Stuttgart, Wien 1995.

Bennauer, U., Ökologieorientierte Produktentwicklung: Eine strategisch-technologische Betrachtung der betriebswirtschaftlichen Rahmenbedingungen, Heidelberg 1994.

Berekoven, L., Eckert, W., Ellenrieder, P., Marktforschung: Methodische Grundlagen und praktische Anwendung, 6. Auflage, Wiesbaden 1993.

Berekoven, L., Erfolgreiches Einzelhandelsmarketing: Grundlagen und Entscheidungshilfen, 2. Auflage, München 1995.

Berg, H., Profilierung durch Differenzierung, Strategische Maximen für das Autohaus im Wettbewerb der 90er Jahre, in: Dortmunder Diskussionsbeiträge zur Wirtschaftspolitik, Nr. 47, Berg, H., Teichmann, U. (Hrsg.), Dortmund 1990.

Berger, M., Branchenreport: Elektrische Haushaltsgeräte, in: ifo Schnelldienst, Nr. 15/95, S. 13 - 19.

Bergmann, G., Umweltgerechtes Produkt-Design: Management und Marketing zwischen Ökonomie und Ökologie, Neuwied 1994.

Bergs, S., Optimalität bei Clusteranalysen: Experimente zur Bewertung numerischer Klassifikationsverfahren, Diss., Münster 1981.

Beuermann, G., Sekul, S., Sieler, C., Informationsgrundlagen einer ökologischen Sortimentspolitik im Einzelhandel, in: UWF, Heft 1, 1995, S. 44 - 54.

Bleicher, K., Normatives Management: Politik, Verfassung und Philosophie des Unternehmens, Frankfurt, New York 1994.

Bleicker, U., Produktbeurteilung von Konsumenten: Eine psychologische Theorie der Informationsverarbeitung, Würzburg, Wien 1983.

Bleymüller, J., Multivariate Analyse für Wirtschaftswissenschaftler, Manuskript, Münster 1989.

Bleymüller, J., Gehlert, G., Gülicher, H., Statistik für Wirtschaftswissenschaftler, 9. Auflage, München 1994.

Blickhäuser, J., Gries, Th., Individualisierung des Konsums und Polarisierung von Märkten als Herausforderung für das Konsumgüter-Marketing, in: Marketing ZFP, Heft 1, 1989, S. 5 - 10.

Böcker, F., Präferenzforschung als Mittel marktorientierter Unternehmensführung, in: zfbf, Heft 7/8, 1986, S. 543 - 574.

Böcker, F., Die Bildung von Präferenzen für langlebige Konsumgüter in Familien, in: Marketing ZFP, Heft 1, 1987, S. 16 - 24.

Bode, T., Zur Strategie von Umweltinitiativen - das Beispiel Greenpeace, in: Handbuch des Umweltmanagements, Steger, U. (Hrsg.), München 1992, S. 207 - 216.

Böhler, H., Methoden und Modelle der Marktsegmentierung, Stuttgart 1977.

Böhler, H., Beachtete Produktalternativen und ihre relevanten Eigenschaften im Kaufentscheidungsprozeß von Konsumenten, in: Konsumentenverhalten und Information, Meffert, H., Steffenhagen, H., Freter, H. (Hrsg.), Wiesbaden 1979, S. 261 - 289.

Böhler, H., Marktforschung, Stuttgart u.a. 1985.

Böhlke, E., Trade Marketing: Neuorientierung der Hersteller-Handels-Beziehungen, in: Strategische Partnerschaften im Handel, Zentes, J. (Hrsg.), Stuttgart 1992, S. 187 - 203.

Bonus, H., Warnung vor falschen Hebeln, in: Ökologie und Unternehmensführung - Dokumentation des 9. Münsteraner Führungsgesprächs, Arbeitspapier Nr. 26 der Wissenschaftlichen Gesellschaft für Marketing und Unternehmensführung e.V., Meffert, H., Wagner, H. (Hrsg.), Münster 1985, S. 21 - 37.

Bosch-Siemens Hausgeräte GmbH (Hrsg.), Umweltbericht 1992, München 1993.

Bremme, H. Chr., Praktiziertes Umweltmanagement im Handel, in: Handbuch des Umweltmanagements, Steger, U. (Hrsg.), München 1992, S. 757 - 762.

Brenck, A., Moderne umweltpolitische Konzepte: Sustainable Development und ökologisch-soziale Marktwirtschaft, Diskussionspapier Nr. 3 des Instituts für Verkehrswissenschaft an der Universität Münster, Münster 1991.

Brokatzky, W., Umweltmanagement in der Migros: Von konkreten Vorgaben und Zielen zu Resultaten, in: Ökologische Lernprozesse in Unternehmungen, Dyllick, Th. (Hrsg.), S. 71 - 93;

Brosius, G., SPSS/PC+ Advanced Statistics und Tables: Einführung und praktische Beispiele, London 1989.

Bruhn, M., Das soziale Bewußtsein von Konsumenten, Wiesbaden 1978.

Bruhn, M., Integration des Umweltschutzes in den Funktionsbereich Marketing, in: Handbuch des Umweltmanagements, Steger, U. (Hrsg.), München 1992, S. 537 - 555.

Buchtele, F., Holzmüller, H.H., Die Bedeutung der Umweltverträglichkeit von Produkten für die Kaufpräferenz: Ergebnisse einer Conjoint-Analyse bei Holzschutzmitteln, in: JdAV, Heft 1, 1990, S. 86 - 102.

Bundesarbeitsgemeinschaft der Mittel- und Großbetriebe des Einzelhandels (BAG) e.V. (Hrsg.), Stellungnahme zum Entwurf der Elektronik-Schrott-Verordnung, August 1991, o.O.

Bundesminister für Umwelt, Naturschutz und Reaktorsicherheit (Hrsg.), Arbeitspapier der Verordnung über die Vermeidung, Verringerung und Verwertung von Abfällen gebrauchter elektrischer und elektronischer Geräte, o.O., o.J.

Bundesminister für Umwelt, Naturschutz und Reaktorsicherheit (Hrsg.), Entwurf der Verordnung über die Vermeidung, Verringerung und Verwertung von Abfällen gebrauchter elektrischer und elektronischer Geräte vom 11. Juli 1991.

Bundesminister für Umwelt, Naturschutz und Reaktorsicherheit (Hrsg.), Entwurf der Verordnung zur Verwertung und Entsorgung gebrauchter Batterien und Akkumulatoren vom 10. Juni 1992.

Bundesminister für Umwelt, Naturschutz und Reaktorsicherheit (Hrsg.), Gesetz zur Förderung der Kreislaufwirtschaft und Sicherung der umweltverträglichen Beseitigung von Abfällen, Bonn 1994.

Bundesministerium für Umwelt, Jugend und Familie (Hrsg.), Betriebserfolg - Umweltschutz: Zusammenhang Wirtschaftsleistung und Umweltleistung, Zwischenbericht, Wien 1994.

Bundesverband der Filialbetriebe und Selbstbedienungs-Warenhäuser (BFS) e.V. (Hrsg.), Die Entwicklung der Filialbetriebe und Selbstbedienungswarenhäuser im Jahre 1993: Tendenzen 1994, Bonn 1994.

Bundesverband der Filialbetriebe und Selbstbedienungs-Warenhäuser (BFS) e.V. (Hrsg.), Die Entwicklung der Filialbetriebe und Selbstbedienungswarenhäuser im Jahre 1994: Tendenzen 1995, Bonn 1995.

Bundesverband des Unterhaltungs- und Kommunikationselektronik-Einzelhandels e.V. (BVU) (Hrsg.), Geschäftsbericht 1994/95, Köln, o.J.

Burmann, Chr., Fläche und Personalintensität als Erfolgsfaktoren im Einzelhandel, Wiesbaden 1995.

Büttner, H., Die segmentorientierte Marketingplanung im Einzelhandelsbetrieb, Göttingen 1986.

Buzzell, R.D., Ortmeyer, G., Channel Partnerships: A New Approach to Streamlining Distribution, Commentary Report No. 94-104, MSI (Hrsg.), Cambridge (Mass.) 1994.

Calantone, R.J., Sawyer, A.G., The Stability of Benefit Segments, in: JoMR, August 1978, S. 395 - 404.

Candy-Dime GmbH (Hrsg.), Candy Hausgeräte, Essen 1995.

Celsi, R.L., Olson, J.C., The Role of Involvement in Attention and Comprehension Processes, in: Journal of Consumer Research, Vol. 15, 1988, S. 210 - 224.

Clauß, G., Finze, F.-R., Partzsch, L., Statistik für Soziologen, Pädagogen und Mediziner, Band 1: Grundlagen, Frankfurt am Main 1994.

Coca-Cola Retailing Research Group (Hrsg.), Kooperation zwischen Industrie und Handel im Supply Chain Management: Projekt V, o.O. 1994.

Costa, C., Franke, A., Handelsunternehmen im Spannungsfeld umweltpolitischer Anforderungen: Der Weg von der Abfall- zur Kreislaufwirtschaft in der Distribution, ifo Studien zu handels- und dienstleistungsfragen 48, München 1995.

Costa, C., Franke, A., Handelsunternehmen im Spannungsfeld umweltpolitischer Anforderungen, in: Ifo Schnelldienst, Nr. 26, 1995, S. 13 - 21.

Crone, B., Marktsegmentierung: Eine Analyse zur Zielgruppendefinition unter besonderer Berücksichtigung soziologischer und psychologischer Kriterien, Frankfurt am Main 1977.

Daering, B., The Strategic Benefits of EDI, in: Journal of Business Strategy, January/February 1990, S. 4 - 6.

Darby, M.R., Karni, E., Free Competition and the Optimal Amount of Fraud, in: Journal of Law and Economics, Vol. 16, April 1973, S. 67 - 86.

Deimel, K., Grundlagen des Involvement und Anwendung im Marketing, in: Marketing ZFP, Heft 3, 1989, S. 153 - 161.

Dichtl, E., Müller, S., Anspruchsinflation und Nivellierungstendenz als meßtechnische Probleme in der Absatzforschung, in: Marketing ZFP, Heft 4, 1986, S. 233 - 236.

Diller, H., Kusterer, M., Key Account Management in der Konsumgüterindustrie, Arbeitsbericht Nr. 11 des Instituts für Marketing an der Universität der Bundeswehr Hamburg, Hamburg 1985.

Dingeldey, K., Herstellermarketing im Wettbewerb um den Handel, Berlin 1975.

Domizlaff, H., Die Gewinnung öffentlichen Vertrauens: Ein Lehrbuch der Markentechnik, 2. Auflage, Hamburg 1951.

Dorsten, M., Ist Marketing schrottreif?, in: asw, Heft 9, 1992, S. 132 - 138.

Drumwright, M.E., Socially Responsible Organisational Buying: Environmental Concern as a Noneconomic Buying Criterion, in: JoM, July 1994, S. 1 - 19.

Dürand, D., Stein, I.F., Rütteln genügt, in: Wirtschaftswoche, Nr. 29 vom 13.7.1995, S. 79.

Dustmann, H.-H., Profilierungsinstrument Ladengestaltung, in: Thexis, Heft 4, 1993, S. 25 - 31.

Dutz, E., Femerling, C., Prozeßmanagement in der Entsorgung: Ansätze und Verfahren, in: DBW, Heft 2, 1994, S. 221 - 245.

Dyllick, Th. Management der Umweltbeziehung, Wiesbaden 1989.

Eickler, R., "Der ZVEI versteht die Philosophie der Produktverantwortung noch immer nicht", in: HB vom 5.4. 1994, S. 31.

Emnid (Hrsg.), Umweltbewußtsein von Konsumenten, Bielefeld 1994.

Endres, A., Umweltökonomie: Eine Einführung, Darmstadt 1994.

Engelhardt, T.-M., Partnerschafts-Systeme mit dem Fachhandel als Konzept des vertikalen Marketing: Dargestellt am Beispiel der Unterhaltungselektronik-Branche in der Bundesrepublik Deutschland, Diss., St. Gallen 1990.

ENTSORGA, BDE (Hrsg.), Kreislaufwirtschaft in der Praxis: Nr. 1 Elektrogeräte, Köln 1995.

Erdmann, B., Bericht über die Ergebnisse des Betriebsvergleichs der Einzelhandelsgeschäfte aus den alten und den neuen Bundesländern im Jahre 1993, in: Mitteilungen des Instituts für Handelsforschung an der Universität zu Köln, Nr.11, 1994, S. 153 - 187.

Esch, F.-R., Levermann, T., Handelsunternehmen als Marken: Messung, Aufbau und Stärkung des Markenwertes - ein verhaltenswissenschaftlicher Ansatz, in: Handelsforschung 1993/94: Systeme im Handel, Trommsdorff, V. (Hrsg.), Wiesbaden 1993, S. 79 - 102.

Femers, S., Umweltbewußtsein und Umweltverhalten im Spiegel empirischer Studien: Schizophrenes Spiel, in: asw, Heft 9, 1995, S. 117 - 122.

Fiala, K.H., Klausegger, C., Umweltorientiertes Konsumentenverhalten, in: der markt, Heft 2, 1995, S. 61 - 72.

Fishbein, M., A Behavior Theory Approach to the Relations between Beliefs about an Object and the Attitude toward the Object, in: ders. (Hrsg.), Readings in Attitude Theory and Measurement, New York 1967.

Fläschner, H.-J., Mitzlaff, A., Entsorgung von Elektro- und Elektronikgeräten aus Haushaltungen, in: EP, Heft 6, 1992, S. 404 - 407.

Florenz, P.J., Konzept des vertikalen Marketing: Entwicklung und Darstellung am Beispiel der deutschen Automobilwirtschaft, Bergisch Gladbach, Köln 1992.

Freemann, R.E., Strategic Management: A Stakeholder Approach, in: Adoanas in Strategic Management, Lamb, R. (Ed.), Greenwich 1983, S. 31 - 60.

Freter, H., Mehrdimensionale Einstellungsmodelle im Marketing: Interpretation, Vergleich und Aussagewert, Arbeitspapier 12 des Instituts für Marketing der Westfälischen Wilhelms-Universität Münster, Hrsg.: Meffert, H., Münster 1976.

Freter, H., Interpretation und Aussagewert mehrdimensionaler Einstellungsmodelle im Marketing, in: Konsumentenverhalten und Information, Meffert, H., Steffenhagen, H., Freter, H. (Hrsg.), Wiesbaden 1979, S. 163 - 184.

Freter, H., Marktsegmentierung, Stuttgart u.a. 1983.

Freter, H.W., Markenpositionierung: Ein Beitrag zur Fundierung markenpolitischer Entscheidungen auf Grundlage psychologischer und ökonomischer Modelle, Habilitationsschrift, Münster 1977.

Fritz, W. u.a., Unternehmensziele in Industrie und Handel: Eine empirische Untersuchung zu Inhalten, Bedingungen und Wirkungen von Unternehmenszielen, in: DBW, Heft 4, 1985, S. 375 - 396.

Frömbling, S., Zielgruppenmarketing im Fremdenverkehr von Regionen, Frankfurt am Main u.a. 1993.

Gahl, A., Strategische Allianzen, Arbeitspapier Nr. 11 des Betriebswirtschaftlichen Instituts für Anlagen und Systemtechnologien, Backhaus, K. (Hrsg.), Münster 1989.

Gawel, E., Umweltallokation durch Ordnungsrecht: Ein Beitrag zur ökonomischen Theorie regulativer Umweltpolitik, Tübingen 1994.

Gebhardt, P., Wimmer, F., Marktforschung zum Kaufentscheid von Konsumenten bei langlebigen technischen Gebrauchsgütern: Ein empirischer Vergleich der Auskunftsqualität zweier Methoden, in: JdAV, Heft 4, 1991, S. 328 - 346.

Gerken, G., Abschied vom Marketing, Düsseldorf, Wien, New York, 1990.

Gesellschaft für Unterhaltungs- und Kommunikationselektronik (gfu) mbh (Hrsg.), Pressenotiz vom 23. August 1995, Berlin 1995.

GfK (Hrsg.), Pressemeldung vom 15. Mai 1995, Nürnberg 1995.

GfK Marktforschung (Hrsg.), Öko-Marketing aus Verbrauchersicht, Nürnberg 1995.

GfK Panel Services (Hrsg.), Ernährungsstudie, Nürnberg o.J., o.S.

Gillmann, W., Wir brauchen globale Strukturen, in: HB vom 20.2. 1995, S. 13.

Gillmann, W., Marktführer will Preisverfall stoppen, in: HB vom 24.8. 1995, S. 15.

Ginsberg, A., Venkkatraman, N., Contingency Perspectives of Organisational Strategy: A Critical Review of the Empirical Research, in: Academy of Management Review, No. 3, 1985, S. 421 - 434.

Gorille, C., Berge von Elektronikschrott: Entsorgung der Geräte wird zu Preiserhöhungen um fünf bis zehn Prozent führen, in: Die Welt vom 11.5. 1993, S. 12.

Greiner, A., Rother, F., Eiskalt pulverisiert, in: Wirtschaftswoche Nr. 29 vom 13.7. 1995, S. 75 - 76.

Gröne, A., Marktsegmentierung bei Investitionsgütern, Wiesbaden 1977.

Grote, A., Kupfer aus Chile, Titan aus Norwegen, in: Frankfurter Rundschau vom 5.9. 1995, S. 6.

Gruner + Jahr AG & Co (Hrsg.), MarkenProfile 5: Unterhaltungselektronik, Hamburg 1993.

Gruner + Jahr AG & Co (Hrsg.), Dialoge 4 Gesellschaft - Wirtschaft - Konsumenten: Zukunftsgerichtete Unternehmensführung durch wertorientiertes Marketing, Hamburg 1995.

Grunert, K.G., Methoden zur Messung der Bedeutung von Produktmerkmalen: Ein Vergleich, in: JdAV, Heft 2, 1985, S. 167 - 187.

Gussek, F., Erfolg in der strategischen Markenführung, Wiesbaden 1992.

Haeckel, E., Generelle Morphologie der Organismen: Allgemeine Grundzüge der organischen Formen-Wissenschaft, Zweiter Band: Allgemeine Entwicklungsgeschichte der Organismen, Berlin 1866.

Haley, R.I., Benefit Segmentation: A Decision-oriented Research Tool, in: JoM, July 1968, S. 30 - 35.

Hallier, B., Der Handel auf dem Weg zur Marketingführerschaft, in: asw, Heft 3, 1995, S. 104 - 107.

Hammann, P., Erichson, B., Marktforschung, 3. Auflage, Stuttgart, Jena 1994.

Hänsel, H.-G., POS- und Verkaufsstellen-Profilierung durch aktive Leitbildkommunikation, in: Thexis, Heft 4, 1993, S. 20 - 23.

Hansen, P., Die handelsgerichtete Absatzpolitik der Hersteller im Wettbewerb um den Regalplatz, Berlin 1972.

Hansen, U., Ökologisches Marketing im Handel, in: Ökologisches Marketing, Brandt, A., Schoenheit, I., Hansen, U. (Hrsg.), Frankfurt am Main, New York 1988, S. 331 - 362.

Hansen, U., Absatz- und Beschaffungsmarketing des Einzelhandels, 2. Auflage, Göttingen 1990.

Hansen, U., Die Rolle des Handels als Gatekeeper in der Diffusion ökologisch orientierter Marketingkonzepte, in: Ökologie im vertikalen Marketing, GDI (Hrsg.), Rüschlikon 1990, S. 147 - 174.

Hansen, U., Ökologieorientierung im vertikalen Marketing aus Handelssicht, in: Dokumentationspapier Nr. 67 der Wissenschaftlichen Gesellschaft für Marketing und Unternehmensführung e.V., Hrsg.: Meffert, H., Wagner, H., Backhaus, K., Münster 1991, S. 4 - 24.

Hansen, U., Die ökologische Herausforderung als Prüfstein ethisch verantwortlichen Unternehmerhandelns, in: Ökonomische Risiken und Umweltschutz, Wagner, G.R. (Hrsg.), München 1992, S. 109 - 128.

Hansen, U., Jeschke, K., Nachkaufmarketing: Ein neuer Trend im Konsumgütermarketing?, in: Marketing ZFP, Heft 2, 1992, S. 88 - 97.

Hansen, U., Umweltmanagement im Handel, in: Handbuch des Umweltmanagements, Steger, U. (Hrsg.), München 1992, S. 733 - 755.

Hartmann, R., Strategische Marketingplanung im Einzelhandel: Kritische Analyse spezifischer Planungsinstrumente, Wiesbaden 1992.

Hartung, J., Elpelt, B., Multivariate Statistik: Lehr- und Handbuch der angewandten Statistik, 4. Aufl., München, Wien 1992.

Hauser, J.R., Shugan, S.M., Intensity Measures of Consumer Preference, in: Operation Research, 1980, S. 278 - 320.

Heeler, R.M., Okechuku, C., Reid, S., Attribute Importance: Contrasting Measurement, in: JoMR, February 1979, S. 60 - 62.

Heinemann, G., Betriebstypenprofilierung und Erlebnishandel, Wiesbaden 1989.

Heinemann, M., Einkaufsstättenwahl und Firmentreue des Konsumenten: Verhaltenswissenschaftliche Erklärungsmodelle und ihr Aussagewert für das Handelsmarketing, Diss., Münster 1974.

Heinen, E., Einführung in die Betriebswirtschaftslehre, 9. Auflage, Wiesbaden 1985.

Held, M., Auf dem Weg zu einer ökologischen Produktpolitik, in: Produkt und Umwelt: Anforderungen, Instrumente und Ziele einer ökologischen Produktpolitik, Hellenbrandt, S., Rubik, F. (Hrsg.), Marburg 1994, S. 295 - 308.

Henion, K.E., Ecological Marketing, Columbus/Ohio 1976.

Herker, A., Eine Erklärung des umweltbewußten Konsumentenverhaltens: Eine internationale Studie, Frankfurt am Main u.a. 1993.

Herker, A., Eine Erklärung des umweltbewußten Konsumentenverhaltens, in: Marketing ZFP, Heft 3, 1995, S. 149 - 161.

Herrmann, F.A., Produktprofilierung über die Umweltschutzdimension, in: Marketing-Symposium "Umwelt-Marketing", Stahl-Informations-Zentrum (Hrsg.), Düsseldorf 1994, S. 37 - 41.

Hilker, J., Marketingimplementierung: Grundlagen und Umsetzung am Beispiel ostdeutscher Unternehmen, Wiesbaden 1993.

Holm, K., Die Frage, in: Die Befragung 1, Holm, K. (Hrsg.), München 1975, S. 32 - 91.

Holm, K., Die Gültigkeit sozialwissenschaftlichen Messens, in: Die Befragung 4: Skalierungsverfahren - Panelanalyse, Holm, K. (Hrsg.), München 1976, S. 123 - 133.

Holzmüller, H.H., Pichler, C., Ansätze zur Operationalisierung des Konstruktes "Umweltbewußtsein" von Konsumenten: Ein Forschungsüberblick, Marketing-Arbeitspapier Nr. 4 des Instituts für Absatzwirtschaft, Wien 1988.

Hommerich, B., Maus, M., Umweltpolitik im Handel, illustriert am Beispiel OBI, in: Vertikales Marketing im Wandel, Irrgang, W. (Hrsg.), München 1993, S. 95 - 103.

Hooley, G.J., Saunders, J., Competitive Positioning: The Key to Market Success, New York u.a. 1993.

Hopfenbeck, W., Teitscheid, P., Öko-Strategien im Handel, Landsberg/Lech 1994.

Horneber, M., Management des Entsorgungszyklus in der Elektronikindustrie, in: UWF, Heft 1, 1992, S. 53 - 55.

Horst, B., Ein mehrdimensionaler Ansatz zur Segmentierung von Investitionsgütermärkten, Diss., Köln 1988.

Hossinger, H.-P., Die Validität von Pretestverfahren in der Marktforschung, Würzburg 1982.

Hüttner, M., Grundzüge der Marktforschung, 4. Auflage, Berlin, New York 1989.

imug e.V. (Hrsg.), Umweltlogo im Einzelhandel: Machbarkeitsstudie, Hannover 1993.

ipos (Hrsg.), Einstellungen zu Fragen des Umweltschutzes 1994: Ergebnisse jeweils einer repräsentativen Bevölkerungsumfrage in den alten und neuen Bundesländern, Mannheim o.J.

Irrgang, W., Marktforschung für das vertikale Marketing, in: Marktforschung, Tomczak, T., Reinecke, S. (Hrsg.), St. Gallen 1994, S. 150 - 158.

Irrgang, W., Strategien im vertikalen Marketing, München 1989.

Jost, A., Wiedmann, K.-P., Dialog und Kooperation mit Konsumenten: Theoretische Grundlagen, Gestaltungsperspektiven und Ergebnisse einer empirischen Untersuchung im Bereich Haushaltsgeräte, Arbeitspapier Nr. 98 des Instituts für Marketing der Universität Mannheim, Mannheim 1993.

Jung, K.G., Grundig: Die Grundig-Umwelt-Initiative, in: PR der Spitzenklasse: Die Kunst, Vertrauen zu schaffen, Arendt, G. (Hrsg.), Landsberg/Lech 1993, S. 187 - 195.

Kaas, K. P., Marketing für umweltfreundliche Produkte: Ein Ausweg aus den Dilemmata der Umweltpolitik, in: DBW, Heft 4, 1992, S. 473 - 487.

Kaas, K. P., Informationsprobleme auf Märkten für umweltfreundliche Produkte, in: Betriebswirtschaft und Umweltschutz, Wagner, G.R. (Hrsg.), Stuttgart 1993, S. 29 - 43.

Kallmann, A., Skalierung in der empirischen Forschung: Das Problem ordinaler Skalen, München 1979.

Kapferer, J.-N., Laurent, G., Consumer Involvement Profiles: A New Practical Approach to Consumer Involvement, in: Journal of Advertising Research, Vol. 25, No. 6, December 1985/January 1986, S. 48 - 56.

Kast, F., Rosenzweig, J., Organisation and Management: A Contingency Approach, Tokio 1970.

Katalyse - Institut für angewandte Umweltforschung (Hrsg.), Das Umweltlexikon, Köln 1993.

Katz, R., Informationsquellen der Konsumenten, Wiesbaden 1983.

Kieser, A., Kubicek, H., Organisation, 3. Auflage, Berlin, New York 1992.

Kirchgeorg, M., Ökologieorientiertes Unternehmensverhalten: Typologien und Erklärungsansätze auf empirischer Grundlage, Wiesbaden 1990.

Kirchgeorg, M., Kreislaufwirtschaft - neue Herausforderungen an das Marketing, Arbeitspapier Nr. 92 der Wissenschaftlichen Gesellschaft für Marketing und Unternehmensführung e.V., Hrsg.: Meffert, H., Wagner, H., Backhaus, K., Münster 1995.

Knoblich, H., Die typologische Methode in der Betriebswirtschaftslehre, in: WiSt, Heft 4, 1972, S. 141 - 147.

Kolks, U., Strategieimplementierung: Ein anwenderorientiertes Konzept, Wiesbaden 1990.

Kollenbach, S., Positionierungsmanagement in Vertragshändlersystemen: Konzeptionelle Grundlagen und empirische Befunde am Beispiel der Automobilbranche, Frankfurt am Main u.a. 1995.

Kölner Handelsforum (Hrsg.), Öko-Marketing: Der glaubwürdige Weg zum Kunden, Dokumentation des 9. Kölner Handelsforum 1992, o.O., o.J.

Kols, P., Bedarfsorientierte Marktsegmentierung auf Produktivgütermärkten, Frankfurt am Main 1986.

Kolvenbach, D., Umweltschutz im Warenhaus: Thesen und Realität, Köln 1990.

Koppelmann, U., Beschaffungsmarketing, Berlin 1993.

Kotler, P., Bliemel, F., Marketing-Management: Analyse, Planung, Umsetzung und Steuerung, 8. Auflage, Stuttgart 1995.

Kottmeier, C., Neunzerling, S., Werbewirkung von Öko-Kommunikation, in: planung und analyse, Heft 7, 1994, S. 18 - 22.

Kreikebaum, H., Strategische Unternehmensplanung, 3. Auflage, Stuttgart, Berlin, Köln 1989.

Kroeber-Riel, W., Konsumentenverhalten, 5. Auflage, München 1992.

Krugman, H.E., The Impact of Television Advertising: Learning without Involvement, in: POQ, No. 29, 1965, S. 349 - 356.

Kudert, S., Der Stellenwert des Umweltschutzes im Zielsystem der Betriebswirtschaft, in: WISU, Heft 10, 1990, S. 569 - 575.

Kull, S., Der Handel als Diffusionsagent ökologischer Innovationen: Ergebnisse einer empirischen Untersuchung bei den Top-50-Unternehmen des Lebensmitteleinzelhandels, Lehr- und Forschungsbericht Nr. 33 des Lehrstuhls Markt und Konsum der Universität Hannover, Hannover 1995.

Kull, S., Der Handel als Diffusionsagent ökologischer Innovationen: Ergebnisse aus drei Fallstudien in Top-Unternehmen des Lebensmitteleinzelhandels, Lehr- und Forschungsbericht Nr. 34 des Lehrstuhls Markt und Konsum der Universität Hannover, Hannover 1995.

Kümpers, U.A., Marketingführerschaft - Eine verhaltenswissenschaftliche Analyse des vertikalen Marketing, Diss., Münster 1976.

Kunkel, R., Vertikales Marketing im Herstellerbereich, München 1977.

Kupsch, P. u.a., Die Struktur von Qualitätsurteilen und das Informationsverhalten von Konsumenten beim Kauf langlebiger Konsumgüter, Opladen 1978.

Kursawa-Stucke, H.-J., Lübke, V., Der Supermarktführer: Umweltfreundlich einkaufen von allkauf bis Tengelmann, München 1991.

Laakmann, K., Value-Added-Services als Profilierungsinstrument im Wettbewerb: Analyse, Generierung und Bewertung, Diss., Münster 1995.

Laaksonen, P., Consumer Involvement: Concepts and Research, London, New York 1994.

Lahl, U., Das programmierte Vollzugsdefizit: Hintergründe zur aktuellen Regulierungsdebatte, in: Zeitschrift für Umweltrecht, Heft 4, 1993, S. 249 - 256.

Landeck, H., Konstruktion eines entsorgungsfreundlichen Farbfernsehgerätes der Loewe Opta GmbH, in: UWF, Heft 5, 1995, S. 64 - 67.

Lebensmittel-Zeitung (Hrsg.), Neue Formen der Cooperation, Frankfurt am Main 1991.

Lebensmittel-Zeitung (Hrsg.), Duell der Marken, Frankfurt 1993.

Lebensmittel-Zeitung, M+M Eurodata (Hrsg.), Die Top 50 des deutschen Lebensmittelhandels 93, Frankfurt am Main 1994.

Lehnert, S., Die Bedeutung von Kontingenzansätzen für das Strategische Management, Frankfurt am Main, Bern, New York 1983.

Leitherer, E., Die typologische Methode der Betriebswirtschaftslehre: Versuch einer Übersicht, in: ZfbF, 17. Jg., 1965, S. 650 - 662.

Lemme, H., Rücklaufquote von unter 50 Prozent bleibt unter allen Erwartungen, in: HB vom 30.8. 1995, S. 24.

Levitt, Th., Marketing Myopia, in: HBR, July-August 1960, S. 45 - 56.

Lewin, K., Feldtheorien in Sozialwissenschaften: Ausgewählte theoretische Schriften, Bern, Stuttgart 1963.

Liebl, F., Issue Management: Bestandsaufnahme und Perspektiven, in: ZfB, Heft 3, 1994, S. 359 - 383.

Lienert, G.A., Testaufbau und Testanalyse, 3. Auflage, Weinheim, Berlin, Basel 1969.

Lingnau, V., Kritischer Rationalismus und Betriebswirtschaftslehre, in: WiSt, Heft 3, 1995, S. 124 - 129.

Loose, P., Moritz, C.H., Warentest und Umweltschutz, in: Loccumer Protokolle 33/1982 - Möglichkeiten und Grenzen umweltfreundlichen Verbraucherverhaltens, Umweltbundesamt (Hrsg.), Berlin 1982, S. 74 - 82.

Lotz, H., Freiwilligkeit raus, in: BAG-Handelsmagazin, Heft 10, 1993, S. 22 - 24.

Maier, S., Bildröhren-Recycling-Technologie und Betriebserfahrungen, in: UWF, Heft 1, 1992, S. 50 - 52.

Markenverband (Hrsg.), Jahresbericht 1994/95, Wiesbaden 1995.

Maryniak, W., In die Ferne sehen, in: Müllmagazin, Heft 3, 1991, S. 35 - 37.

Mattmüller, R., Trautmann, M., Zur Ökologisierung des Handels-Marketing: Der Handel zwischen Ökovision und Ökorealität, in: JdAV, Heft 2, 1992, S. 129 - 155.

Mauch, W., Profilieren oder verlieren - das ist die Alternative, in: BAG-Nachrichten, Heft 12, 1986, S. 20 - 22.

Mayer, R.U., Produktpositionierung, Köln 1984.

Mazanec, J., Strukturmodelle des Konsumverhaltens: Empirische Zugänglichkeit und praktischer Einsatz zur Vorbereitung absatzwirtschaftlicher Positionierungs- und Segmentierungsentscheidungen, Wien 1978.

Meffert, H., Die Leistungsfähigkeit der entscheidungs- und systemorientierten Marketinglehre, in: Wissenschaftsprogramm und Ausbildungsziele der Betriebswirtschaftslehre, Hrsg.: Kortzfleisch, G. v., Berlin 1971, S. 167 - 187.

Meffert, H., Systemtheorie aus betriebswirtschaftlicher Sicht, in: Systemanalyse in den Wirtschafts- und Sozialwissenschaften, Schenk, K.E. (Hrsg.), Berlin 1971, S. 174 - 206.

Meffert, H., Informationssysteme, Grundbegriffe der EDV und Systemanalyse, Tübingen, Düsseldorf 1975.

Meffert, H., Vertikales Marketing und Marketingtheorie, in: Steffenhagen, H., Konflikt und Kooperation in Absatzkanälen: Ein Beitrag zur verhaltensorientierten Marketingtheorie, in: Schriftenreihe Unternehmensführung und Marketing, Band 5, Meffert, H. (Hrsg.), Wiesbaden 1975, S. 15 - 20.

Meffert, H., Marktsegmentierung und Marktwahl im internationalen Marketing, in: DBW, Heft 3, 1977, S. 433 - 446.

Meffert, H., Strategische Planung in gesättigten, rezessiven Märkten, in: asw, Nr. 6, 1980, S. 89 - 97.

Meffert, H., Verhaltenswissenschaftliche Aspekte vertraglicher Vertriebssysteme, in: Vertragliche Vertriebssysteme zwischen Industrie und Handel, Ahlert, D. (Hrsg.), Wiesbaden 1981, S. 99 - 123.

Meffert, H., Marketing, 7. Auflage, Wiesbaden 1986.

Meffert, H. u.a., Marketing und Ökologie: Chancen und Risiken umweltorientierter Absatzstrategien der Unternehmungen, in: DBW, Heft 2, 1986, S. 140 - 159.

Meffert, H., Kundendienstpolitik: eine Bestandsaufnahme zu einem komplexen Marketinginstrument, in: Marketing ZFP, Heft 2, 1987, S. 93 - 102.

Meffert, H., Strategische Unternehmensführung und Marketing, Wiesbaden 1988.

Meffert, H., Die Wertkette als Instrument einer integrierten Unternehmensplanung, in: Der Integrationsgedanke in der Betriebswirtschaftslehre, Delfmann, W. (Hrsg.), Wiesbaden 1989, S. 256 - 277.

Meffert, H., Entwicklungslinien des Marketing: Akzente der marktorientierten Führung in den 90er Jahren, in: Jahrbuch des Marketing, Schöttle, K.M. (Hrsg.), 5. Auflage, Essen 1990, S. 12 - 21.

Meffert, H., Corporate Identity, in: DBW, Heft 6, 1991, S. 817 - 819.

Meffert, H., Strategisches Ökologie-Management, in: Ökologie-Management als strategischer Wettbewerbsfaktor, Coenenberg, A.G., Weise, E., Eckrich, K. (Hrsg.), USW-Schriften für Führungskräfte, Band 22, Hrsg.: Coenenberg, A.G. u.a., Stuttgart 1991, S. 7-32.

Meffert, H., Strategien zur Profilierung von Marken, in: Marke und Markenartikel, Dichtl, E., Eggers, W. (Hrsg.), München 1992, S. 129 - 157.

Meffert, H., Ökologische Herausforderungen in der Hersteller-Handels-Beziehung, in: Marktforschung & Management, Heft 4, 1993, S. 153 - 158.

Meffert, H., Umweltbewußtes Konsumentenverhalten: Ökologieorientiertes Marketing im Spannungsfeld zwischen Individual- und Sozialnutzen, in: Marketing ZFP, Heft 1, 1993, S. 51 - 54.

Meffert, H., Marketing-Management: Analyse - Strategie - Implementierung, Wiesbaden 1994.

Meffert, H., Erfolgreiches Marketing in der Rezession: Strategien und Maßnahmen in engeren Märkten, Wien 1994.

Meffert, H., Markenführung in der Bewährungsprobe, in: Markenartikel, Heft 10, 1994, S. 478 - 481.

Meffert, H., Bolz, J., Internationales Marketing-Management, 2. Auflage, Stuttgart u.a. 1994.

Meffert, H., Bruhn, M., Das Umweltbewußtsein von Konsumenten - Ergebnisse einer empirischen Untersuchung in Deutschland im Längsschnittvergleich, Arbeitspapier Nr. 99 der Wissenschaftlichen Gesellschaft für Marketing und Unternehmensführung e.V., Meffert, H., Wagner, H., Backhaus, K., (Hrsg.), Münster 1996.

Meffert, H., Burmann, Chr., Umweltschutzstrategien im Spannungsfeld zwischen Hersteller und Handel: Ein Beitrag zum vertikalen Umweltmarketing, Arbeitspapier Nr. 66 der Wissenschaftlichen Gesellschaft für Marketing und Unternehmensführung e.V., Meffert, H., Wagner, H., Backhaus, K. (Hrsg.), Münster 1991.

Meffert, H., Kirchgeorg, M., Das neue Leitbild Sustainable Development - der Weg ist das Ziel, in: Harvard Business Manager, Heft 2, 1993, S. 34 - 45.

Meffert, H., Kirchgeorg, M., Marktorientiertes Umweltmanagement, 2. Auflage, Stuttgart 1993.

Meffert, H., Kirchgeorg, M., Marketing - Quo Vadis? Herausforderungen und Entwicklungsperspektiven des Marketing aus Unternehmenssicht, Arbeitspapier Nr. 89 der Wissenschaftlichen Gesellschaft für Marketing und Unternehmensführung e.V., Meffert, H., Wagner, H., Backhaus, K. (Hrsg.), Münster 1994.

Meffert, H., Kirchgeorg, M., Ökologisches Marketing, in: UWF, Heft 1, 1995, S. 18 - 27.

Meffert, H., Kirchgeorg, M., Shell - Irrtum eines Weltkonzerns, in: Berliner Morgenpost vom 15. Juli 1995, S. 3.

Meffert, H., Kirchgeorg, M., Ostmeier, H., Analysekonzepte und strategische Optionen des ökologieorientierten Marketing, in: Thexis, Heft 3, 1988, S. 22 - 27.

Messer, R., Marketing von Elektro-Schrott, in: Marketing Journal, Heft 3, 1995, S. 190 - 193.

Meyer, A., Mikrogeographische Marktsegmentierung: Grundlagen, Anwendungen und kritische Beurteilungen von Verfahren zur Lokalisierung und gezielten Ansprache von Zielgruppen, in: JdAV, Heft 4, 1989, S. 342 - 365.

Michaelis, P., Ökonomische Aspekte der Abfallgesetzgebung, Tübingen 1993.

Miele & Cie. GmbH & Co. (Hrsg.), Elektro-Hausgeräte Exquisit, Gütersloh 1995.

Mielmann, P., PC-Vertriebs-Konzept als Basis des Geschäftserfolges, in: Vertikales Marketing im Wandel, Irrgang, W. (Hrsg.), München 1993, S. 226 - 237.

Miles, R.E., Snow, C.C., Organisational strategy, structure and process, New York u.a. 1978.

Miller, F., Dem Recycling von Elektronikschrott sind technisch keine Grenzen gesetzt, in: Computer Zeitung, Nr. 45 vom 11.11. 1993, S. 16.

Miller, F., Das Ausschlachten von Altgeräten ist zu teuer, in: HB vom 5.4. 1995, S. 27.

Miller, F., Ein zweites Leben für Elektronikbauteile, in: HB vom 30.8. 1995, S. 23.

Möhlenbruch, D., Die Bedeutung der Verpackungsverordnung für eine ökologieorientierte Sortimentspolitik im Einzelhandel, in: Marketing ZFP, Heft 3, 1992, S. 208 - 215.

Monhemius, K. Ch., Umweltbewußtes Kaufverhalten von Konsumenten, Frankfurt am Main u.a. 1993.

Motor Presse (Hrsg.), Der Markt für Unterhaltungselektronik 1992, Stuttgart 1992.

Müller-Berg, M., Electronic Data Interchange, in: zfo, Heft 3, 1992, S. 178 - 185.

Müller-Hagedorn, L., Handelsmarketing, 2. Auflage, Stuttgart, Berlin, Köln 1993.

Müller-Hagedorn, L., Vornberger, E., Die Eignung der Grid-Methode für die Suche nach einstellungsrelevanten Dimensionen, in: Konsumentenverhalten und Information, Meffert, H., Steffenhagen, H., Freter, H. (Hrsg.), Wiesbaden 1979, S. 185 - 207.

Nacken, G., Entsorgung auf Um- und Abwegen, in: BAG-Nachrichten, Heft 12, 1991, S. 26 - 32.

Neckermann Versand AG (Hrsg.), Umwelterklärung 1995, Frankfurt 1995.

Nielsen Marketing Research (Hrsg.), Category Management - Positioning your organisation to win, Lincolnwood (Chicago), Illinois 1994.

Norusis, M.J., SPSS für Windows Anwenderhandbuch für das Base System Version 6.0., München 1994.

Norusis, M.J., SPSS Professional Statistics 6.1., Chicago 1994.

Nußbaum, R., Umweltbewußtes Management und Unternehmensethik: umweltbewußtes Management als Ausdruck erfolgsstrategischer und ethischer Rationalität, Bern u.a. 1995.

o.V., Elektronikschrott wird teuer, in: LZ vom 3.4. 1992, S. 10.

o.V., Gut für`s Auge, schlecht für die Gesundheit? Ladenbau-Materialien unter der ökologischen Lupe, in: ehb, Heft 10, 1992, S. 914 - 919.

o.V., Hersteller zieren sich noch immer, in: ehb, Heft 5, 1992, S. 374 - 375.

o.V., Zertrümmert und wiederverwertet, in: ENTSORGA-Magazin, Heft 3, 1992, S. 22 - 25.

o.V., Öko-Initiative der BASF, in: FAZ vom 19.1. 1993, S. T1.

o.V., Neue Kühlschränke ohne FCKW vorgestellt, in: FAZ vom 6.2. 1993, S. 16.

o.V., Hersteller lehnen Batterie-Richtlinie ab, in: FAZ vom 12.2. 1993, S. 18.

o.V., Starke Kritik an den Batterieherstellern geübt, in: LZ vom 5.3. 1993, S. 28.

o.V., Polygram recycelt Compact Discs, in: LZ vom 16.4. 1993, S. 83.

o.V., Entsorgungskosten in die Neugeräte einrechnen, in: LZ vom 28.5. 1993, S. 29.

o.V., Die Japaner wollen noch mehr im Ausland fertigen, in: HB vom 4./5.6. 1993, S. 12.

o.V., Lösung für braune Ware: Neuregelung für die Entsorgung von Transportverpackungen, in: LZ vom 6.8. 1993, S. 40.

o.V., Für die Umwelt muß bezahlt werden: Interview mit Peter-Jörg Kühnel, in: Siemens Zeitschrift, Heft 5, 1993, S. 7 - 10.

o.V., Bügeleisen ist Wachstumsrenner, in: LZ vom 21.1. 1994, S. 84.

o.V., Minus im Auslandsgeschäft drückte den Umsatz, in: HB vom 19.5. 1994, S. 20.

o.V., Der Kreislauf schließt sich, in: HB vom 11.10. 1994, S. 25.

o.V., Ökologische Kommunikationspolitik - alles Öko?, in: imug - Einsichten 1995, S. 10 - 11.

o.V., Der Konflikt über die Ökobilanzen geht in die nächste Runde, in: FAZ vom 27.1. 1995, S. 15.

o.V., "Grüner Punkt" für Elektroschrott, in: HB vom 2.2. 1995, S. 7.

o.V., Umweltbundesamt setzt sich im Streit um Ökobilanzen zur Wehr, in: FAZ vom 3.5. 1995, S. 18.

o.V., Umweltgedanke gibt Impulse, in: LZ vom 28. Mai 1995, S. 68.

o.V., E-Klasse soll boykottiert werden, in: FAZ vom 23.6. 1995, S. 25.

o.V., Abgerechnet wird zum Schluß, in: rf-brief vom 10.7. 1995, S. 3.

o.V., "Merkels Annahmen unrealistisch", in: HB vom 24.7. 1995, S. 4.

o.V., Öko-Hoffnungen, in: HB vom 29.8. 1995, S. 12.

o.V., Konsumgüternachfrage ist schwach, in: HB vom 28.9. 1995, S. 12.

o.V., Grüne Werbung für weiße Ware, in: W&V, Heft 16, 1995, S. 75 - 80.

o.V., Prüfer auf Kontrollgang: Umgang mit Giftstoffen, in: ehb, Heft 1, 1995, S. 6 - 7.

o.V., Computer-Test: Urteil ungenügend, in: Umweltmagazin, Heft 10/1995, S. 10.

o.V., Hausgeräte-Hersteller fühlen sich von der Politik mißbraucht, in: FAZ vom 13.2. 1996, S. 13 und 15.

Oberholz, A., Kapazitäten zur Elektronikschrott-Entsorgung werden nicht ausgelastet, in: Blick durch die Wirtschaft vom 8.9. 1995, S. 7.

Oehme, W., Handels-Marketing: Entstehung, Aufgabe, Instrumente, 2. Auflage, München 1992.

Ohlsen, G., Marketing-Strategien in stagnierenden Märkten: Eine empirische Untersuchung des Verhaltens von Unternehmen im deutschen Markt für elektrische Haushaltsgeräte, Diss., Münster 1985.

Ostmeier, H., Ökologieorientierte Produktinnovationen: Eine empirische Analyse unter besonderer Berücksichtigung ihrer Erfolgseinschätzung, Frankfurt am Main u.a. 1990.

Packhard, V., The Waste Makers, New York 1960.

Panasonic Deutschland GmbH (Hrsg.), t.v.-video Katalog 1995, Hamburg 1995.

Papier, H.-J., Rücknahmepflichten nach einer Elektronik-Schrott-Verordnung, in: UWF, Heft 1, 1992, S. 30 - 32.

Pearce, D., Barbier, E., Markandya, A., Sustainable Development - Economics and Environment in the Third World, Worcester 1990.

Pessemier, E.A. u.a., Using Laboratory Brand Preferences Scales to predict Consumer Brand Purchases, in: MS, Heft 6, 1971, S. 371 - 385.

Pfeffer, J., Organizational design, Arlington, Ill. 1978,

Philips GmbH (Hrsg.), Umweltschutz, Hamburg 1993.

Porter, M.E., Wettbewerbsvorteile: Spitzenleistungen erreichen und behaupten, Frankfurt 1989.

Puder, M., Umwelt-ABC: Informationen zum Umweltschutz für Fachbetriebe, BVU, BuBE, DVI (Hrsg.), Köln, Berlin 1995.

Pümpin, C., Management strategischer Erfolgspositionen: Das SEP-Konzept als Grundlage wirkungsvoller Unternehmungsführung, Bern, Stuttgart 1982.

Raabe, T., Die Elektronik-Schrott-Verordnung: Perspektiven einer aktiven, herstellerseitigen Redistributionspolitik, in: JdAV, Heft 3, 1993, S. 283 - 309.

Raffée, H., Förster, F., Fritz, W., Umweltschutz im Zielsystem von Unternehmen, in: Handbuch des Umweltmanagements, Steger, U. (Hrsg.), München 1992, S. 241 - 256.

Raffée, H., Förster, F., Krupp, W., Marketing und Lärmminderung: Ergebnisse einer Studie zum ökologieorientierten Konsumentenverhalten, Arbeitspapier Nr. 60 des Instituts für Marketing der Universität Mannheim, Mannheim 1988.

Raffée, H., Wiedmann, K.-P., Die künftige Bedeutung der Produktqualität unter Einschluß ökologischer Gesichtspunkte, in: Lisson, A. (Hrsg.), Qualität - Die Herausforderung, Berlin, Heidelberg 1987, S. 349 - 375.

Rautenstrauch, C., Betriebliches Recycling: Eine Literaturanalyse, in: ZfB-Ergänzungsheft 2/93, S. 87 - 103.

Reeves, R., Werbung ohne Mythos, München 1963.

Remmerbach, K.-U., Markteintrittsentscheidungen: Eine Untersuchung im Rahmen der strategischen Marketingplanung unter besonderer Berücksichtigung des Zeitaspektes, Wiesbaden 1987.

Richter, B., Anmerkungen zur Marktsegmentierung, in: JdAV, Heft 1, 1972, S. 37 - 42.

Riecke, T., ZVEI: Es droht ein neues Duales System, in: HB vom 29./30. 4. 1994, S. 19.

Riecke, T., Viele Elektrogeräte landen auf "wilden" Müllkippen, in: HB vom 12.12. 1994, S. 16.

Ries, A., Trout, J., Positioning: Die neue Werbestrategie, Hamburg u.a. 1986.

Rogers, D.S., Grassi, M.M.T., Retailing: New Perspectives, Chicago u.a. 1988.

Rohr, M., Wiederverwertung von Kunststoffen aus gebrauchten elektrischen und elektronischen Geräten, in: UWF, Heft 1, 1992, S. 33 - 41.

Rominski, D., Wie zuverlässig sind Analysen und Bilanzen?, in: asw, Heft 8, 1991, S.34 - 40.

Rominski, D., Entsorgungs-Rabatt: Konditionen im Öko-Wettbewerb, in: asw, Heft 1, 1992, S. 56 - 65.

Rominski, D., Partner Verbraucher-Organisationen?, in: asw, Heft 10, 1993, S. 78 - 79.

Rosette, C., Gefährdung durch Elektrosmog?, in: Elektronik, Heft 11, 1993, S. 32 - 56.

Rudolph, T.C., Positionierungs- und Profilierungsstrategien im europäischen Einzelhandel, St. Gallen 1993.

RUEFACH (Hrsg.), Pressenotiz, Ulm 1993.

Ruhfus, R., Kaufentscheidungen von Familien: Ansätze zur Analyse des kollektiven Entscheidungsverhaltens im Haushalt, Wiesbaden 1976.

Schäfer, H.B., Ökologische Produktpolitik - Kernstück moderner Umweltpolitik, in: Produkt und Umwelt: Anforderungen, Instrumente und Ziele einer ökologischen Produktpolitik, Hellenbrandt, S., Rubik, F. (Hrsg.), Marburg 1994, S.41 - 49.

Schaltegger, St. C., Sturm, A.J., Ökologische Rationalität: Ansatzpunkte zur Ausgestaltung von ökologieorientierten Managementinstrumenten, in: Die Unternehmung, 44. Jg., 1990, S. 273 - 290.

Schanz, G., Methodologie für Betriebswirte, 2. Auflage, Stuttgart 1988.

Schenk, H.-O., Marktwirtschaftslehre des Handels, Wiesbaden 1991.

Schmidheiny, S., Kurswechsel: Globale unternehmerische Perspektiven für Entwicklung und Umwelt, München 1992.

Schoenheit, I., Öko-Marketing aus Verbrauchersicht, in: Ökologie im vertikalen Marketing, GDI (Hrsg.), Rüschlikon 1990, S. 197 - 210.

Schrimpf, M., Umweltgerechte Verkaufshelfer, in: dynamik im handel, Heft 8, 1992, S. 30 - 34.

Schubert, B., Entwicklung von Konzepten für Produktinnovationen mittels der Conjoint-Analyse, Stuttgart 1991.

Schuster, R., Umweltorientiertes Konsumentenverhalten in Europa, Hamburg 1992.

Schwartz, J., Miller, T., Green Consumers, in: asn, January 1992, S. 47 - 50.

Sieler, C., Sekul, S., Ökologische Betroffenheit als Auslösefaktor einer umweltorientierten Unternehmenspolitik im Handel, in: Marketing ZFP, Heft, 3, 1995, S. 177 - 185.

Simon, H., Management strategischer Wettbewerbsvorteile, in: ZfB, Heft 4, 1988, S. 461 - 480.

Simon, H., Schaffung und Verteidigung von Wettbewerbsvorteilen, in: Wettbewerbsvorteile und Wettbewerbsfähigkeit, Simon, H. (Hrsg.), Stuttgart 1988, S. 1 - 17.

Sony Deutschland GmbH (Hrsg.), Weltweit ökologische Verantwortung übernehmen: Von der Produktentwicklung bis zur Entsorgung, Presseinformation vom 27.8. 1993.

Spada, H., Umweltbewußtsein: Einstellung und Verhalten, in: Ökologische Psychologie, Kruse, L. u.a. (Hrsg.), München 1990, S. 623 - 631.

Spath, D., Hartel, M., Der Weg zum schlanken "Öko"-Produkt, in: Logistik heute, Heft 6, 1994, S. 26 - 28.

Spiegel, B., Die Struktur der Meinungsverteilung im sozialen Feld: Das psychologische Marktmodell, Bern, Stuttgart 1961.

Stahel, W.R., Langlebigkeit und Materialrecycling: Strategien zur Vermeidung von Abfällen im Bereich der Produkte, 2. Auflage, Essen 1993.

Stähler, Chr., Strategisches Ökologiemanagement, München 1991.

Statistisches Bundesamt (Hrsg.), Statistisches Jahrbuch 1994, Wiesbaden 1994.

Steffenhagen, H., Konflikt und Kooperation in Absatzkanälen, Stuttgart 1975.

Steger, U., Philippi, C., Die "gate-keeper"-Funktion des Handels im Hinblick auf umweltverträgliches Wirtschaften, in: Handelsforschung 1991: Erfolgsfaktoren und Strategien, Trommsdorff, V. (Hrsg.), Wiesbaden 1992, S. 193 - 209.

Steger, U., Umweltmanagement, 2. Auflage, Frankfurt am Main 1993.

Steinhausen, D., Langer, K., Clusteranalyse: Einführung in Methoden und Verfahren der automatischen Klassifikation, Berlin, New York 1977.

Stender-Monhemius, K. Ch., Divergenzen zwischen Umweltbewußtsein und Kaufverhalten, in: UWF, Heft 1, 1995, S. 35 - 43.

Stiftung Warentest (Hrsg.), Umweltschutz und Konsumverhalten unter besonderer Berücksichtigung des vergleichenden Warentest - Dokumentation eines Colloquiums am 11.1. 1985 anläßlich des 20-jährigen Bestehens der Stiftung Warentest, Berlin 1985.

Stiftung Warentest, Umsatz vor Umwelt?, Heft 10, 1993, S. 79 - 83.

Stiftung Warentest, Viel Silber fürs Geld, Heft 8, 1995, S. 34 - 40.

Stockinger, W., Probleme einer ökologisch orientierten Redistribution: Eine transaktionskostentheoretische Analyse, Hannover 1991.

Sydow, J., Strategische Netzwerke, Wiesbaden 1992.

Szallies, R., Zwischen Luxus und kalkulierter Bescheidenheit - Der Abschied von Otto Normalverbraucher, in: Wertewandel und Konsum: Fakten, Perspektiven und Szenarien für Markt und Marketing, Szallies, R., Wiswede, G. (Hrsg.), 2. Auflage, Landsberg/Lech 1991, S. 41 - 58.

Szeliga, M., Push und Pull in der Markenpolitik: Ein Beitrag zur modellgestützten Marketingplanung am Beispiel des Reifenmarktes, Diss., Münster 1995.

TdW Intermedia GmbH & Co.KG (Hrsg.), Typologie der Wünsche 1995: Methodenbeschreibung, Codeplan, Grundzählung, Frankfurt am Main 1995.

Theis, H.-J., Einkaufsstättenpositionierung: Grundlage der strategischen Marketingplanung, Wiesbaden 1992.

Thies, G., Vertikales Marketing, marktstrategische Partnerschaft zwischen Industrie und Handel, Berlin, New York 1976.

Thiess, M., Marktsegmentierung als Basisstrategie des Marketing, in: WiSt, Heft 12, 1986, S. 635 - 638.

Thomson Consumer Electronics Sales GmbH (Hrsg.), TV-Video-Audio Katalog gültig ab Mai 1995, Hannover 1995.

Tietz, B., Strategien zur Unternehmensprofilierung, in: Marketing ZFP, Heft 4, 1980, S. 251 - 259.

Tietz, B., Großhandelsperspektiven für die Bundesrepublik Deutschland bis zum Jahr 2010, Frankfurt am Main 1993.

Tomczak, T., Lindner, U., Konfligierende und komplementäre Zielsetzungen von DPR-Konzept und Öko-Marketing im Handel, in: JdAV, Heft 4, 1992, S. 342 - 357.

Trapp, J.E., Wettbewerbsvorteile durch vertikales Öko-Marketing: Dargestellt am Beispiel der Konsumelektronik, Diss., St. Gallen 1993.

Treis, B., Funck, D., Ökologieorientiertes Handelsmanagement in "Re"-Distributionssystemen: Neue Herausforderungen an eine wirtschaftsstufenübergreifende Führung von Handelsbetrieben, in: Handelsforschung 1993/94: Systeme im Handel, Trommsdorff, V. (Hrsg.), Wiesbaden 1993, S. 45 - 59.

Trommsdorff, V., Die Messung von Produktimages für das Marketing: Grundlagen und Operationalisierung, Köln 1975.

Trommsdorff, V., Konsumentenverhalten, Stuttgart 1989.

Trommsdorff, V., Bleicker, U., Hildebrandt, L., Nutzen und Einstellung, in: WiSt, Heft 6, 1980, S. 269 - 276.

Türck, R., Das ökologische Produkt: Eigenschaften, Erfassung, und wettbewerbsstrategische Umsetzung ökologischer Produkte, Ludwigsburg 1990.

Ulrich, H., Unternehmenspolitik, Bern 1978.

Umweltbundesamt (Hrsg.), Jahresbericht 1992, Berlin, o.J.

Umweltbundesamt (Hrsg.), Jahresbericht 1994, Berlin, o.J.

Umweltbundesamt (Hrsg.), Berichte 8/90: Umweltschutz und Marketing: Möglichkeiten der Verbesserung der betriebswirtschaftlichen Situation von Unternehmen durch umweltorientierte Absatzmaßnahmen, Berlin 1990.

Umweltbundesamt (Hrsg.), Berichte 11/91: Umweltorientierte Unternehmensführung - Möglichkeiten zur Kostensenkung und Erlössteigerung - Modellvorhaben und Kongress, Berlin 1991.

Umweltbundesamt (Hrsg.), Ökobilanzen für Produkte: Bedeutung - Sachstand - Perspektiven, Berlin 1992.

Umweltbundesamt (Hrsg.), Das Umweltverhalten der Verbraucher - Daten und Tendenzen: Empirische Grundlagen zur Konzipierung von "Sustainable Consumption Patterns" - Elemente einer "Ökobilanz Haushalte", Texte 75/94, Berlin 1994.

Umweltbundesamt (Hrsg.), Stand-by-Schaltungen verbrauchen soviel Strom wie eine Großstadt, Pressenotiz 33/1995, Berlin 1995.

Van Liere, K.D., Dunlap, R.E., The Social Base of Environmental Concern: A Review of Hypotheses, Explanation and Empirical Evidence, in: Public Opinion Quarterly, 1980, S. 181 - 197.

van Raaij, W.F., Das Interesse für ökologische Probleme und Konsumverhalten, in: Konsumentenverhalten und Information, Meffert, H., Steffenhagen, H., Freter, H. (Hrsg.), Wiesbaden 1979, S. 355 - 374.

VDEW e.V. (Hrsg.), Ergebnisse der Haushaltskundenbefragung 1991, Frankfurt am Main 1992.

VDI (Hrsg.), Recyclingorientierte Gestaltung technischer Produkte: VDI-Richtlinie 2243 (Entwurf), Düsseldorf 1994.

VDMA (Hrsg.), Pressekonferenz zur Vorstellung der „Freiwilligen Maßnahmen der informationstechnischen Industrie zur Rücknahme und Verwertung gebrauchter IT-Altgeräte", Bonn 20. November 1995.

Vershofen, W., Die Marktentnahme als Kernstück der Wirtschaftsforschung, Berlin 1959.

von der Heyde, C., Löffler, U., Die ADM-Stichprobe, in: planung und analyse, Heft 5, 1993, S. 49 - 53.

Vorholz, F., Eiskalt abgeblockt: Ein Öko-Kühlschrank aus Ostdeutschland setzt die westdeutsche Konkurrenz unter Druck, in: Die Zeit, Nummer 32 vom 31.7. 1992, S. 19.

Wagner, G.R., Matten, D., Betriebswirtschaftliche Konsequenzen des Kreislaufwirtschaftsgesetzes, in: ZAU, Heft 1, 1995, S. 45 - 58.

Wahle, P., Erfolgsdeterminanten im Einzelhandel: Eine theoriegestützte, empirische Analyse strategischer Erfolgsdeterminanten unter besonderer Berücksichtigung des Radio- und Fernseheinzelhandels, Frankfurt am Main u.a. 1991.

Walters, M., Marktwiderstände und Marketingplanung: Strategische und taktische Lösungsansätze am Beispiel des Textverarbeitungsmarktes, Wiesbaden 1984.

Wehrli, H.P., Marketing und Ökologie, in: JdAV, Heft 4, 1990, S. 344 - 359.

Weinstein, A., Market Segmentation: Using Niche Marketing to Exploit New Markets, Chicago 1987.

Weinzierl, H., Ökologische Offensive: Umweltpolitik in den 90er Jahren, München 1991.

Wendorf, G., Pioniervorteile durch umweltorientierte Produktinnovationen, Diskussionspapier 18/1994 der Wirtschaftswissenschaftlichen Dokumentation, Technische Universität Berlin Fachbereich 14 (Hrsg.), Berlin 1994.

Wenzel, H., Der Fachhandel ist wieder der Dumme, in: ehb, Heft 11, 1991, S. 1024.

Werner, J., Einstellungen zum Produkt und Einstellungen zum Produktbereich als Grundlage einer Konsumententypologie, in: Marketing ZFP, Heft 3, 1982, S. 157 - 164.

Werner, J., Marktsegmentierung für eine erfolgreiche Markt-Bearbeitung, in: JdAV, Heft 4, 1987, S. 396 - 405.

Werner, K., Haushaltsgeräte zwischen Gebrauchstauglichkeit und Umweltverträglichkeit, in: Ökologisches Marketing, Brandt, A. u.a. (Hrsg.), Frankfurt am Main, New York 1988, S. 310 - 330.

Westermann, B., "Blauer Engel" für Computer, in: Umweltmagazin, Heft 10/1995, S. 80.

Westphal, J., Vertikale Wettbewerbsstrategien in der Konsumgüterindustrie, Wiesbaden 1991.

Wiedmann, K.-P., Zum Stellenwert der "Lust auf Genuß-Welle" und des Konzepts eines erlebnisorientierten Marketing, in: Marketing ZFP, Heft 3, 1987, S. 207 - 220.

Wiedmann, K.-P., Strategisches Ökologiemarketing umwelt- und verbraucherpolitischer Organisationen, Arbeitspapier Nr. 64 des Instituts für Marketing der Universität Mannheim, Mannheim 1988.

Wiedmann, K.-P., Rekonstruktion des Marketingansatzes und Grundlagen einer erweiterten Marketingkonzeption, Stuttgart 1993.

Wieselhuber, N., Stadlbauer, W., Ökologie-Management als strategischer Erfolgsfaktor: Untersuchungsbericht über die schriftliche Befragung von Industrieunternehmen in der Bundesrepublik Deutschland und Österreich, München 1992.

Wilmsen, K., Umweltschutz aus Sicht der Warenhäuser, in: Dokumentationspapier Nr. 67 der Wissenschaftlichen Gesellschaft für Marketing und Unternehmensführung e.V., Meffert, H., Wagner, H., Backhaus, K. (Hrsg.), Münster 1991, S.33 - 40.

Wimmer, F., Der Einsatz von Paneldaten zur Analyse des umweltorientierten Kaufverhaltens von Konsumenten, in: UWF, Heft 1, 1995, S. 28 - 34.

Windhorst, K.-G., Wertewandel und Konsumentenverhalten: Ein Beitrag zur empirischen Analyse der Konsumrelevanz individueller Wertvorstellungen in der Bundesrepublik Deutschland, Münster 1985.

Wolf, H., Elektronikschrott - Wege der Verwertung und Lösungsansätze zur Logistik, in: UWF, Heft 1, 1992, S. 45 - 49.

Wöllenstein, S., Betriebstypenprofilierung in vertraglichen Vertriebssystemen: Eine Analyse von Einflußfaktoren und Erfolgswirkungen auf der Grundlage eines Vertragshändlersystems im Automobilhandel, Diss., Münster 1994.

Zeithaml, V.A., Varadarajan, P., Zeithaml, C., The Contingency Approach: Its Foundations and Relevance to Theory Building and Research in Marketing, in: European Journal of Marketing, Vol. 22, No. 8, 1988, S. 37 - 64.

Zentes, J., Trade-Marketing, in: Marketing ZFP, Heft 4, 1989, S. 224 - 229.

Zentes, J., Anderer, M., Handels-Monitoring 1/94: Mit Customer Service aus der Krise, in: GDI-Handels-Trendletter 1/94, GDI (Hrsg.), Rüschlikon/Zürich 1994, S. 1 - 29.

Zikmund, W.G., Stanton, W.J., Abfallrecycling: Ein Distributionsproblem, in: Marketing und Verbraucherpolitik, Hansen, U., Stauss, B., Riemer, M. (Hrsg.), Stuttgart 1982, S. 418 - 427.

Zimmermann, D., Marketingprobleme bei dauerhaften Konsumgütern: Produktentwicklung und Technischer Kundendienst bei elektrischen Haushaltsgeräten, Zwei empirische Untersuchungen, Diessenhofen 1978.

ZVEI (Hrsg.), Stellungnahme des ZVEI zum Entwurf der Elektronik-Schrott-Verordnung anläßlich des Fachgesprächs am 7. Dezember 1992 in Bonn, Frankfurt am Main 1992.

ZVEI (Hrsg.), Memorandum zum Entwurf einer "Elektronik-Schrott-Verordnung", Frankfurt 1993.

ZVEI (Hrsg.), Stellungnahme des ZVEI zum Entwurf der Elektronik-Schrott-Verordnung, in: ZVEI-Mitteilungen 1/1993 vom 15.1. 1993.

ZVEI (Hrsg.), Zahlenspiegel der deutschen Hausgeräteindustrie 1994, Frankfurt 1995.

SCHRIFTEN ZUM MARKETING

Band 1 Friedrich Wehrle: Strategische Marketingplanung in Warenhäusern. Anwendung der Portfolio-Methode. 1981. 2. Auflage. 1984.

Band 2 Jürgen Althans: Die Übertragbarkeit von Werbekonzeptionen auf internationale Märkte. Analyse und Exploration auf der Grundlage einer Befragung bei europaweit tätigen Werbeagenturen. 1982.

Band 3 Günter Kimmeskamp: Die Rollenbeurteilung von Handelsvertretungen. Eine empirische Untersuchung zur Einschätzung des Dienstleistungsangebotes durch Industrie und Handel. 1982.

Band 4 Manfred Bruhn: Konsumentenzufriedenheit und Beschwerden. Erklärungsansätze und Ergebnisse einer empirischen Untersuchung in ausgewählten Konsumbereichen. 1982.

Band 5 Heribert Meffert (Hrsg.): Kundendienst-Management. Entwicklungsstand und Entscheidungsprobleme der Kundendienstpolitik. 1982.

Band 6 Ralf Becker: Die Beurteilung von Handelsvertretern und Reisenden durch Hersteller und Kunden. Eine empirische Untersuchung zum Vergleich der Funktionen und Leistungen. 1982.

Band 7 Gerd Schnetkamp: Einstellungen und Involvement als Bestimmungsfaktoren des sozialen Verhaltens. Eine empirische Analyse am Beispiel der Organspendebereitschaft in der Bundesrepublik Deutschland. 1982.

Band 8 Stephan Bentz: Kennzahlensysteme zur Erfolgskontrolle des Verkaufs und der Marketing-Logistik. Entwicklung und Anwendung in der Konsumgüterindustrie. 1983.

Band 9 Jan Honsel: Das Kaufverhalten im Antiquitätenmarkt. Eine empirische Analyse der Kaufmotive, ihrer Bestimmungsfaktoren und Verhaltenswirkungen. 1984.

SCHRIFTEN ZU MARKETING UND MANAGEMENT

Band 10 Matthias Krups: Marketing innovativer Dienstleistungen am Beispiel elektronischer Wirtschaftsinformationsdienste. 1985.

Band 11 Bernd Faehsler: Emotionale Grundhaltungen als Einflußfaktoren des Käuferverhaltens. Eine empirische Analyse der Beziehungen zwischen emotionalen Grundhaltungen und ausgewählten Konsumstrukturen. 1986.

Band 12 Ernst-Otto Thiesing: Strategische Marketingplanung in filialisierten Universalbanken. Integrierte Filial- und Kundengruppenstrategien auf der Grundlage erfolgsbeeinflussender Schlüsselfaktoren. 1986.

Band 13 Rainer Landwehr: Standardisierung der internationalen Werbeplanung. Eine Untersuchung der Prozeßstandardisierung am Beispiel der Werbebudgetierung im Automobilmarkt. 1988.

Band 14 Paul-Josef Patt: Strategische Erfolgsfaktoren im Einzelhandel. Eine empirische Analyse am Beispiel des Bekleidungsfachhandels. 1988. 2. Auflage. 1990.

Band 15 Elisabeth Tolle: Der Einfluß ablenkender Tätigkeiten auf die Werbewirkung. Bestimmungsfaktoren der Art und Höhe von Ablenkungseffekten bei Rundfunkspots. 1988.

Band 16 Hanns Ostmeier: Ökologieorientierte Produktinnovationen. Eine empirische Analyse unter besonderer Berücksichtigung ihrer Erfolgseinschätzung. 1990.

Band 17 Bernd Büker: Qualitätsbeurteilung investiver Dienstleistungen. Operationalisierungsansätze an einem empirischen Beispiel zentraler EDV-Dienste. 1991.

Band 18 Kerstin Ch. Monhemius: Umweltbewußtes Kaufverhalten von Konsumenten. Ein Beitrag zur Operationalisierung, Erklärung und Typologie des Verhaltens in der Kaufsituation. 1993.

Band 19 Uwe Schürmann: Erfolgsfaktoren der Werbung im Produktlebenszyklus. Ein Beitrag zur Werbewirkungsforschung. 1993.

Band 20 Ralf Birkelbach: Qualitätsmanagement in Dienstleistungscentern. Konzeption und typenspezifische Ausgestaltung unter besonderer Berücksichtigung von Verkehrsflughäfen. 1993.

Band 21 Simone Frömbling: Zielgruppenmarketing im Fremdenverkehr von Regionen. Ein Beitrag zur Marktsegmentierung auf der Grundlage von Werten, Motiven und Einstellungen. 1993.

Band 22 Marcus Poggenpohl: Verbundanalyse im Einzelhandel auf der Grundlage von Kundenkarteninformationen. Eine empirische Untersuchung von Verbundbeziehungen zwischen Abteilungen. 1994.

Band 23 Kai Bauche: Segmentierung von Kundendienstleistungen auf investiven Märkten. Dargestellt am Beispiel von Personal Computern. 1994.

Band 24 Ewald Werthmöller: Räumliche Identität als Aufgabenfeld des Städte- und Regionenmarketing. Ein Beitrag zur Fundierung des Placemarketing. 1995.

Band 25 Nicolaus Müller: Marketingstrategien in High-Tech-Märkten. Typologisierung, Ausgestaltungsformen und Einflußfaktoren auf der Grundlage strategischer Gruppen. 1995.

Band 26 Nicolaus Henke: Wettbewerbsvorteile durch Integration von Geschäftsaktivitäten. Ein zeitablaufbezogener wettbewerbsstrategischer Analyseansatz unter besonderer Berücksichtigung des Einsatzes von Kommunikations- und Informationssystemen (KIS). 1995.

Band 27 Kai Laakmann: *Value-Added Services* als Profilierungsinstrument im Wettbewerb. Analyse, Generierung und Bewertung. 1995.

Band 28 Stephan Wöllenstein: Betriebstypenprofilierung in vertraglichen Vertriebssystemen. Eine Analyse von Einflußfaktoren und Erfolgswirkungen auf der Grundlage eines Vertragshändlersystems im Automobilhandel. 1996.

Band 29 Michael Szeliga: Push und Pull in der Markenpolitik. Ein Beitrag zur modellgestützten Marketingplanung am Beispiel des Reifenmarktes. 1996.

Band 30 Hans-Ulrich Schröder: Globales Produktmanagement. Eine empirische Analyse des Instrumenteeinsatzes in ausgewählten Branchen der Konsumgüterindustrie. 1996.

Band 31 Peter Lensker: Planung und Implementierung standardisierter vs. differenzierter Sortimentsstrategien in Filialbetrieben des Einzelhandels. 1996.

Band 32 Michael H. Ceyp: Ökologieorientierte Profilierung im vertikalen Marketing. Dargestellt am Beispiel der Elektrobranche. 1996.